存储器科学与技术丛书

忆阻类脑计算

何毓辉　李　祎　缪向水　著

科 学 出 版 社

北　京

内 容 简 介

本书阐述基于忆阻器的神经网络设计与实现，主要包括基于忆阻器的仿生突触与仿生神经元实现方案、采用模拟值和脉冲编码的神经网络算法原理与忆阻交叉阵列实现方案、卷积神经网络算法原理与忆阻交叉阵列实现方案、全光神经网络算法原理与基于忆阻器光学特性的实现方案、忆阻阵列在稀疏编码等其他与神经网络架构相似的应用实现等内容。

本书适合微电子学与固体电子学、集成电路科学与工程、人工智能、计算机科学等相关领域的科技人员参考，也可供相关专业高年级本科生和研究生学习。

图书在版编目（CIP）数据

忆阻类脑计算 / 何毓辉，李祎，缪向水著. —北京：科学出版社，2024.6

（存储器科学与技术丛书）

ISBN 978-7-03-077101-8

Ⅰ. ①忆… Ⅱ. ①何… ②李… ③缪… Ⅲ. ①人工智能-应用-非线性电阻器-研究 Ⅳ. ①TM54-39

中国国家版本馆 CIP 数据核字（2023）第 228083 号

责任编辑：张艳芬 魏英杰 / 责任校对：王 瑞

责任印制：师艳茹 / 封面设计：无极书装

科学出版社 出版

北京东黄城根北街 16 号

邮政编码：100717

http://www.sciencep.com

北京天宇星印刷厂 印刷

科学出版社发行 各地新华书店经销

*

2024 年 6 月第 一 版 开本：720×1000 B5

2024 年 6 月第一次印刷 印张：17 3/4

字数：355 000

定价：140.00 元

（如有印装质量问题，我社负责调换）

“存储器科学与技术丛书”编委会

“存储器科学与技术丛书”序

存储器是支撑信息社会高速发展的重要“芯片食粮”，在集成电路细分市场具有最大销售额，已在集成电路产业中占据核心地位。作为计算机和信息系统中用来存放程序和数据的核心组件，存储器的发展经历了多个技术世代，从早期的电子管存储器、磁鼓存储器，到当今已大规模商用化的 SRAM、DRAM、Flash，再到处于从研发到产业化关键节点的各类新型非易失性存储器(PCRAM、MRAM、ReRAM、FeRAM)，无不凝结了科学家和工程师的智慧，体现了科学与工程的持续进步与成功。

随着消费电子、人工智能、物联网和云计算等领域应用需求的高速增长，存储器作为信息时代基础设施的地位不断增强。得益于新存储原理的提出、新型存储材料与器件的发展、集成工艺的进步，存储器的容量、功耗、访存速度等关键性能不断提升，并为发展存算一体、类脑计算等新型非冯计算范式提供重要支撑，推动着存储与计算系统架构的持续革新。

当前，半导体强国仍高度重视存储器技术，美国、日本、韩国等国家把存储器技术确定为国家集成电路领域科技发展的重要战略方向，通过持续投入资金、加强人才培养、建设校企联盟等方式，维持其集成电路产业的核心竞争力。

我国的存储器国产化发展相对较晚，自给率较低，但随着近年来政府和企业不断加强核心技术短板的重点突破和集中攻关，存储器技术研究取得持续突破，产业快速发展壮大，有望打破国际存储器芯片竞争格局。华中科技大学、清华大学、北京大学、中国科学院微电子研究所、中国科学院上海微系统与信息技术研究所、复旦大学、北京航空航天大学等单位长期从事该领域的科学研究和教学实践，取得了一系列创新成果和大量的教学经验。在此基础上，编委会与科学出版社共同组织出版“存储器科学与技术丛书”。

“存储器科学与技术丛书”涵盖存储器的基础理论、关键材料、器件原理、集成工艺、电路与系统设计、应用案例和发展趋势，旨在帮助读者掌握各类存储器技术的基本概念，启发读者思考存储器技术的关键问题、技术难点和解决对策。我们希望本丛书能够成为存储器领域的专业人士和学习者的重要参考书籍，为实现我国存储器技术高水平自立自强贡献绵薄之力。

前　　言

近年来，以深度学习为代表的类脑人工智能研究在产业界与学术界掀起一股热潮。类脑计算是典型的交叉学科，从顶层的抽象算法到底层的芯片物理实现，需要融合数学、信息科学与技术、生物学等多方面的专业知识。因此，该交叉学科的发展亟需能够全面、系统、深入地分析领域内前沿问题和介绍最新进展情况的著作。

在国家自然科学基金项目“突破存储墙限制的存储-计算一体化忆阻器件研究”“基于阻变随机突触阵列的概率计算芯片研究”“基于易失性忆阻器的脉冲神经元及硬件脉冲神经网络的实现探索”“基于钨酸铪/氧化钒复合功能层的阈值可调制神经元研究”等的支持下，本书作者团队经过多年科研攻关，在基于忆阻器的类脑人工智能硬件实现方面积累了一系列的研究成果。作者同时结合在华中科技大学集成电路学院开设“类脑计算与芯片”课程的相关教学实践，针对现状做了一些分析和思考：对有志于在类脑计算硬件研究方向做出创新成就的学生和青年科研工作者来说，最大的困难是对相关的类脑算法以及新器件实现了解很少，面对涌现出来的海量新词汇感到茫然、抓不住重点，更不用提如何把算法与器件结合起来，通过挖掘器件的物理特性，提升算法的执行效率。

鉴于此，本书尝试以下几种创新的讲授方式。

首先，采取每个算法为一个专题的方式，直接从顶层切入，从一个具体的神经网络算法讲起，简明扼要地介绍相关算法的数学原理。

其次，自顶而下落实到器件和电路实现——什么样的新器件特性能够更高效地执行该算法？相应的电路结构和操作方式又该如何重新设计？

再次，将近年来的诸多前沿进展条理化、分门别类，分章节覆盖常见的若干种神经网络算法、结构与新器件实现。

最后，在撰写方式上，本书特别注重推敲知识的发生过程，借此帮助学生建立科研思维习惯。本书以我们近年来发表的一些研究成果为核心进行相关内容阐述。这些研究成果就像一道道摆在桌上的精美菜肴，虽然精致，但是人们却不清楚它们是怎么从原始的食材一步步烧制出来的。作为青年学生和科研工作者，恰恰需要仔细了解这些“菜肴”的制作过程，从而受到有益启发。

在教学实践中，同学们普遍反映这种授课方式可以有效地降低进入研究前沿的“势垒”，极大地提升他们对该领域的学习热情。这也让作者有信心以这种方式写好这本书。

最后，衷心感谢集成电路学院的师生给予作者的支持和鼓励。课题组王亚赛、温新宇、付嘉炜、陈子瑞等同学仔细阅读、修正了本书，在此一并感谢。

限于作者水平，书中难免存在不妥之处，恳请大家批评指正。

作　者

2023 年 12 月于华中科技大学

目　录

第 1 章　站在类脑计算与忆阻器的交汇点

1.1　类 脑 计 算

类脑计算(brain-inspired computing)，也称神经形态计算(neuromorphic computing)，顾名思义，是用受大脑启发的、模仿生物学的脑神经系统来做信息处理，即广义上的计算。那么，它是怎么实现的呢？它最吸引人的地方又在哪里呢？

1.1.1　学习与泛化

首先，类脑计算能够学习。以当前产业界的研究热点“智能驾驶”为例，正统的程序员做法是撰写如下所示的一系列 case{}语句：

```
switch (sensing_signals) {
  case situation_1: do_1 …; break;
  case situation_2: do_2 …; break;
  …
  default: do …; break;
}
```

程序员首先考虑由车载传感器发送过来的信号 sensing_signals 有若干种可能的情况{situation_1, situation_2, …}，例如前方有红灯、突然冒出来一位不遵守交通规则的行人等；然后对应每一种情况，对汽车发出相应的指令{do_1, do_2, …}。

可以看到，对于这种传统的智能驾驶方案，需要人为预先编程考虑汽车行驶中可能遇到的情况，然后根据车载传感器接收的信号，判断车辆当前处于哪一种情况，进而采取相应的行动。本质上，这是把驾驶员的经验固化到代码中，是“来自人的智能”。

与此相反，类脑计算不是这样的。原则上，类脑计算对应的内存一开始是空白的，并没有预存任何处置方案。形象地说，就跟刚出生的婴儿一样，只能执行最简单的吃喝拉撒睡。他是通过后天的一次次“试错”，逐渐学会如何与环境打交道。这种学习能力，意味着他会自己画出图纸，然后对照着施工，在施工过程中积累正反两方面的经验，自己琢磨着修改图纸，使其更合理、更高效，而不是借助外界预先画好的图纸，然后对着图纸机械地执行。

如图 1.1 所示，假设有一个游猎的原始人，他发现前方有动物出现，战斗还是逃跑取决于目标是一条毒蛇，还是一只瞪羚。人的大脑视传感神经元编码后，产生不同的电脉冲信号。这些电脉冲通过神经元之间的连接向后一级传递，直到负责控制肌肉运动的神经元，并由它们做出决策——逃跑还是战斗。

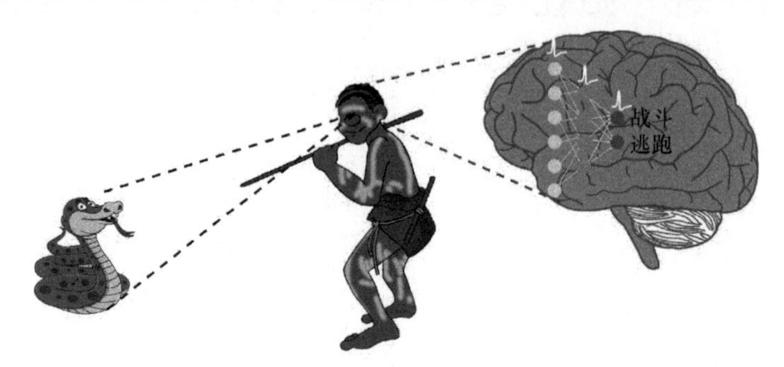

图 1.1　战斗还是逃跑

假设原始人对毒蛇的伤害力一无所知，他选择冲上去战斗。这在大脑信息处理层面意味着，视神经产生的毒蛇编码信号沿着“战斗”通路传递。结果可想而知，他没有吃到食物，反而被毒蛇咬了一口。从生存的角度，这是一个惩罚性质的回馈，为了增加生存概率，大脑主动地把刚才视觉产生的毒蛇编码信号到“战斗”的连接通路掐断，而把该信号到“逃跑”的连接通路增强。

上述连接通路的物质载体就是突触。突触强度的可调制性，或者说可塑性(plasticity)是大脑自主学习能力的物理基础，而调制结果的非易失性(nonvolatility)则是学习成果能够记忆、长期保存的关键。

大脑的这种学习能力突出地反映在系统“举一反三”的能力上。例如，系统通过多轮学习，能够正确处理一个成年行人突然横穿马路的情况，那么当跟这种情况具有较大相似性的新情况出现时，例如一个小朋友横穿马路，系统也会采取近似的处理方案。相比之下，条件判断语句(case-switch)体系需要在对应的 case 语句里事先估计并定义好横穿马路的物体形状范围。类脑计算这种举一反三的能力就是神经网络的泛化(generalization)能力，也是类脑计算方案的一个核心优势。

1.1.2　存算一体

类脑计算是存算一体(in-memory computing)的。要理解这个概念，我们首先分析传统计算机的冯·诺依曼架构(von Neumann architecture)。在冯 · 诺依曼架构中，计算单元与存储单元在物理上是分离的，因此程序与数据的读取、处理，以及处理结果的保存需要大量的存储器访问(memory access)。众所周知，在现有的微电子材料体系和集成电路工艺等条件限制下，存储器在性能和造价上很难做到鱼与熊掌兼得。存储速度最快的静态随机访问存储器(static random access memory，SRAM)单位比特造价最高，导致其在实际应用中很难做得很大；单位比特造价相对较低的磁存储器读写速度又相对较低。这就造成所谓的内存墙(memory wall)问题。

从图 1.1 可以看到，生物大脑的计算架构跟上述冯 · 诺依曼架构是截然不同的。生物大脑的“计算”既包括神经元电脉冲的产生，也包括沿着不同通路的传递。神经元之间的连接强度不同，直接导致信号的传递路径不同，最后的计算结果也就不同。由此可知，神经元之间的连接强度是可调的，并且调制结果是可记忆的。因此，神经元之间的突触连接既在“计算”中发挥作用，其本身也“存储”信号传递通路的信息。在生物大脑的信息处理中，并没有把“计算单元”与“存储单元”分离。

1.1.3　高能效

类脑计算预期会有革命性的能效比(energy-efficiency ratio)。

这方面一个著名的案例是，2016 年 Google 公司的 AlphaGo 大战韩国围棋九段李世石。为了战胜人类顶尖围棋选手，据称 AlphaGo 动用了 1202 个中央处理器(central processing unit，CPU)、176 个图形处理器(graphics processing unit，GPU)，仅仅这些芯片的功耗就高达约 200kW。作为对战另一方的李世石，在数亿人观看下，仅仅消耗了数杯咖啡。从能效比的角度，AlphaGo 明显胜之不武。

公开资料显示，AlphaGo 的一些关键策略采用类脑神经网络算法，那么问题来了，既然是仿脑、类脑，为什么对比人类的大脑，AlphaGo 的能效比会如此低下？

这里的根本原因是，AlphaGo 最底层的硬件并不是仿脑的。换句话说，执行 AlphaGo 运算的最底层单元——晶体管，并不是为了仿生神经网络的最底层单元——神经元或者突触。在物理特性上，晶体管跟突触有本质的区别。作为神经元之间连接的突触，它的强度可以在神经网络学习过程中被调节，而且这种调节在学习完成以后是可以保存的，即记忆下来。与之相反，虽然晶体管的电导可以通过栅极电压调制，但是断电以后，这种电导调制就随即消失了。假如将栅压对晶体管的电导调制看作突触连接强度的调节，那么这里的关键问题是，晶体管的学习效果无法保存。

反映到系统层面，尽管 AlphaGo 部分采用类脑神经网络的算法，但它在硬件层面仍然依赖传统的冯·诺依曼存算分离架构。

因此，类脑计算要想革命性地提升算力、能效比等关键指标，就亟需一种能够高效模仿生物突触功能的新型器件。忆阻器就是这样一种器件。

1.2　类脑计算：为什么是忆阻器

1.2.1　突触可塑性：类脑计算的物理基础

从图 1.1 的讨论可以看到，突触的核心特征就是可塑性。它表征的两个神经元之间连接强度可以调节。这种调节的核心原则是，导向正确输出的连接被增强，反之则被减弱。

这种调节在大脑功能层面对应的就是学习，而调节结果在学习完毕以后可以保存下来，对应的大脑功能就是记忆。

如果把学习理解成一种广义上的“计算”，记忆理解成“存储”，不难发现，这里的“计算”和“存储”跟传统计算机的原理有着本质的不同。

① 数字逻辑的有限状态机。

② 存算分离的冯 · 诺依曼架构。

图灵机原理与冯 · 诺依曼架构示意图如图 1.2 所示。在传统的数字逻辑有限状态机中，对于当前状态 S(如图 1.2(a)中 A、B、C、H)，给定输入，输出和跳转的下一个状态是确定的。换句话说，对于给定的系统，它的各个状态连接关系是固定的。在类脑计算系统中，给定同样的现状和输入，输出和跳转的下一状态是可调制的，由系统根据外界的反馈来调整。这意味着，硬件层面各状态之间的连接是可塑的，而系统层面则表现为可根据外界情况的变化自我调整，即具有学习能力。

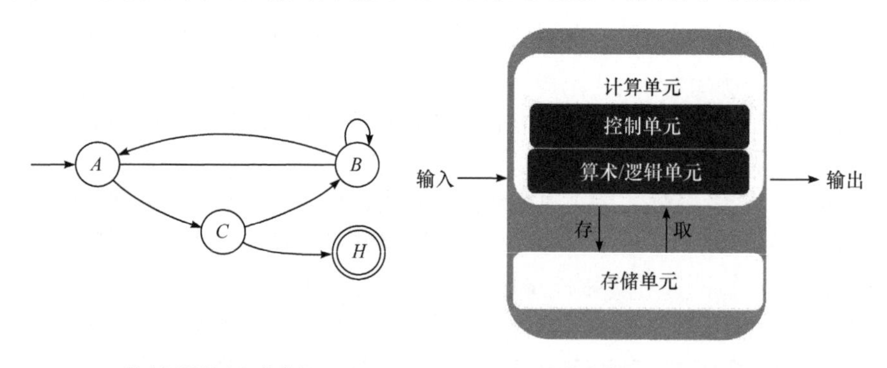

(a) 数字逻辑的有限状态机　　(b) 存算分离的冯·诺依曼架构

图 1.2　图灵机原理与冯·诺依曼架构示意图

冯 · 诺依曼架构是近年来另一个被讨论得很多的问题。如图 1.2(b)所示，“计算”和“存储”分离曾经是一个巨大的进步。它将整个计算系统的功能划分开，然后选择不同的硬件执行不同的功能，让硬件各自优化、迭代改进。正因如此，我们才看到过去几十年支配计算机硬件发展的摩尔定律。形象地说，如同亚当 · 斯密在《国富论》中所言，分工和专业化带来社会生产力的巨大进步。

然而，冯 · 诺依曼架构发展到今天，“计算”与“存储”分离造成的内存墙等问题却妨碍了计算机技术的进步，以至于出现一个专门描述这种现象的词，即冯 · 诺依曼瓶颈(von Neumann bottleneck)。内存墙问题不但导致计算与存储单元的性能脱节，而且随着工艺的进步，这种差距在不断扩大。另外，数据要在计算单元与存储单元来回搬运，不仅会对总线造成重大负担，还会引发延迟、功耗等一系列问题。如果能够发展一种“存内计算”新架构，上述问题就迎刃而解了。

从上述关于有限状态机原理和冯·诺依曼架构的讨论可以看到，假如人们希望发展类脑计算系统，那么硬件层面亟需的是可以仿生突触可塑性的新型器件。忆阻器(memristor)就是最有力的候选方案。

1.2.2　忆阻器：天然的突触

忆阻器是一种电阻态可以调制且调制结果可以记忆的新型器件。对比突触可塑性不难发现，忆阻器从定义上天然吻合突触特性。本节对忆阻器从概念提出到实验制备，再到应用为神经形态器件(neuromorphic devices)的时间线进行梳理。

1. 概念提出

忆阻器最初是由美国加州大学伯克利分校的 Chua[1]教授在 1971 年提出来的。

忆阻器概念示意图如图 1.3 所示。Chua 发现，在 4 个物理量，即电压(v)、电流(i)、电荷(q)和磁通量(ϕ)之间，只有磁通量和电荷之间的关系没有直接对应的度量。鉴于此，他提出忆阻器阻值的定义，也就是通过器件的磁通量随电荷的变化率，即

$$\begin{aligned} M &= \frac{\mathrm{d}\phi}{\mathrm{d}q} \\ &= \frac{\mathrm{d}\phi / \mathrm{d}t}{\mathrm{d}q / \mathrm{d}t} \\ &= \frac{v(t)}{i(t)} \end{aligned} \tag{1-1}$$

如果分别引进(流经该器件的)磁通量、电荷量的时间变化率，不难发现，忆阻器的单位跟电阻一样，就是欧姆。

式(1-1)的电压项在形式上是磁通量变化引起的感生电压，因此忆阻器不能理解为普通的电阻。那么，忆阻器与普通电阻的区别又在哪里呢？从式(1-1)不难看出，忆阻器的阻值 M 随流经该器件的电荷量 q 的变化可能变化，并且这种变化在

电流消失以后，可以保存下来。这一点，从忆阻器英文定义的词根可以看到，memristor = memory + resistor。

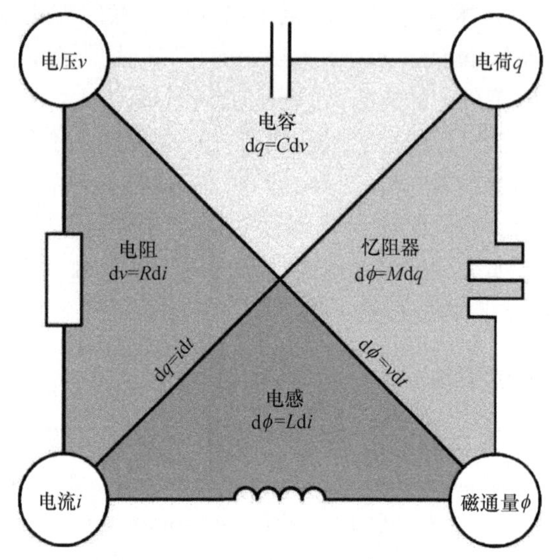

图 1.3 忆阻器概念示意图[1]

忆阻器具有两个核心特征。

① 电导可连续、可逆地调制。

② 电导调制的结果非易失。

值得指出的是，对忆阻器这种新型器件而言，上述两个特性缺一不可。以晶体管为例，它的源漏电导在栅压的作用下也可以连续、可逆地变化，但是一旦撤掉栅压，调制效果会立即消失。这里的物理原因是，栅压诱导出来的沟道载流子在栅压撤去后迅速弛豫了，没有记忆效应。因此，忆阻器物理实现的核心问题是，寻找各种物理机制和材料，使载流子在外加电压下的调制是连续、可逆的，而且非弛豫(nonrelaxable)。严格说来，后者是指在器件的工作时间内，弛豫引起的电导变化可忽略。

2. 实验实现

2008 年，美国惠普实验室 Strukov 等[2]首次实验制备了基于氧耗尽型氧化钛(oxygen-depleted titanium dioxide，TiO_x)忆阻器。原子力显微镜下的 TiO_x 忆阻器阵列示意图如图 1.4 所示[3]。它是包含 17 个 TiO_x 忆阻器的电路，底部是一根 50nm 宽的纳米线电极，顶部是 17 根 50nm 宽的纳米线电极，顶部与底部纳米线交叠处是 TiO_x 功能层。

图 1.4　原子力显微镜下的 TiO_x 忆阻器阵列示意图[3]

根据 Chua 对忆阻器的定义，忆阻器在电压扫描下会出现电导调制，并且该调制是可逆的，既能增大也能减小，表现在伏安特性曲线上就是出现 8 字回线。不同电压扫描频率下的 TiO_x 忆阻器特性如图 1.5 所示。这表明，Williams 等制备

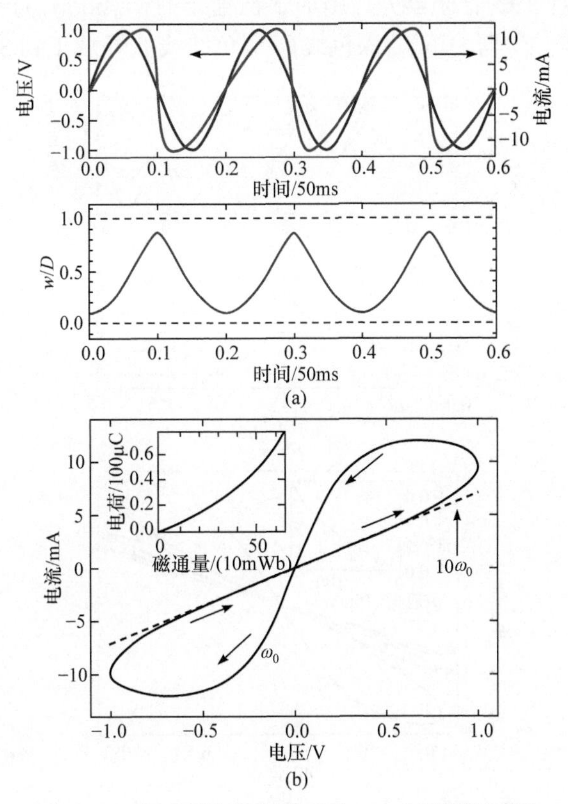

图 1.5　不同电压扫描频率下的 TiO_x 忆阻器特性[2]

的 TiO_x 器件在电压扫描下的确出现 8 字回线，即该器件的电阻在正向电压扫描时出现低阻向高阻的切换，而在负向扫描时出现高阻向低阻的切换。

此外，Chua 指出，8 字回线的面积随扫描频率的增大而减小，直到扫描频率高于某个阈值，伏安特性曲线恢复为一条直线。换句话说，电压引起的电导调制现象消失了。图 1.5(a)上图的实线是施加在 TiO_x 忆阻器两端的正弦交流电压波形，虚线是测得的流经忆阻器的电流波形。两者的相位并不完全重合，这意味着器件出现周期性的高/低电阻态切换。图 1.5(a)下图则是根据实时电阻提取的低阻区长度 w 对功能层总长度 D 的占比。注意，图中横纵坐标的物理量均已无量纲化均已归一化，时间是以 $t_0 = 2p/w_0 = 10\text{ms}$ 为单位，电压以 $v_0 = 1\text{V}$ 为单位，电流以 $i_0 = v_0/R_{\text{ON}} = 10\text{mA}$ 为单位。图 1.5(b)是对器件分别施加 ω_0 和 $10\omega_0$ 频率的正弦交流电压测得的电流曲线。子图是根据实验结果拟合出来的流经器件电荷随磁通量的变化曲线，它们分别以 v_0t_0 和 i_0t_0 为单位。当直流电压扫描频率从 ω_0 增加到 $10\omega_0$ 时，TiO_x 忆阻器出现电导调制行为，即 8 字回线消失。

连续置态/重置电压脉冲下的 TiO_x 忆阻器电导调制示意图如图 1.6 所示。图 1.6(a)上部是对 TiO_x 忆阻器先后施加 3 次连续的 $\pm v_0\sin^2(\omega_0 t)$ 交流周期电压(浅色线)，测得流经忆阻器的电流(深色线)。深色线线波峰从 1 到 3 连续增大、从 4

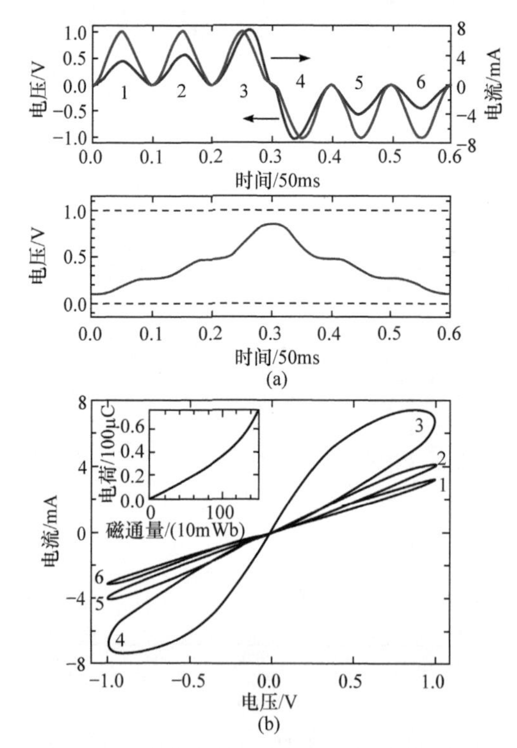

图 1.6　连续置态/重置电压脉冲下的 TiO_x 忆阻器电导调制示意图[2]

到 6 连续减小，对应忆阻器电导的连续上升、下降，其开关比 R_{OFF}/R_{ON} 为 160。图 1.6(a)下部显示，低阻区厚度对功能层总长度的占比 w/D 也呈多级台阶式变化。图 1.6(b)是上述 6 轮电压扫描下的伏安特性曲线。它显示，在单向扫描时，8 字回线的面积随扫描次数不断增大。实验参数同图 1.5。在连续 3 个正电压脉冲及 3 个负脉冲后，忆阻器电导经历连续增大和减小的变化。

上述实验现象表明，Williams 等制备的 TiO_x 忆阻器在物理上相当于一个微观的、电压驱动的滑动变阻器。TiO_x 忆阻器机理示意图如图 1.7 所示。器件内部划分为氧空位掺杂的低阻区(oxygen-doped R_{ON})与非掺杂的高阻区(undoped R_{OFF})，两者串联构成器件的功能层。其中，低阻区的长度占比为 w/D，高阻区为 $1-w/D$。假设器件的极限高阻和低阻分别为 R_{OFF} 和 R_{ON}，则器件当前电阻为 $R_{ON}\dfrac{w}{D}+R_{OFF}\left(1-\dfrac{w}{D}\right)$。在外加电场作用下，氧离子会发生电迁移，其迁移方向取决于电场方向。假如更多的氧离子被耗尽，留下氧空位，则对应掺杂的低阻区扩大，非掺杂的高阻区缩小，反之亦然。因此，TiO_x 忆阻器可以看作一个由外加电压调节的滑动变阻器。

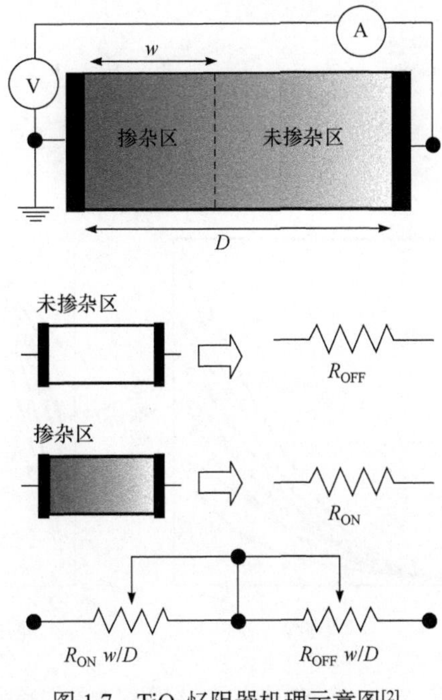

图 1.7　TiO_x 忆阻器机理示意图[2]

3. 仿生突触

最早提出并通过实验演示忆阻器可以用来做人工突触器件是美国密歇根大学

的 Lu 等。基于银/硅(Ag/Si)功能层的忆阻突触器件特性示意图如图 1.8 所示。图 1.8(a)是生物突触与基于银/硅(Ag/Si)功能层的忆阻突触器件的结构对比图。放大区是银/硅功能层的示意图，掺入银原子的硅层是低阻区，未掺入银原子的硅层是高阻区，整个功能层被认为是两者的串联，且两者存在一个较清晰的界面。图 1.8(b)是在连续 5 个正向电压扫描循环下测得的伏安特性，其中箭头指出电流在逐步上升。图 1.8(c)是在连续 5 个负向电压扫描循环下测得的伏安特性，箭头指出电流逐步下降。上述结果表明，该器件初始处于高阻态，对它施加连续多轮的正向直流扫描电压，器件电导呈台阶式连续上升；当器件到达最低阻态后，转而对它施加连续多轮的负向直流扫描电压，器件电导呈阶梯式连续下降。这一现象可以较好地映射突触权重调制行为。

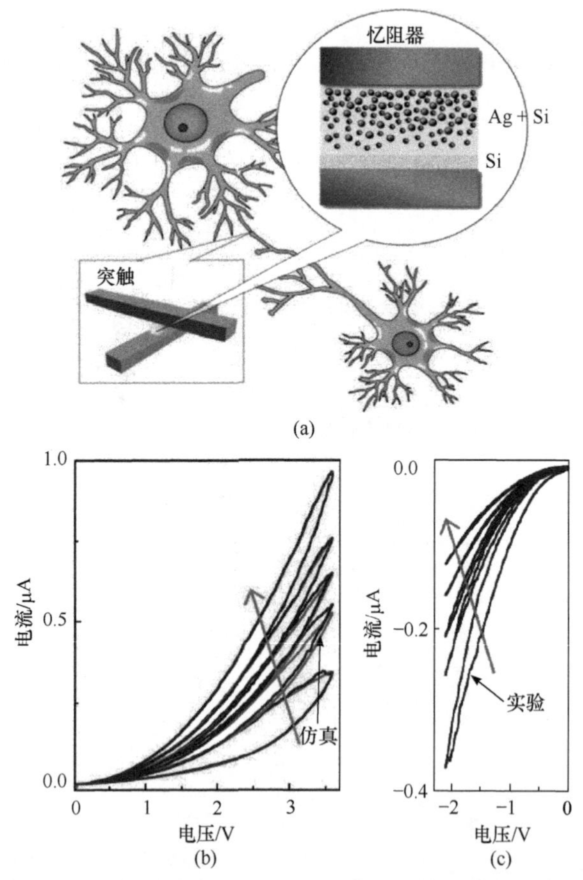

图 1.8　基于银/硅(Ag/Si)功能层的忆阻突触器件特性示意图[4]

上述工作开创了基于忆阻器的神经形态器件与计算这一领域。自此以后，各种新原理、高性能的忆阻器件陆续被研制出来，并针对人工突触的不同应用得到优化。

1.3　类脑计算的发展简史

二十世纪初，人类首次在显微镜下发现到脑皮层的网络状微观结构。从那时开始，如何制造“仿脑”机器，让机器像大脑那样智能地工作，就成为一代代科研工作者追求的目标。

纵观类脑计算的发展历史，大致可以划分为三代。

第一代神经网络是对脑神经网络的连接结构做简单的模仿，也就是感知器(perceptron)。感知器是最简单版本的人工神经网络。虽然它能处理一些简单问题，但是受困于无法解决非线性问题，相关研究在二十世纪六七十年代陷入低谷。

第二代神经网络针对上述非线性问题，在计算中引入激活函数，也就是一种模仿神经元到达阈值才激发的非线性函数，成功解决了以异或分类为代表的非线性问题。同时，多层感知器(multilayer perceptron，MLP)设计被引入，网络能够处理规模更大、更复杂的非线性问题。这一阶段的神经网络以深度学习而闻名。这里的深度指的是多层神经网络，它在图像识别等任务中的表现开始超过人类视觉。

然而，上述第二代神经网络仍然是基于模拟值的，这跟生物大脑中观察到的基于脉冲的工作方式是很不一样的。同时，第二代神经网络的典型算法，如监督学习、强化学习(reinforcement learning)等，都是人类自己设计出来的，并没有在生物大脑观察到直接对应的行为或现象。换句话说，生物大脑神经网络对信息的处理方式并没有被有效借鉴。因此，研究人员提出基于脉冲编码、仿照生物大脑学习法则的第三代神经网络，也就是所谓的神经形态计算。

1.3.1　第一代：感知器

最早仿照大脑神经网络结构，被人们提出来的是单层感知器(single layer perceptron，SLP)。单层感知器及其局限示意图如图 1.9 所示。

图 1.9(a)是单层感知器的示意图，可以认为是输入加权线性叠加器$\sum$和阈值比较器μ的组合。它的数学表达式为

$$v = \Theta(\textstyle\sum_i w_i u_i - \mu) \tag{1-2}$$

注意，它用到一个阶跃函数，也就是比较器，只输出“是”和“不是”两种结果，因此也被称为二元分类器(binary classifier)。

对于图 1.9(a)所示的感知器，它的训练原理是，调整各个输入向输出的连接强度w_i，从而调整输出。如图 1.9(b)所示，以二维输入为例，在输入数据构成的二维平面中，这个感知器实际上就是一条分割线。调整连接权重，就是在调整分割线的斜率和位移。

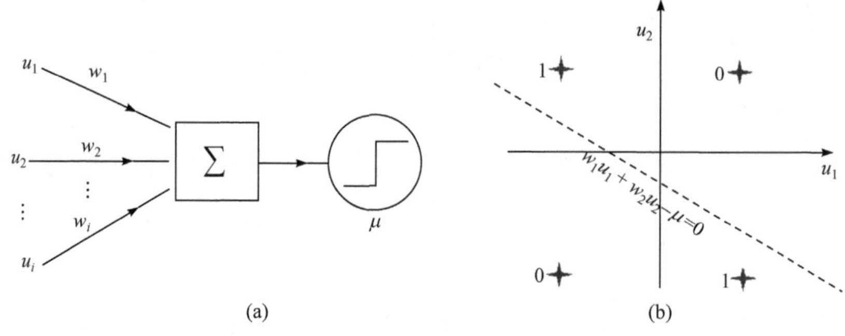

图 1.9　单层感知器及其局限示意图

单层感知器的根本缺陷在于，它只能解决线性可区分(linearly separable)问题。1969 年，Minsky 等[5]指出，单层感知器无法解决异或(exclusive OR，XOR)分类问题。如图 1.9(b)所示，当输入为二维矢量(u_1,u_2)时，单层感知器就是二维数据平面中的一条直线，将平面切割为两部分。图中，点(1, 1)和(−1, −1)输入异或门，输出为−1，而点(1, −1)和(−1, 1)输入异或门，输出为 1。从拓扑的角度看，在这个二维平面内无法用一个线性函数把两类点切分开。

另外，尽管当时人们就已经知道，大脑皮层的神经网络是多层结构的，但是只引入多层结构对解决 XOR 问题并没有实质帮助，原因是线性函数的多层嵌套仍然是线性函数。

受困于 XOR 非线性问题，类脑计算的发展陷入低谷。

1.3.2　第二代：引入非线性的多层感知器

第二代神经网络是以多层感知器为代表的。一方面仿照生物神经元的阈值激发模式引入非线性激活函数，另一方面引入多层网络结构。本书将在后面详细讲述多层感知机的各种结构与学习算法。

这一代神经网络的计算性能发生了质的飞跃，通常归功于大数据、算法、算力三大驱动要素的革命与汇集。大数据指的是由计算机与互联网引发的信息革命带来的实时海量数据产生，可以用来训练神经网络。它实时产生海量数据，可以用来训练神经网络，大幅度提升神经网络的经验水平，让它“见多识广”，因此它的泛化能力得到革命性进步。算法是针对神经网络训练提出的各种新型计算方法，以及新的网络结构。通俗地说，算法是教神经网络怎么“走路”的办法，能够让神经网络从海量训练数据的迷宫中成功地走出来。如果说算法是指导神经网络走出大数据迷宫的导航地图，那么算力就是它行走依赖的发动机。如今，面向复杂应用的神经网络通常都是几十层，甚至上百层，参数上亿。如前所述，当前微电子学科一个重要研究前沿就是从硬件层面，制造更能仿脑的神经形态器件，如基于忆阻器的人工突触和神经元，然后在此基础上设计和制造能够高能效执行类脑计算的芯片，从而革命性地提升人工神经网络的算力。

1.3.3　第三代：从模拟计算到神经形态计算

无论是第一代感知器，还是引入非线性的多层感知器，它们仅仅是在连接形式上与多层神经网络有一定的相似性。实际上，它们与生物大脑的神经网络存在非常多的差别，或者说离“像真实大脑一样工作”还很远。第一个重大差别就是编码形式。前者采用模拟值编码，后者采用脉冲编码。

采用脉冲编码有非常多的好处。首先，脉冲的“有”和“无”类似于数字电路的“1”和“0”。众所周知，数字电路相对模拟电路的抗干扰能力要强得多。这一点，二十世纪八九十年代出生的读者对模拟信号电视和数字信号电视的性能差异应该有着深刻的记忆：小时候看电视要架天线，电视里还经常会出现图像扭曲、横纹等现象；长大后数字电视普及了，这种现象基本上就没有了。从物理机制上，噪声对模拟值编码的干扰比较严重，而对神经元“积分-点火”的脉冲发放及传输的影响就相对小多了。

脉冲编码是事件驱动(event-driven)型，即有脉冲输入事件时神经网络才会响应。也就是说，当系统处在无事件的静息状态时，系统几乎无功耗或者功耗极低。

因此，按照忆阻神经网络研究领域主要贡献者——美国南加州大学 Yang[6]的定义，采用模拟值编码的应该称为模拟计算(analog computing)，采用脉冲编码的才能称为神经形态计算(neuromorphic computing)。

另外，过去几十年里以深度学习为代表的研究和成果都是基于模拟计算的。相比之下，尽管人们寄予厚望，采用脉冲编码的新算法却并没有发展出来多少。虽然人们提出一些受脑启发的突触权重训练规则，如脉冲时序依赖可塑性(spike timing-dependent plasticity，STDP)，但总体来说，当前对生物大脑神经网络如何学习的理解还处于初步阶段，脉冲神经网络的发展能够借鉴的训练方式还比较少，训练效果也不够理想。

因此，研究者发展出一些新的办法，例如将训练好的基于模拟计算的神经网络转移(transfer)或转换(convert)为脉冲编码的对应版本。通过这个办法可以充分利用已有的研究成果，但是这相当于拿脉冲神经网络的“新瓶”去装模拟计算的“旧酒”，局限性也很明显。脉冲神经网络的革命性进步，最终可能还是要等到研究人员对生物大脑认知的物理机制取得关键突破。

1.4　本书章节安排

本书首先从硬件层面出发，从忆阻突触和忆阻神经元系统讲解基于忆阻器的仿生突触与神经元，重点分析不同种类的忆阻材料用作突触和神经元时依据的物理机制及其在实际应用中面临的主要问题。

在网络设计层面，按照编码方式分类，神经网络可分为模拟值编码的人工神经网络(artificial neural network，ANN)和脉冲编码的脉冲神经网络(spiking neural network，SNN)①；按照训练方式分类，神经网络可分为监督学习(supervised learning)、非监督学习(unsupervised learning)、强化学习(reinforcement learning)。因此，可以组合出表 1.1 所示的若干种情况。

表 1.1　神经网络大体分类

学习方式	编码方式	说明
监督学习	模拟编码	人工神经网络的监督学习
监督学习	脉冲编码	脉冲神经网络的监督学习
非监督学习	模拟编码	人工神经网络的非监督学习
非监督学习	脉冲编码	脉冲神经网络的非监督学习
强化学习	模拟编码/脉冲编码	深度强化学习

在执行监督学习的模拟神经网络中，有一类结构比较特殊的神经网络，即卷积神经网络。它是目前距离应用落地最近的一种神经网络，在图像识别相关的部分领域，如医学图像分析与诊断，表现已经超过了人类。卷积神经网络及其高能效硬件实现方案是当前的一个研究热点，因此本书在第 9 章将它单列出来讲解，尤其注重近年来采用二维，甚至三维忆阻器交叉阵列的新方案。

此外，还有一类较为特殊的神经网络，即贝叶斯神经网络。它针对的是近年来引起广泛关注的不确定度量化问题。假如不同标签的训练数据在数据空间有显著的交叠，那么对于交叠区的数据，如何训练并量化输出结果的不确定度呢？从硬件层面，如何利用忆阻器内禀的随机性，高能效地支持神经网络层面所需的这种概率计算？第 10 章将讲解上述问题。

除了上述几种，忆阻交叉阵列还在一些专门的问题上取得了不俗的表现。第 12 章将以稀疏编码(sparse coding)、主成分分析(principal component analysis，PCA)和偏微分求解等问题为例，分析忆阻交叉阵列方案的设计思想，讲解相应的硬件实现等。

以上章节讲解的几乎都是基于电学方案的神经网络实现，而近年来基于光学

---

① 更准确的命名区分应该是执行“基于态的模拟计算”(level-based analog computing)和“基于脉冲的神经形态计算”(spike-based neuromorphic computing)的两类神经网络[6]，但是神经形态计算发展历史上约定俗成的叫法是将前者称为人工神经网络，后者称为脉冲神经网络。

方案的神经网络这个新思路也获得很大的关注。将波分复用(wavelength division multiplexing，WDM)这个光传输领域老生常谈的技术引入卷积神经网络中，能够革命性地提升卷积运算的并行度，使光计算焕发出新的活力。本书特别用一章讲解相关的概念、原理与新近实验进展。

1.5　思　考　题

1. 忆阻器与非易失性存储器的区别?

在忆阻器被惠普公司正式发布之前，国际上微电子领域一直在研究非易失性存储器(non-volatile memory，NVM)。例如，阻变存储器(resistive random access memory，RRAM)，它是一种电阻态可以被正/负电压置态/重置的器件，并且电阻调制结果也是非易失的。

微电子科研工作者研究非易失性存储器的一个直接动因是，主流计算机的内存是基于动态随机存储器(dynamic random access memory，DRAM)，而这种器件的电阻态变化是易失的，也就是说断电以后它无法保存。假如能够制造出一种断电以后电阻态变化仍然保存着的器件，并且它的结构和工艺足够简单、工作速度足够快，那么用它做下一代计算机内存的优势就非常明显。例如，计算机开机速度会革命性提升，因为即使关机断电，当前全部计算信息仍然会保存在非易失的内存里。

那么，根据读者的调研和理解，忆阻器与非易失性存储器有什么不同?

2. 读者可以验证，采用图 1.10 所示结构的神经网络和权重设置，也可以解决 XOR 分类问题。那么，为什么神经网络发展的主流方案并没有采用这种输入层可以绕过隐藏层 μ_α 直接连接输出层 μ_β 的结构呢？为什么主流方案是图 4.16 所示的只有相邻层才有前馈连接的结构呢?

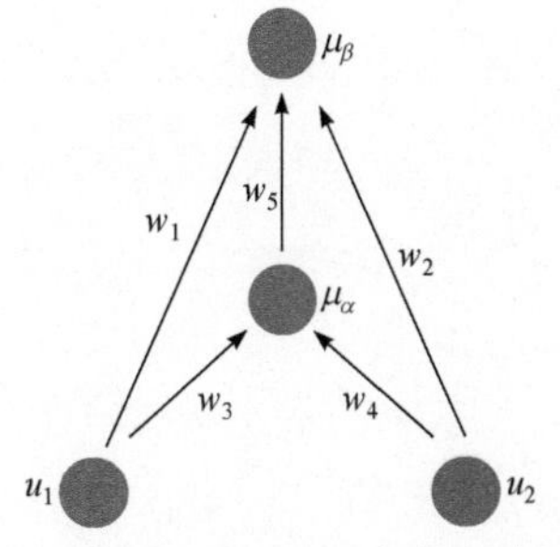

图 1.10　一种可解决 XOR 分类的感知器结构

参考文献

[1] Chua L. Memristor: the missing circuit element. IEEE Transactions on Circuit Theory, 1971, 18(5): 507-519.

[2] Strukov D B, Snider G S, Stewart D R, et al. The missing memristor found. Nature, 2008, 453(7191): 80.

[3] Borghetti J, Snider G S, Kuekes P J, et al. “Memristive” switches enable “stateful” logic operations via material implication. Nature, 2010, 464(7290): 873-876.

[4] Jo S H, Chang T, Ebong I, et al. Nanoscale memristor device as synapse in neuromorphic systems. Nano Letters, 2010, 10(4): 1297-1301.

[5] Minsky M, Seymour P. Perceptrons: An Introduction to Computational Geometry. Cambridge: MIT Press, 1969.

[6] Yang J J. Memristor crossbar arrays for analog and neuromorphic computing. Arlington: Air Force Research Laboratory, 2018.

第 2 章 忆阻突触

本章系统讨论当前用来仿真突触功能的各种忆阻材料与器件，从微观物理机制着手，讨论基于不同工作原理的忆阻器件用作突触时的优缺点，以及相应的读写电路设计。同时，讨论在阵列级别会出现哪些新问题，又该通过怎样的设计来克服它们。在后续章节中，本书通过多个忆阻突触设计与神经网络应用实例，帮助读者建立忆阻突触从材料原理到系统应用的系统认知。

2.1 离子迁移型

在国际上，Chang 等[1]、Yu 等[2]等较早提出并制备了基于氧化钨(WO_x)、氧化铪(HfO_x)等金属氧化物的忆阻突触。WO_x 忆阻器的多轮电压扫描特性及物理模型示意图如图 2.1 所示。图 2.1(a)和图 2.1(b)是实验制备的钯/氧化钨/钨结构器件($Pd/WO_3/W$)多轮直流扫描特性[1]。在正向电压往复扫描下，器件的电导逐渐增大；在负向电压多轮扫描下，器件的电导逐渐减小。插图是扫描电镜(scanning electron microscope，SEM)下观察到的器件结构，顶电极(top electrode，TE)是钯，底电极(bottom electrode，BE)是钨。

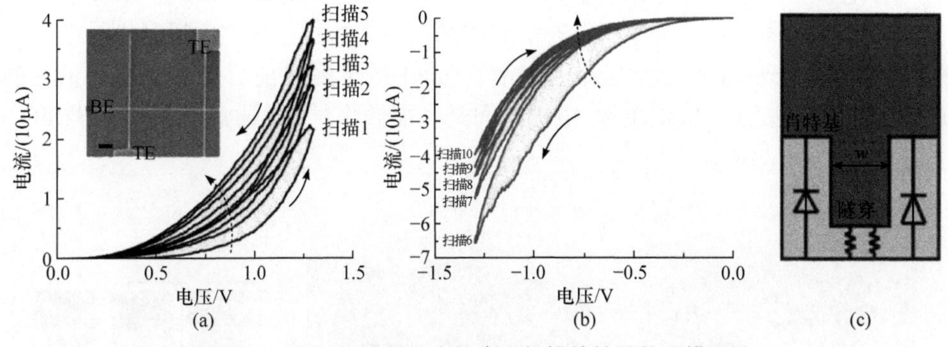

图 2.1 WO_x 忆阻器的多轮直流扫描特性及物理模型[1]

在物理机制上，Lu 等[1]将上述电导变化解释为，氧空位在电场作用下的迁移导致肖特基势垒热电子发射与隧穿电流占比不同。图 2.1(c)是器件物理模型示意图，在钨电极与氧化钨的界面处既存在金属-半导体接触的肖特基势垒区(Schottky barrier)，也存在近似欧姆接触区(Ohmic-like contact)。二者的区别是氧空位迁移量的不同导致的。通常氧化钨层与钨电极处形成肖特基势垒，但是假如有较多的氧空位移动到该界面处，则形成欧姆接触。电流在肖特基势垒区以热电子发射越过肖特基势垒为主，是高阻区；在欧姆接触区以隧穿为主，是低阻区。定义低阻区的宽度占比为 w，总电流是两种导电区域的电流总和，即

$$I=(1-w)\alpha[1-\exp(-\beta V)]+w\gamma\sinh(\delta V) \tag{2-1}$$

其中，α、β、γ、δ 为肖特基势垒高度、宽度、隧穿距离等决定的参数。

低阻区占比 w 由电场作用下的氧空位迁移决定，当更多的氧空位在正电压作用下迁移到钨电极一侧，则作为低阻的欧姆接触区占比增大，反之则减小，因此 w 的动力学方程为

$$\frac{\mathrm{d}w}{\mathrm{d}t}=\lambda[\exp(\eta_1 V)-\exp(-\eta_2 V)] \tag{2-2}$$

其中，λ、η_1、η_2 为拟合参数。

基于上述物理建模的定量计算结果与实验观测到的伏安特性吻合较好。

从工作原理角度看，基于离子迁移(ion migration based)的忆阻器有很多种，主要包括基于银/铜等活泼金属阳离子迁移的导电桥(conductive bridge)型、基于氧/硫/氮等阴离子迁移的氧化物(oxide)型以及固态电解质(electrolyte controlled)迁移的器件。接下来，逐一讨论其忆阻机理、用作突触仿生时的器件特性以及相应的问题和挑战。

2.1.1 导电桥型

导电桥型忆阻器即电化学金属化(electrochemical metallization，ECM)器件。基于阳离子迁移的导电桥型忆阻器示意图如图 2.2 所示。两端电极分别是电化学性质活泼(electrochemically active)和惰性(inert)的金属，前者通常是银(Ag)或铜(Cu)，后者是铂金(Pt)或钯(Pd)。电极之间是一层绝缘材料，通常是二氧化硅(SiO_2)或三氧化二铝(Al_2O_3)。

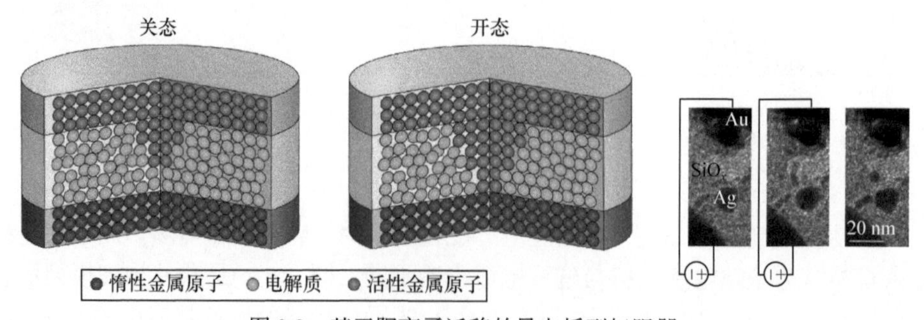

图 2.2 基于阳离子迁移的导电桥型忆阻器

图 2.2(a)和图 2.2(b)所示为处于关态和开态的器件内部离子分布情况。可以看到，活性金属原子是否连通正负电极决定了器件的开关状态[3]。在置态过程中，通过加正向电压，活性电极中的金属原子失去电子变成阳离子，并在绝缘层沿电场方向迁移。当它们到达作为阴极的惰性电极附近时，这些阳离子得到电子从而电中性化，停止迁移并在阴极附近形成纳米团簇(nanoclusters)。当上述阳离子迁移量在置态电压下累积足够多时，就在绝缘层形成一条导电的通路。这条通路被形象地称作导电桥。相应地，器件从高阻态转变为低阻态。在重置过程中，施加反向电压导致构成通路的阳离子反向迁移，器件从低阻态切换回高阻态。

上述物理过程描述需要相关的实验证据。图 2.2(b)是 Yang 等在原位(in situ)透射电子显微镜(transmission electron microscopy，TEM)下观测到的金/掺银氧化硅/金(Au/SiO_x：Ag/Au)导电桥型忆阻器中银离子迁移过程，可以直接验证上述理论[4]。通过施加正向电压，可以观察到银导电桥向着负电极方向生长过程，对应电导增大；撤去电压后，新生长的导电桥由于表面张力等原因，自发缩成团状，成为绝缘层中的“孤岛”，因此电导又降低了。该型器件属于易失性忆阻器。

从上述分析还可以看到，影响导电桥形成/断裂的两个主要因素是离子的迁移率 μ 和氧化还原速率 Γ 。导电桥型忆阻器的电化学过程示意图如图 2.3 所示。按照它们的大小可以组合出四种情况[5]。

① 离子迁移率 μ 和氧化还原速率 Γ 都很高，意味着从正电极迁移过来的离子能够很快到达负电极，并在负电极被迅速还原，在负电极与绝缘层界面处形成一个梯形区域。对应的导电桥形状如图 2.3(a)所示。

② 离子迁移率 μ 较低，但氧化还原速率 Γ 很高，意味着离子从正电极到负电极的迁移很缓慢；电子会在电场驱动与正离子相向运动，并且电子运动速度较快，当它们到达正离子附近就会迅速还原正离子，从而形成图 2.3(c)所示的绝缘层中梯形导电桥区。

③ 离子迁移率 μ 和氧化还原速率 Γ 都很低，意味着不仅离子从正电极到负电极的迁移很缓慢，电子对正离子的还原也很缓慢，因此形成图 2.3(b)所示的正电极与绝缘层界面处团簇化梯形导电桥区。由于还原速率很低，这里形成的是团簇状金属原子聚集。

④ 离子迁移率 μ 较高，但氧化还原速率 Γ 很低，意味着正离子迅速到达负电极附近。由于还原速率较低，它们会如图 2.3(d)所示，在负电极附近形成树枝状导电桥结构，以增加与来自负电极的电子接触面积，从而提升总的还原速率。

由于是在绝缘层中形成/断裂导电桥，导电桥型忆阻器具有较大的开关态电流比，如 HfO_2 器件开关比为 10^3～10^6 。较大的开关比不仅有利于提高对应突触器件的权重阶数，也有利于器件规模化集成时降低功耗。

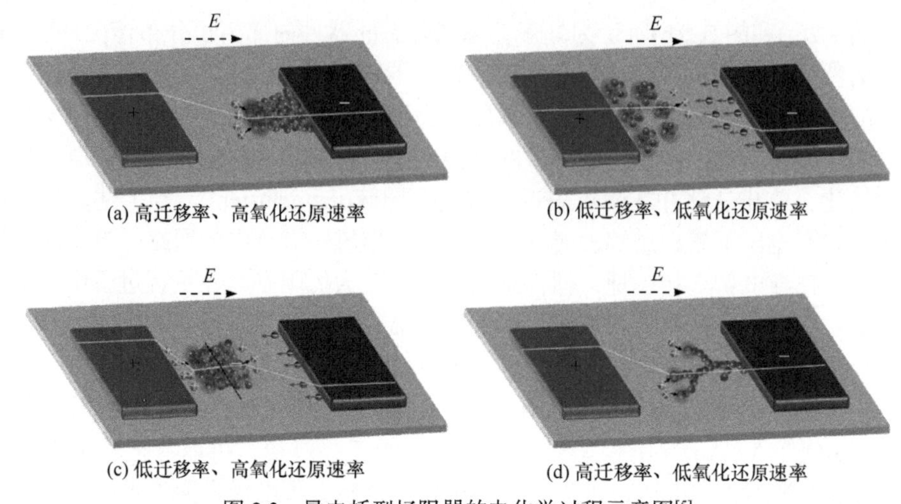

(a) 高迁移率、高氧化还原速率　　(b) 低迁移率、低氧化还原速率

(c) 低迁移率、高氧化还原速率　　(d) 高迁移率、低氧化还原速率

图 2.3　导电桥型忆阻器的电化学过程示意图[5]

从上述置态与重置过程分析可以看到，金属离子在绝缘层中的电迁移路径是随机的，对应导电桥的形成与断裂每次都不会完全一样。表现在器件性能层面，则是器件的一致性较差，不仅是单个器件的多次循环操作方差(cycle-to-cycle variation)较大，器件之间的操作方差(device-to-device variation)也较大。从讨论可知，这种方差极不利于神经网络的在线训练。

导电桥型忆阻器另一个不利于神经网络密集训练操作的特性是其较差的耐久性(endurance)。在物理机制上，这是由于频繁的突触器件写操作要求金属离子反复电迁移，而该运动会破坏绝缘层中的价键，最终导致绝缘层漏电失效。

通过调节材料组分、器件结构，以及控制导电丝的生长，导电桥型忆阻器的阻态转变过程能被有效控制，器件性能方差也能被较好地抑制[6,7]。编制 2021 年《神经形态计算与工程路线图》的专家认为，导电桥型忆阻突触是最有潜力实现大规模集成，以及尺寸缩微的器件[8]。

2.1.2　氧化物型

基于氧/硫等阴离子迁移的忆阻器示意图如图 2.4 所示。它属于氧化物型忆阻器，两端的电极一个是惰性金属，另一个是容易发生氧化还原反应的金属，如钛(Ti)，中间是一层绝缘的金属氧化物，如二氧化钛 TiO_2(此时钛是四价，即 Ti^{4+})。图 2.4(a)和图 2.4(b)是分别处于关态和开态的器件内部离子分布情况示意图。可以看到，处于部分还原价态的阳离子，如 Ti^{3+}是否连通正负电极决定器件的开关状态[3]。当器件处在初始的关态，Ti 电极与 TiO_2 界面处有少量氧离子从 TiO_2 向钛电极扩散，因此留下部分被还原的 Ti^{3+}。施加电压后，TiO_2 层中更多的带负电氧离子 O^{2-}逆着电场方向向正电极迁移，于是在功能层中留下氧空位(oxygen vacancy，Vo)，相应位置就形成亚氧化物(suboxide)如 Ti_4O_7，而亚氧化物的电导率较高。当电压引发的氧离子迁移量足够多时，一条亚氧化物的导电通道就形成了。将电压反向，则氧离子迁移回来，引发亚氧化物的重新氧化，于是导电通道消溶(dissolution)。这种依靠氧离子迁移，以及相应的价键变化实现高低阻态转换[9]也称价键变化型存储器(valence change memory，VCM)。

如图 2.4(c)所示，高电导的亚氧化物导电丝(Ti_4O_7)在实验中可以被高分辨率透射电子显微镜观察到[10]。

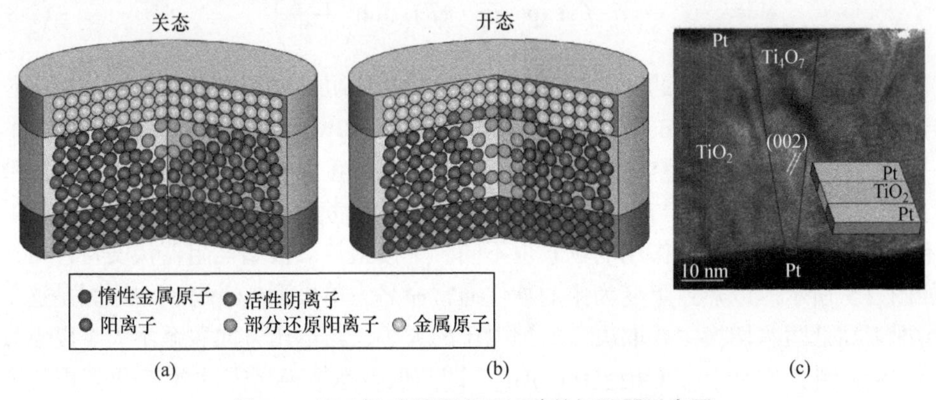

图 2.4　基于氧/硫等阴离子迁移的忆阻器示意图

值得一提的是，与前述导电桥型忆阻器不同，焦耳热(Joule heating)效应在氧化物忆阻器中被认为发挥了重要作用。特别是，当导电通道已经形成时，器件处于低阻态，在电压作用下发热显著，造成导电丝处的温度相对较高，因此氧离子在温度梯度下发生热迁移运动，会加速亚氧化物导电丝的断裂。这就是热辅助下的导电丝消溶(thermal assisted dissolution)效应[11]。

针对上述效应，Lu 等组建立了氧化物忆阻器的多尺度物理模型，由氧空位的电迁移/扩散与热迁移动力学方程、电流守恒方程、焦耳热方程组成[11]，即

$$\frac{\partial n_D}{\partial t} = -\nabla \cdot (-D\nabla n_D + vn_D - DS_{n_D}\nabla T) \tag{2-3}$$

$$\nabla \cdot (-\sigma \nabla \Psi) = 0 \tag{2-4}$$

$$-\nabla \cdot k_{\mathrm{th}} \nabla T = J \cdot E = \gamma\sigma \left|\nabla \Psi\right|^2 \tag{2-5}$$

其中，n_D 为氧空位的浓度；D 为氧空位的扩散系数；S_{n_D} 为氧空位的热迁移系数；∇T 为温度梯度；v 为氧空位的电迁移速度；$-\nabla n_D$、$-DS_{n_D}\nabla T$、vn_D 为氧空位的浓度扩散流、热扩散流、电迁移流；Ψ 为电势分布，$-\nabla \Psi$ 为电场分布；σ 为载流子电导率，$-\sigma\nabla \Psi$ 为载流子电流；k_{th} 为热导率；$J \cdot E$ 为电流产生的焦耳热功

率密度。

氧空位扩散系数D、热迁移系数S_{n_D}、电迁移速度v可以分别由下式估算，即

$$D = \frac{1}{2}a^2 f \exp\left(-\frac{E_a}{kT}\right) \tag{2-6}$$

$$S_{n_D} = -\frac{E_a}{kT^2} \tag{2-7}$$

$$v = a \cdot f \cdot \exp(-E_a / kT) \cdot \sinh\left(\frac{qaE}{kT}\right) \tag{2-8}$$

由耦合偏微分方程的联立求解可知，氧化物忆阻器中存在两种不同的氧空位迁移机制，即热致(thermally driven)与电致(electrically driven)迁移。前者与后者的一个关键不同是，当氧空位导电丝已经形成，施加重置电压时，前者以焦耳热致导电丝解体为主，因此与重置电压方向关系不大。考虑氧化物材料与器件结构的不同，两种机制起主导作用的场景也不同。单极型与双极型忆阻器伏安特性对比如图 2.5 所示。以热致阻变为主的器件通常命名为单极型(unipolar)，原因是这种情况下高低阻态切换主要取决于施加电压的大小，与电压方向关系不大。以电致为主的器件通常命名为双极型(bipolar)，即高低阻态切换所需的置态/重置电压方向是相反的。上述物理模型的仿真结果可以定量解释氧化物忆阻器中观测到的阻变现象[11]。

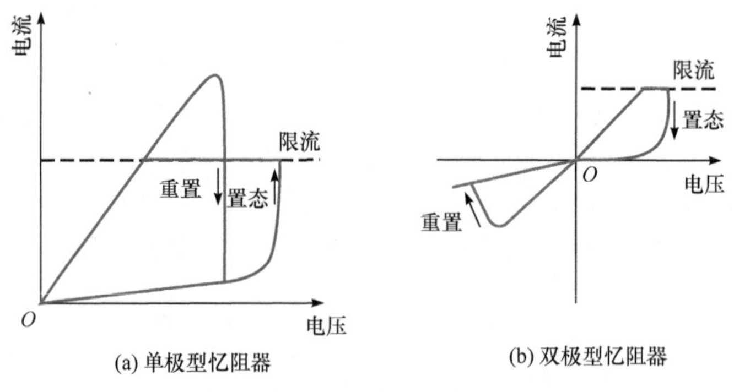

图 2.5　单极型与双极型忆阻器伏安特性对比[12]

氧化物忆阻器具有较高的耐久性，例如本书作者课题组制备的铪钨氧器件($V/VO_x/HfWO_y/Pt$)耐久性$>10^{12}$ [13,14]。与导电桥型忆阻器相比，氧化物忆阻器虽然也是依靠在功能层中导电丝的形成与断裂实现低/高阻状态转换，但后者靠的是功能层，即氧化层自由的氧离子/空位移动，导致相关区域在高电导的亚氧化物与低电导的氧化物之间转换，而不是靠来自活性电极的金属离子嵌入/脱出，因此氧空

位/离子对原功能层的结构破坏可能没有金属离子严重。

此外，氧化物忆阻器的电导转变速度较快，例如 2016 年 Yang 等制备的氮化铝器件(TiN/AlN/Pt)开关速度 <1ns[15]；电导态的保持时间也较长，可达 10a 以上[16]；器件尺寸缩微性也较好，例如 Yang 等制备的忆阻器阵列，其半节距(half-pitch) <6nm，器件特征尺寸 <1nm[17]。

从上述分析可见，氧化物忆阻器中的亚氧化物导电丝电导性能不如导电桥型忆阻器中的金属离子，因此氧化物忆阻器的电流开关比通常不高。

上述基于阳离子迁移的导电桥型忆阻器与基于阴离子迁移的氧化物忆阻器均属于氧化还原型(redox)忆阻器。从能带角度，开/关态的氧化还原型忆阻器态密度(density of states，DOS)示意图如图 2.6 所示。正/负离子迁移导致功能层的电子态密度变化。图 2.6(a)是处于关态时的功能层电子态密度示意图，它存在一个禁带。图 2.6(b)是处在开态时的功能层电子态密度，它的禁带中存在一个子带，并且费米能级处在该子带中。Wang 等[3]认为，在电场作用下迁移到功能层中的正/负离子会引起原本处于局域态(localized states)的电子轨道发生交叠，从而在关态的能带间隙中引入杂质能带(impurity band)。该能带贡献了器件开态的电导。

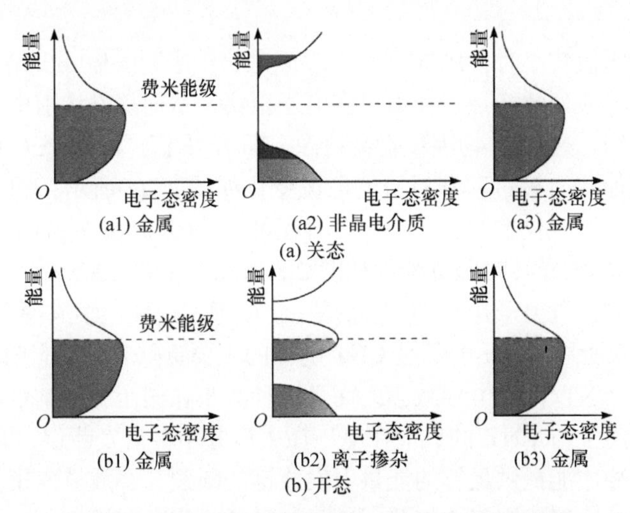

图 2.6　开/关态的氧化还原型忆阻器态密度示意图

2.1.3　固态电解质型

固态电解质型忆阻器的基本原理是，设计器件使之具有固态电解质区和导电区，通过电压控制两区域之间的离子交换，从而调制导电区的电导大小，同时由于离子弛豫不像电子那样迅速、容易，由离子嵌入/脱出导致的电导调制结果能够保持较长时间，即具有非易失性。

从物理机制角度，离子对导电区的电导调制效应可分为两大类，即电化学掺杂(electrochemical doping)与离子嵌入(ion intercalation)。顾名思义，前者是一种类似掺杂的效应，即离子进入导电区后，形成等效的替位原子，破坏原始的掺杂效应，从而调制电导。上述效应常见于固态电解质中的阳离子对有机半导体沟道材料的掺杂调制。后者是离子嵌入导电区，并没有形成替位原子，而是以杂质散射、杂质能级调制导电区材料能带等形式调制导电区电导。

一个代表性工作是美国加州大学 Kim 等[18]制备的以碳纳米管(carbon nanotube，CNT)为沟道材料、以含氢离子的有机高分子层作为栅介质的场效应晶体管(field effect transistor，FET)，利用栅压作用下的氢离子电迁移调制沟道电导。基于 PEG/CNTFET 的突触示意图如图 2.7 所示。

图 2.7(a)以 CNT 作为 FET 的沟道材料，旋涂一层 90nm 厚的聚乙二醇单甲醚(poly(ethylene glycol) monomethyl ether，PEG)作为栅介质材料，最后淀积 15nm 厚的钛和 85nm 厚的铝作为顶栅电极。

当在顶栅电极施加正电压脉冲时，PEG 中的氢离子(H^+)被电场驱赶到 PEG 与 CNT 界面处。如图 2.7(c)所示，考虑施加电压的幅度，H^+将与 CNT 发生很不一样的反应。

栅压脉冲幅值较小时，H^+在 CNT 表面是物理吸附(adsorption)，它们会调制 CNT 与 PEG 界面处的能带，吸引更多电子聚集，从而提升沟道电导。然而，随着栅压脉冲终结，这种 H^+物理吸附会弛豫，即 H^+重新扩散回 PEG 中，从而导致沟道电导恢复原状。该过程和对应的电流变化如图 2.7(c)所示，因此栅压脉冲幅值较小时的忆阻突触权重调制是一种短时程可塑性(short-term plasticity，STP)。

PEG/CNT 的电导长时程可塑性如图 2.8 所示。在图 2.8(a)中，当施加的栅压脉冲幅值较大时，氢离子在 CNT 表面是化学成键，这种化学成键会破坏 CNT 表面的 π 电子。众所周知，π 电子是 CNT 电导的主要贡献者。相应地，实验观察到这种情况下的 CNT 沟道电导减小，而且这种减小在栅压脉冲结束后是可以保持的，原因是氢离子与 CNT 的成键在电压撤去后并不会自发断裂，必须在源/漏电极施加电压脉冲才能提供足够的能量引发成键的断裂，释放氢离子并弛豫回到栅介质中使沟道电导得以恢复。因此，这是一种长时程可塑性(long-term plasticity，LTP)。

图 2.8(b)～图 2.8(d)是 CNTFET 电导长时程调制的实测效果。脉冲序列间隔从 2ms 增加到 101ms，激发型后突触电流(excitatory post-synaptic current，EPSC)幅度显著变小。图 2.8(d)的插图显示了长时程增强/减弱的原理，即在 CNTFET 栅极施加正脉冲序列，导致氢离子迁移到 CNT 表面并与之成键，从而破坏 CNTFET 的 π 电子，进而削弱 CNTFET 的电导；在源/漏电极施加正脉冲序列会破坏 CNT 与 H^+的成键，从而恢复 π 电子的电导。

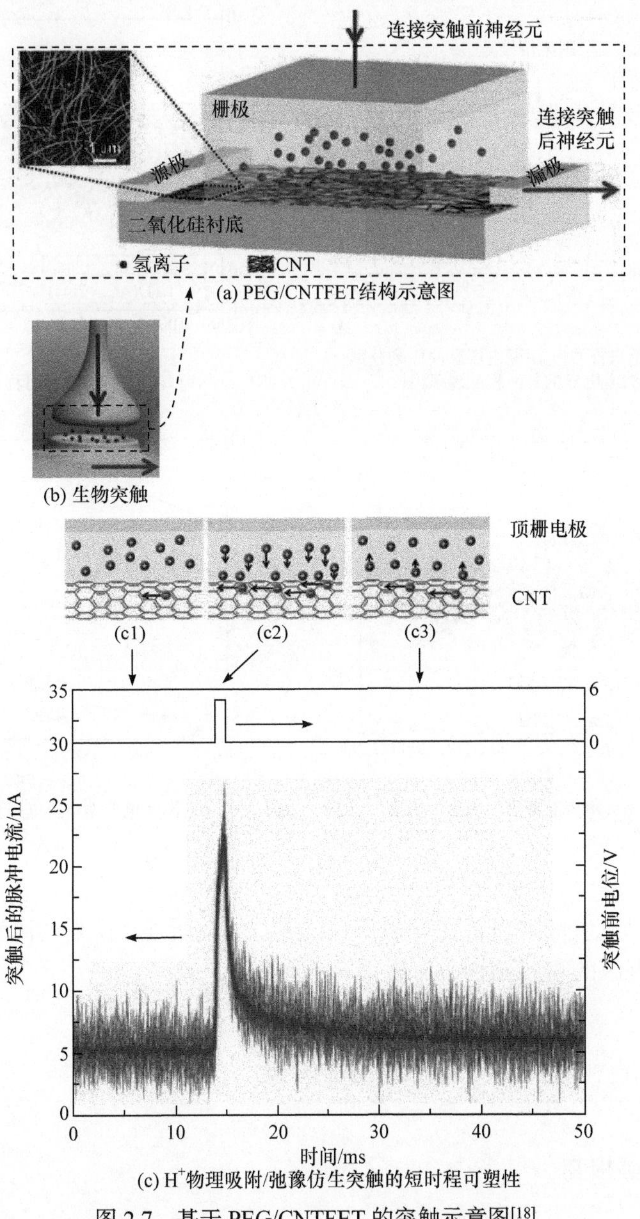

(a) PEG/CNTFET结构示意图

(b) 生物突触

(c) H^+物理吸附/弛豫仿生突触的短时程可塑性

图 2.7 基于 PEG/CNTFET 的突触示意图[18]

由于离子注入量可以由栅极电压精确控制，相应的导电区电导可以较精确地调制，因此固态电解质型忆阻器用作突触时，通常权重长时程增强/减弱的线性度、对称性都比较优异。此外，对于有机半导体型沟道导电材料，由于有机高分子相邻支链之间存在空位，来自电解质的离子在支链之间跳迁所需的激活能就比较低，对应的忆阻器件电导调制所需操作电压就比较小。

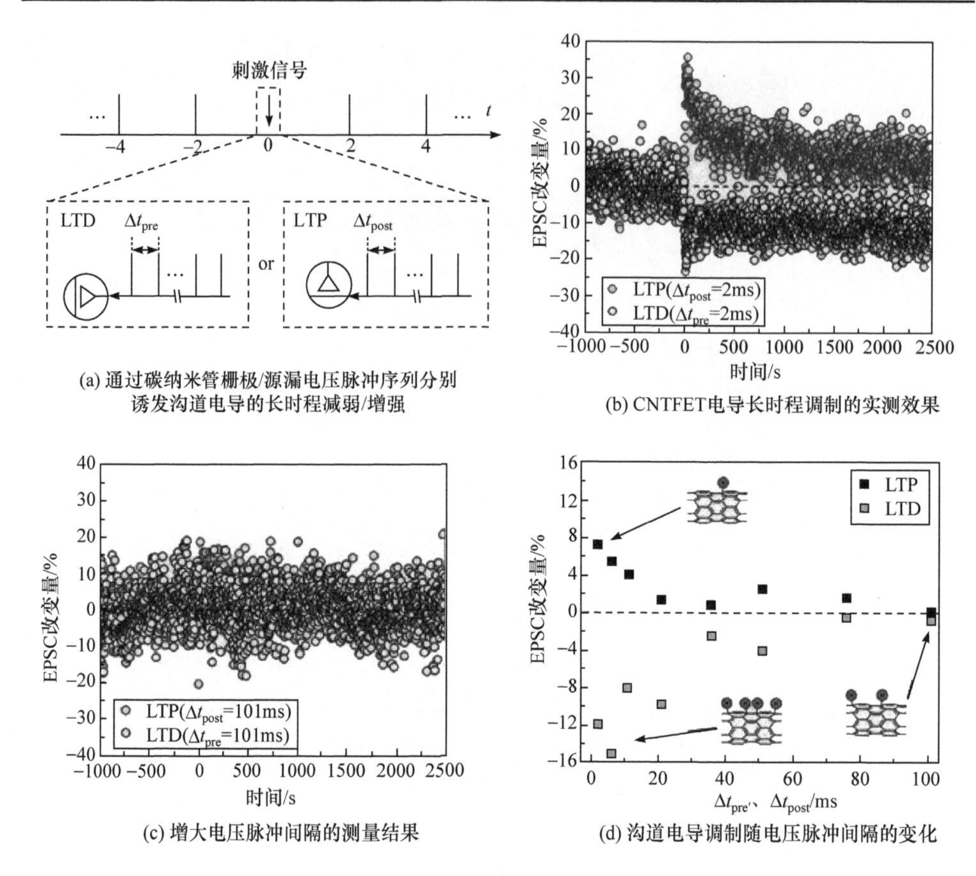

(a) 通过碳纳米管栅极/源漏电压脉冲序列分别诱发沟道电导的长时程减弱/增强

(b) CNTFET电导长时程调制的实测效果

(c) 增大电压脉冲间隔的测量结果

(d) 沟道电导调制随电压脉冲间隔的变化

图 2.8 PEG/CNT 的电导长时程可塑性[18]

固态电解质型忆阻器首先是耐久性问题。如前所述，反复的离子注入/脱出操作将破坏导电区的材料结构。

2.2 相 变 型

2.2.1 晶-非晶相变

众所周知，相变材料(phase-change materials，PCM)可以在外加电场、光场等作用下发生晶态(crystal)与非晶(amorphous)的转变，这对应低阻态与高阻态的切换。与市场上的闪存器件相比，以硫系化合物为代表的相变材料具有编程速度快(写脉冲可短至 10ns 量级)、操作电压低(可低至 1V 左右)、保持特性优异、擦写次数高($\geqslant 10^8$)等一系列优势。因此，相变器件作为一种很有潜力的新型非易失性存储器受到学术界和工业界的高度重视，不但特性得到深入研究，产业化也在迅速推进，如英特尔(Intel)和镁光(Micron)在 2015 年就联合推出第一代三维相变存储芯片 3D Xpoint。

锗锑碲相变器件的透射电镜表征与写脉冲式样如图 2.9 所示。图 2.9(a)所示为透射电子显微镜下表征的锗锑碲($Ge_2Sb_2Te_5$、GST225)相变材料。其中非晶态聚集在热源(heater)附近。图 2.9(b)所示为相变器件的置态(SET)和重置(RESET)脉冲引起的器件内部温度变化情况。置态脉冲引起 GST225 材料内部温度高于晶化温度(>130℃)，但是低于熔融温度(<600℃)，并且脉冲宽度相对较大；重置脉冲引起材料内部温度高于熔融温度(>600℃)，并且脉冲宽度相对较窄。

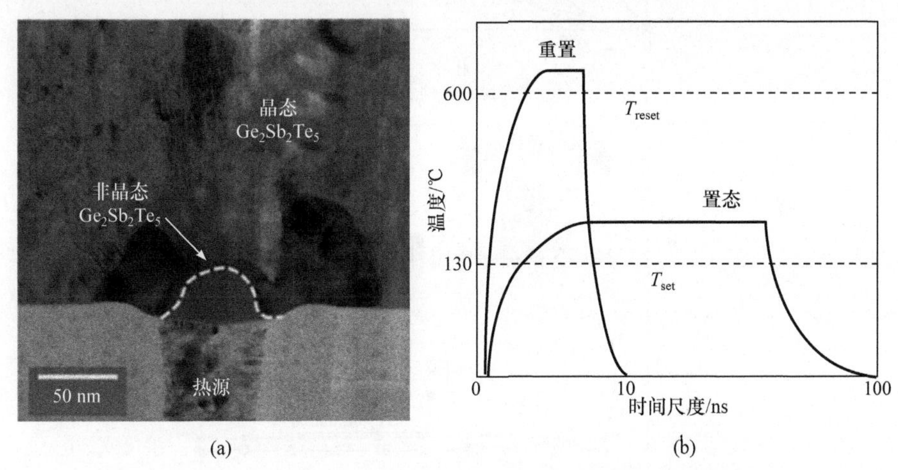

(a)　　(b)

图 2.9　锗锑碲相变器件的透射电镜表征与写脉冲式样[19]

法国 MINATEC 研究所的 Suri①等较早开展了基于相变材料的人工突触研究，他们制备了 GST 相变器件，并设计了相应的置态/重置脉冲信号。GST 相变突触器件的长时程增强与削弱特性如图 2.10 所示。图 2.10(a)显示，给定置态电压脉冲幅度($V_{pulse}=1.5V$)，随着脉宽从 50ns 增大到 500ns，器件电导的调制范围显著增大。图 2.10(b)显示，重置是一个突变过程，器件从最低阻态的整体晶态经历了一个重置脉冲，直接到达高阻态，后续重置脉冲几乎不再引起电阻增大。可以看到，相变器件的置态过程连续性较好，重置过程突变性很强。对应的物理图景如图 2.10(b)插图所示。重置过程对应的是材料从晶态直接熔融、快速退火，而整体形成非晶，因此突变性很强。相反，置态过程对应的是晶态区域的形核生长(nucleation growth)，连续性较好。

① Suri 现任印度理工学院德里分校电子工程系教授，是基于非易失性存储器件的神经形态器件研究领域国际知名学者，著有 *Advances in Neuromorphic Hardware Exploiting Emerging Nanoscale Devices*，对相关领域研究生和科研人员有很高的参考价值。

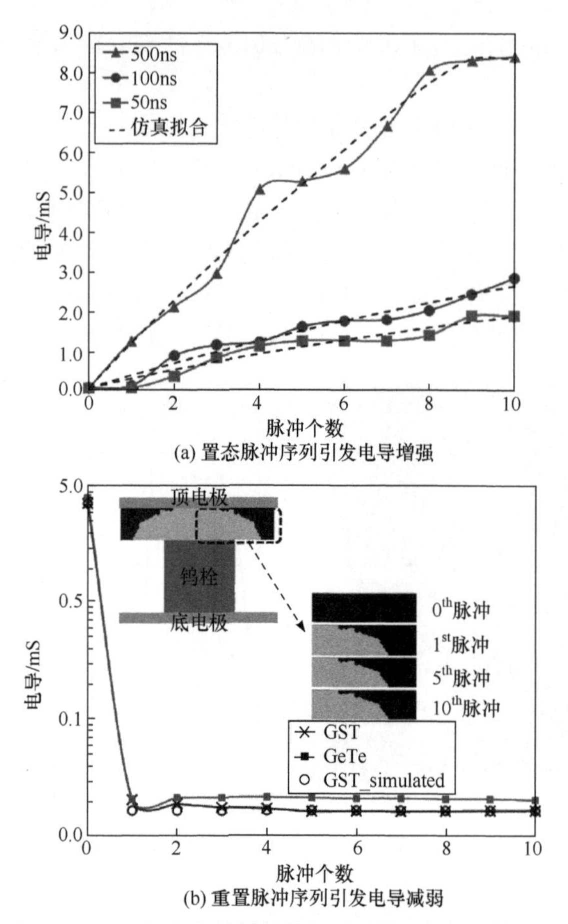

(a) 置态脉冲序列引发电导增强

(b) 重置脉冲序列引发电导减弱

图 2.10　GST 相变突触器件的长时程增强与削弱特性[20]

国内，李祎等率先开展了基于硫系化合物的相变突触器件研究[21-24]。GST 相变突触器件的 STDP 及其变种示意图如图 2.11 所示。他们通过突触前/后脉冲(pre-/post-synaptic pulses)波形设计获得各种仿生突触 STDP。可以看到，不仅是生物意义上的 STDP 被模拟了，还发展出若干变种形式。后几种变种形式的突触 STDP 法则将进一步拓展基于 STDP 的非监督学习应用范围。

关于优势和挑战，首先相变型器件的高阻态保持特性比较差。原因是高阻态对应的非晶部分在结构上并不稳定。形象地说，它就像流沙一样会逐渐变化形状，这种结构弛豫会引发电阻漂移。

其次，以硫系化合物为代表的相变器件在仿生突触功能时，一个最主要的问题是重置过程突变性较大，导致相应的人工突触器件在执行权重削弱操作时可选择的中间态权重值数量太少。

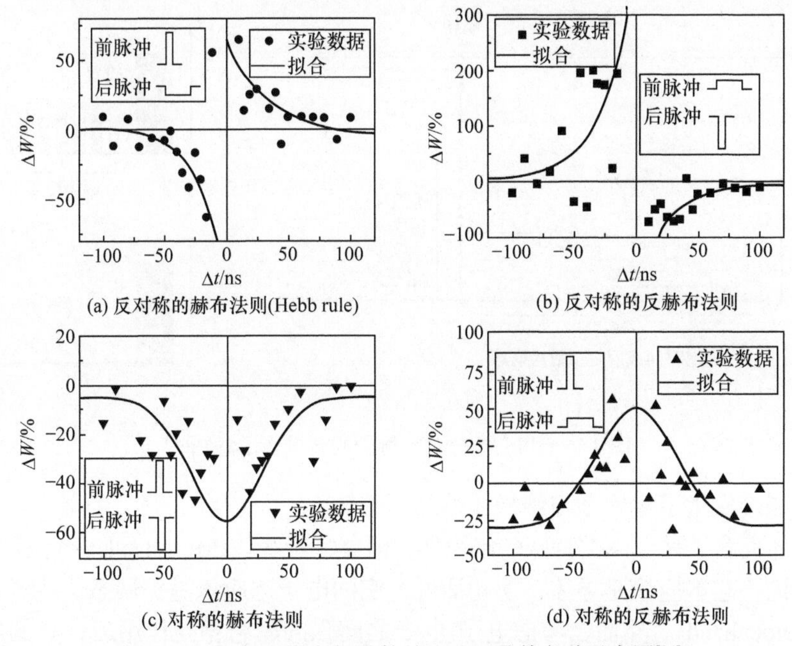

图 2.11 GST 相变突触器件的 STDP 及其变种示意图[24]

针对这个问题，Suri 等[20]和 Burr 等[25]相继提出并优化了基于相变器件差分对的人工突触方案，试图利用相变器件置态过程中电导变化的连续性实现模拟权重更新，从而规避重置过程中间态过少的问题。该方案的问题是，既然该方案中的相变器件在模拟突触权重调制时电导只能单向变化，那就需要定期刷新操作。

相变差分对突触的刷新操作示意图如图 2.12 所示。如图 2.12(a)所示，在训练过程中，相变差分对的两器件电导 G_{LTP}、G_{LTD} 不断增大，通过周期性的刷新操作，将其中的减数器件 G_{LTD} 重置到最高阻态，而把被减数器件电导 G_{LTP} 设置到先前的差分值。图 2.12(b)是对应的置态/重置脉冲示意图，对于差分对中的减数器件，直接施加一个重置脉冲即可；对于被减数器件，首先需要施加一个重置脉冲将其设置到最高阻态，然后用一串置态脉冲将其电导精确编程(reprogram)到之前的差分值。因此，该刷新方案设计思想类似于后续章节忆阻突触更新写验证(write-with-verify)方案[26]，需要相当复杂的读/写电路及操作流程，并且很难以较低的硬件代价并行执行。因此，可行度并不高，相关的在线训练类脑芯片体系并没有发展起来。

2.2.2 莫特相变

另一种研究得较多的是基于莫特相变(Mott transition)的相变型忆阻器。不同于经典的晶态-非晶相变过程，在莫特相变中，材料并没有发生物理结构变化，但

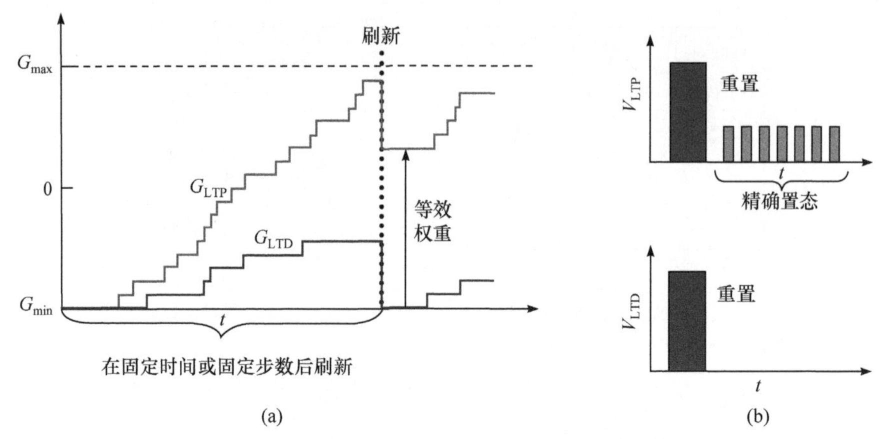

图 2.12　相变差分对突触的刷新操作示意图[27]

是电子能带发生了金属型与绝缘体型之间的转变。

具体而言，存在一类特殊的绝缘体，即莫特绝缘体(Mott insulator)。按照经典能带理论，它本应该是导体，换句话说，它的电子态应该是扩展态，或者说非局域的(delocalized)。然而，考虑电子-电子之间强的库仑相互作用后，它的电子态变成局域的(localized)，对应的电导实际测量结果是绝缘体。这种强的外层/次外层轨道电子库仑相互作用常见于过渡族金属氧化物(transition metal oxide)。莫特等指出，在氧化镍(NiO_x)材料中，有两种竞争机制，一种是 3d 轨道亚层电子动能 t，在经典的能带计算中，由紧束缚近似的非对角项(transfer integral)描述；另一种是镍原子 3d 轨道亚层电子之间的库仑排斥，由库仑排斥能 U 描述。当后者超过前者时($U > zt$，其中 z 是最近邻原子的配位数)，就会导致能带间隙(energy bandgap)出现，表现出绝缘体特性。

图 2.13(a)所示为未掺杂的莫特绝缘体能级填充示意图。由于电子动能 t 小于库仑排斥能 U，自旋相反电子填充的(费米势附近)能级之间无法发生电子跃迁，因此电子表现为局域态，对应的材料宏观特性是绝缘体。如图 2.13(b)所示，通过能带调制等手段可将莫特绝缘体金属化。原理是，通过有效的能带调制手段，将电子动能 t 提升至超过库仑排斥能 U，使电子可在不同能级之间跃迁，表现为扩展态，对应的材料宏观特性是金属性。图 2.13(c)和图 2.13(d)给出另一种调制手段，即通过调制能级填充状况，材料出现等效的电子/空穴掺杂(electron-/hole-doping)，于是材料表现出金属性。也就是说，通过能带控制(energy band-controlled)和载流子填充控制(filling-controlled)两种手段都可以调控电子动能 t 和库仑排斥能 U 的相对大小，从而实现莫特型金属-绝缘体转变[28]。

图 2.13(e)所示为对应的能带结构变化示意图。左图是采用经典的(单电子近似)能带理论算出来的材料态密度示意图，能带处于半满状态，因此材料应该是金

属性；中间图是考虑电子关联效应后，计算出的态密度，原先的单一能带分裂为能量不重合的两个子能带，导致下面的子能带基本填满，其中上面的子能带基本为空。由于两子能带之间不可忽视的带隙存在，材料表现为绝缘特性，即莫特绝缘体。图 2.13(e)右图是采取能带控制和填充控制两种手段，导致能带重新出现交叠或者半填满，因此莫特绝缘体转变为金属导电性。

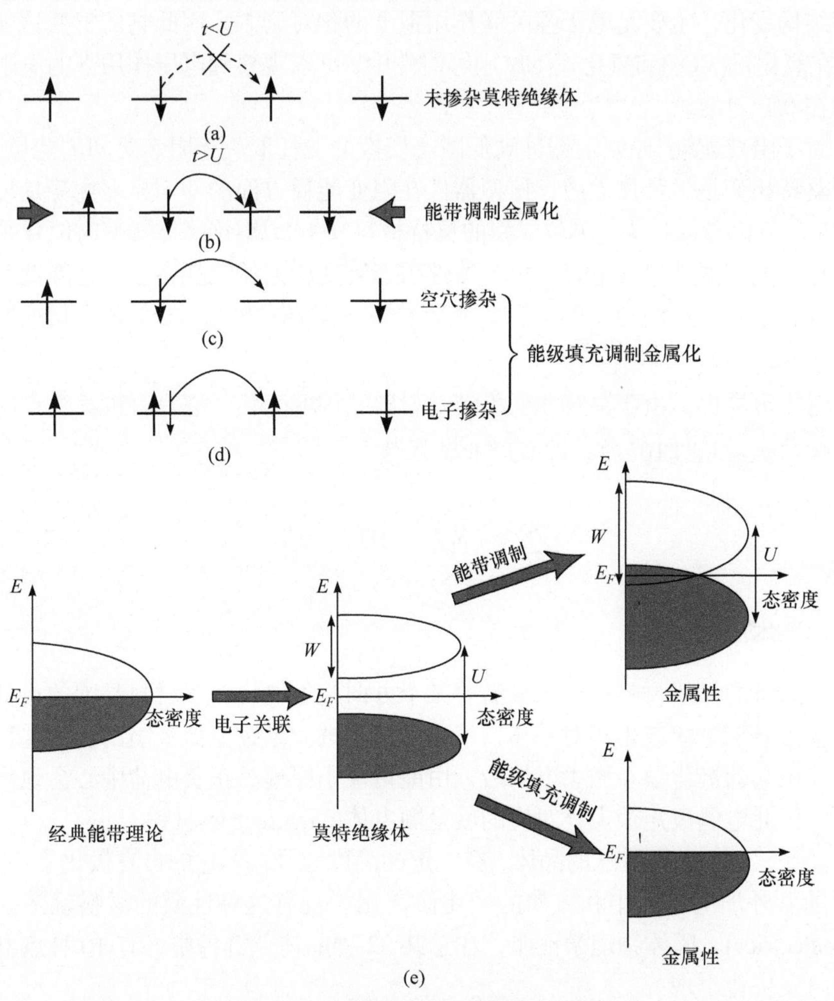

图 2.13 能带角度下的莫特相变[28]

在实际测量中，有一系列的因素可以引发莫特绝缘体发生绝缘体-金属的转变，包括温度、压强、变化、掺杂、电学、光学激励等。因此，莫特绝缘体材料可以用来制备忆阻器和仿生突触。

易失和非易失取决于工作原理，有的莫特相变是易失的，而另一些是非易失的。以氧化钒(VO_2)和氧化铌(NbO_2)为例，它们的绝缘体相向金属相转变是由过剩载流子注入(extra carrier injection)或者焦耳热引起的。撤去外界作用，金属相就会弛豫回绝缘体相。假如过剩载流子由缺陷态密度的变化(defect density changes)引起，那么撤去外界作用后，由于缺陷态仍然保留，相应的载流子浓度没有显著变化，因此相变就是非易失的。

从前述机理分析可以看到，莫特型器件的金属-绝缘体转变不涉及离子迁移或物理结构变化，主要是电子强关联作用强度的相对调制，因此它的阻变速度非常快。在氧化钒(VO_2)和氧化铌(NbO_2)等器件中，可以观察到电压作用下的电阻转变速度在 0.1～1ns。

对于阻变能耗，原则上器件高低阻态切换的能耗取决于阻态之间的能量差异。由于莫特相变是一种体效应，该型器件在阻变能耗方面的一个显著优势是尺寸缩微效应。可以近似认为，单位体积的莫特材料发生金属-绝缘体转变时能耗是一定的，那么随着器件尺寸下降，单个器件阻态转变所需的能耗会进一步降低。实验观察到，在功能层约为 10nm 厚度的 VO_2 和 NbO_2 器件中，高/低阻态切换所需的能量为 0.4～2fJ(10^{-15} J)。

对于可靠性，由于莫特相变不涉及材料结构的变化，它具有极其优良的耐久性，擦写次数超过10^8 后，性能仍未显著退化。

2.3 铁 电 型

2.3.1 基本原理

在通常的晶体材料中，如果沿着某个方向施加电场，该材料晶胞的正负电荷中心会沿着该方向产生相对平移，不再重合，进而导致电偶极矩出现。这种由外加电场引起的极化，在撤去电场后，由能量极小原理，正负电荷中心会弛豫再次重合，因此电偶极矩消失，对应的就是顺电体(paraelectric)材料。

然而，存在一类特殊的晶体，在一定的温度范围内，它的自发极化不会弛豫，并且随着外加电场大小和方向的变化而变化。具有这种性质的材料就是铁电体(ferroelectrics)。固体物理学证明，在总共 32 种晶体点群种中，有 10 种点群允许这种自发极化出现。

需要注意的是，铁电性材料也存在一个临界温度 T_c，只有温度低于 T_c 时，晶体结构才能够保持在有自发极化的铁电体；当温度高于 T_c 时，晶体结构会转变为没有自发极化的顺电体。这个临界温度就是铁电体的居里温度。在对应的器件制备集成时，如果使用的铁电材料居里温度比较低，那么芯片工作时产热就可能引起器件失效。该问题对于有机铁电材料是需要特别关注的。

理论计算表明，铁电体中的极化强度 P 随外加电场 E 的变化关系表达式为[29]

$$E = aP + bP^3 \tag{2-9}$$

其中，a 和 b 为铁电材料的相关系数。

铁电极化特征曲线如图 2.14 所示。图 2.14(a)所示为理论计算得到的铁电体极化强度 P 随外加电场 E 的变化关系，即铁电材料的 P-E 曲线。该曲线最大的特点就是有一段负微分电容(negative differential capacitance, NDC)区，即 $C_{\mathrm{FE}} = \dfrac{\partial P}{\partial E} < 0$。我们以简化的平行板电容近似描述铁电体，它的极化电荷量正比于极化强度 $Q \propto P$，外加电压正比于电容内的匀强电场 $V \propto E$，因此微分电容可由 P-E 曲线的斜率表征，即

$$C_{\mathrm{FE}} = \frac{\partial Q}{\partial V} \propto \frac{\partial P}{\partial E} \tag{2-10}$$

对照图 2.14(a)的曲线，可以看到 S 曲线的腰部就是铁电体的负微分电容区间，即 $\dfrac{\partial P}{\partial E} < 0$。

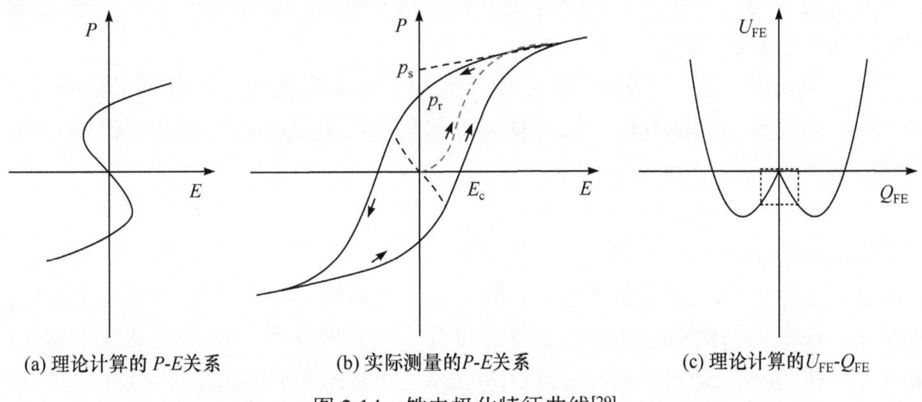

(a) 理论计算的 P-E 关系　(b) 实际测量的 P-E 关系　(c) 理论计算的 U_{FE}-Q_{FE}

图 2.14　铁电极化特征曲线[29]

然而，对实际铁电材料，测量得到的电滞回线(electric hysteresis loop)如图 2.14(b)的实线所示。该曲线在 E 轴的截距是铁电体的矫顽电场 E_{c}，而在 P 轴的截距是铁电体的剩余极化强度 P_{r} (remnant polarization)，深色虚线在 P 轴的截距是铁电体的自发极化强度 P_{s}，浅色虚线是初始极化情况。可以看到，S 曲线的腰部，即 $\dfrac{\partial P}{\partial E} < 0$ 消失了，取而代之的是双稳态曲线。换句话说，铁电材料的负微分电容区不是能够稳定存在的状态。这个论断可以从对铁电材料吉布斯自由能的分析中得到[29]，即

$$U = \alpha P^2 + \beta P^4 + \lambda P^6 - EP \tag{2-11}$$

其中，U 为铁电体因极化产生的吉布斯自由能；α 、β 和 λ 为铁电材料相关的系数，且 $\alpha < 0$ 。

已知铁电极化电荷 Q 正比于极化强度 P ，进一步有

$$U = \alpha' Q^2 + \beta' Q^4 + \lambda Q^6 \tag{2-12}$$

据此做出的铁电体自由能对极化电荷的函数关系 U-Q ，如图 2.14(c)所示。

根据平行板电容器定义，即

$$U = \frac{Q^2}{2C_{\text{FE}}} \tag{2-13}$$

可以得出用吉布斯自由能 U 和极化强度 P 描述的铁电体微分电容，即

$$C_{\text{FE}} = \left(\frac{\partial^2 U}{\partial Q^2} \right)^{-1} \tag{2-14}$$

$C_{\text{FE}} < 0$ 对应的就是图 2.14(c)虚线圈出的区间。该曲线清楚地显示，铁电体的负微分电容区间在自由能上是不稳定的，会自发弛豫到极化强度更高、极化方向相反的两个能谷状态之一。

从应用角度，图 2.14(b)中极化相反的两个剩余极化状态可以用来编码“0”和“1”，因此在早期研究中，铁电体是非易失性存储器(nonvolatile memory)的一种候选材料。

上述讨论针对的是单个铁电畴。在实际铁电材料中，通常存在多个铁电畴。假如施加的电压脉冲处于铁电材料矫顽电场的临界值附近，那么各个铁电畴就会在该电压作用下以一定的概率翻转。在宏观上则表现为在一系列的置态/重置电压脉冲下，铁电材料的极化状态近似连续变化，对应越来越多的铁电畴发生翻转。压电力显微镜(piezoelectric force microscopy，PFM)表征的铁电材料极化翻转示意图如图 2.15 所示。

图 2.15 是法国 Boyn 等[30]运用 PFM 观察的铁氧体铋($BiFeO_3$)材料中多个铁电畴逐渐翻转的情况。该方法的原理是用显微镜的探针尖对该铁电材料的某一点施加一系列电压脉冲，诱发材料中的极化场翻转。图 2.15(a)的上一行是 $BiFeO_3$ 各点的极化强度相位变化情况，下一行是幅度变化情况。图 2.15(b)是归一化的极化翻转区域占比(normalized reversed area)，以及对应的铁电场效应晶体管(ferroelectric field effect transistor，FeFET)沟道电导 G 随针尖所加电压脉冲宽度的变化情况。图中的线段是从铁电器件电子输运实验数据拟合得到的，方框数据是从测量数据中估算的。这样的变化特性可以用来模拟突触权重更新。

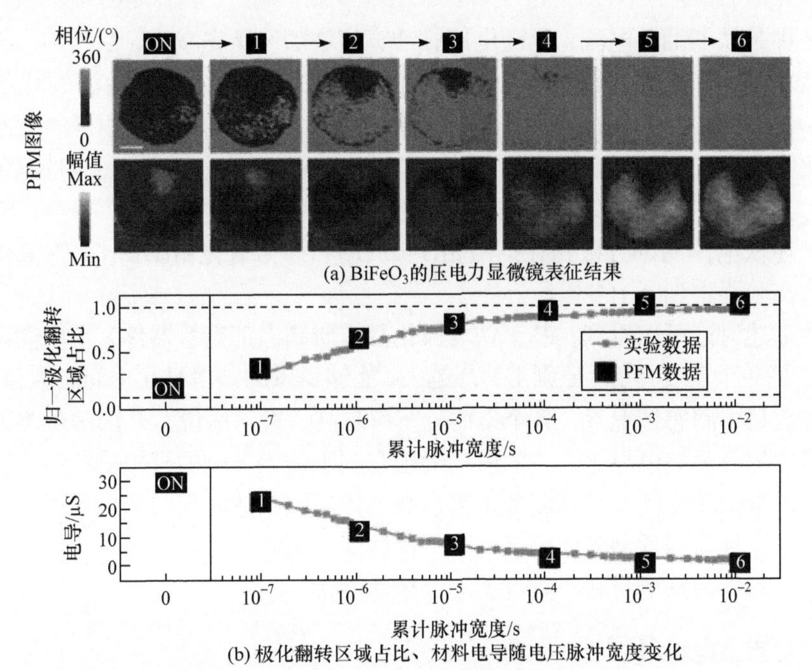

(a) $BiFeO_3$的压电力显微镜表征结果

(b) 极化翻转区域占比、材料电导随电压脉冲宽度变化

图 2.15 PFM 表征的铁电材料极化翻转示意图[30]

如果铁电器件尺寸继续缩微，那么很可能小到一定范围后(<10 nm)，铁电器件的功能区就已经变成单个铁电畴了。在这种情况下，如何实现多态呢？针对这个问题，铁电畴部分极化(partial polarization)的概念被提出来。铁电部分极化示意图如图 2.16 所示。图 2.16(a)显示，对材料施加的铁电极化电压会在铁电晶体中诱导出多种电流成分。一种是非铁电翻转电流，可以理解为纯粹的电阻效应，它的幅度随电压脉冲宽度的增加而迅速衰减；另一种是纯极化电流，它随电压脉冲宽度的增加表现为先增大后减小，即存在一个电流峰值点 t_{TH} 和一个电流截止点 t_S；

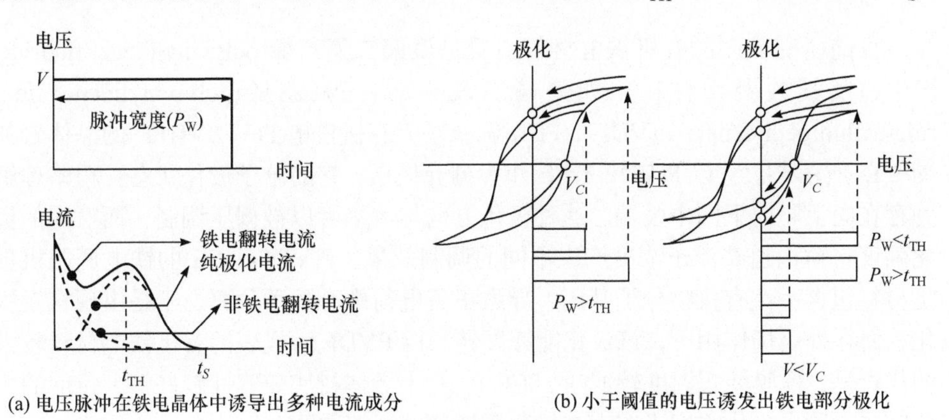

(a) 电压脉冲在铁电晶体中诱导出多种电流成分

(b) 小于阈值的电压诱发出铁电部分极化

图 2.16 铁电部分极化示意图[31]

还有一种是铁电翻转电流，它随电压脉冲宽度增加经历先减小、后增加、再衰减的过程。图 2.16(b)显示，当施加的电压脉冲宽度小于纯极化电流的峰值点时($P_W > t_{TH}$)，通过施加脉冲宽度小于临界值($P_W < t_{TH}$)的电压，可以获得变小的剩余极化强度 P_r。这种剩余极化强度的可调节性也可以通过降低电压脉冲幅值实现($V < V_C$)。

上述铁电体的部分极化在锆酸铅($PbZrO_3$)和掺锆氧化铪($HfZrO_3$)铁氧体中可以通过实验观察到。

从上述讨论可以看到，基于铁电极化翻转研制人工突触器件，铁电剩余极化强度 P_r 是一个重要指标。原则上，P_r 越大，能够提供的铁电极化中间态数目越多；在同等数目中间态情况下，各个态的分辨率越高。换句话说，P_r 的地位类似于传统忆阻器的开关态电导比，它的值越大越有利于仿生突触的模拟值特性。其他指标，如铁电翻转速度、材料制备工艺、铁电体向顺电体转变的居里温度等，也会影响相应器件与芯片制备的可行性和工作性能、能效比等。下面讨论几种常用于神经形态器件的铁电材料，重点关注上述性能指标。

2.3.2　常用铁电材料

1. 传统无机材料

多种传统铁电材料被尝试用来制备神经形态器件，包括铌酸锂型铁电体(如 $BiFeO_3$)、钙钛矿型(如 $PbZrO_3$)、铋层状钙钛矿结构(如 $SrBi_2Ta_2O_9$)等。它们的共同优点是居里温度较高、耐擦写特性较好，但是普遍面临制备时薄膜淀积温度较高(> 800℃)、与 CMOS(complementary metal oxide semiconductor，互补金属氧化物半导体)工艺兼容性较差、器件尺寸可缩微性较差的问题。

2. 有机铁电

目前研究较多的有机铁电材料主要是聚偏二氟乙烯(polyvinylidene fluoride, PVDF)及其共聚物材料，如聚偏二氟乙烯-三氟乙烯(poly(vinylidene fluoride-trifluoroethylene)，P(VDF-TrFE))等 。基于有机铁电 P(VDF-TrFE)的晶体管如图 2.17 所示[32]。它以 P(VDF-TrFE)作为栅介质层，它的分子极化状态可粗略理解为存在向上、向下两个极端。这种极化方向与大小可以被栅压调制，而对应的极化强度将对沟道载流子浓度产生不同的调制效果。P(VDF-TrFE)的铁电调制机理是材料包含手性有机物分子基团，导致正负电荷中心的可分离，于是出现自发极化，而在外电场作用下，该极化能够翻转。以 PVDF 为代表的有机铁电材料较大的优点是，薄膜淀积温度较低(< 300℃)、与半导体衬底兼容性较好等，目前的主要问题是剩余极化强度不够大、极化翻转速度不够快等。

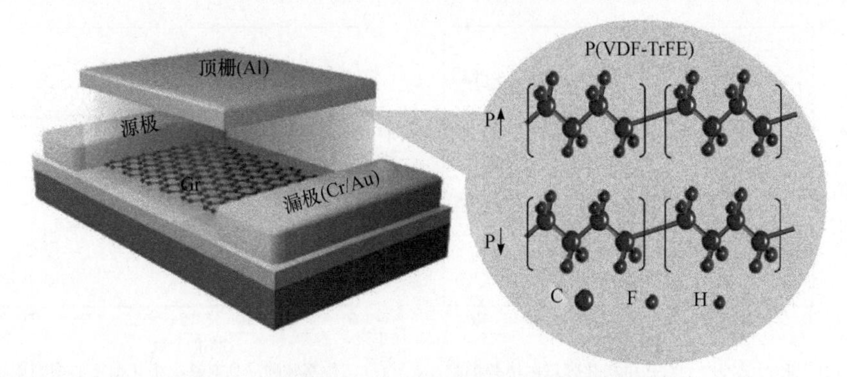

图 2.17　基于有机铁电 P(VDF-TrFE)的晶体管[32]

3. 掺杂氧化铪

本征氧化铪(HfO_2)的几种常见晶相均不具有铁电性。然而，研究人员发现，往氧化铪中掺入硅(Si)、铝(Al)、镧(La)、钇(Y)、锆(Zr)得到的薄膜会表现出铁电性。有研究认为，其铁电性来源是掺杂后在退火过程中形成的具有特殊极化方向的正交相。

从神经形态器件角度，以 $HfZrO_3$ 为代表的氧化铪基铁电材料受到很大重视，原因是 HfO_2 本身是先进 CMOS 工艺中一种常用的高介电常数栅介质材料。相比氧化硅，它能够在同等厚度下有效提升栅控能力。掺杂氧化铪薄膜在 10nm 厚度时，仍然能表现出显著的铁电性和多态性，其剩余极化强度高，居里温度也较高，因此非常有利于制备相关的铁电栅介质晶体管，并应用于人工突触器件。

$HfZrO_3$ 的铁电极化连续调制特性如图 2.18 所示。这是 Oh 等[33]在其制备的 TiN/$HfZrO_3$/TiN 器件中测出的铁电极化连续调制特性。可以看到，全同写脉冲序列迅速遇到调制强度饱和，并且累积调制强度很小。相比之下，脉冲宽度逐渐增强的序列的写效果有小幅度改善；脉冲幅值逐次增强的序列的写效果改善最显著，不但调制幅度增加数倍，而且线性度极优。由此可见，$HfZrO_3$ 器件可以实现连续性和对称性优异的铁电极化翻转，可用于仿生突触权重调制。

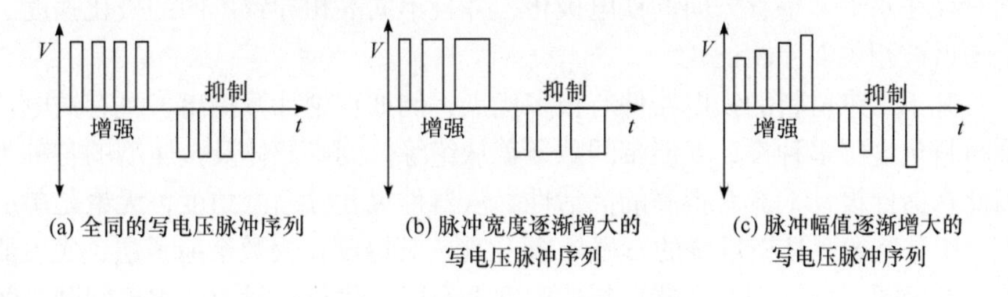

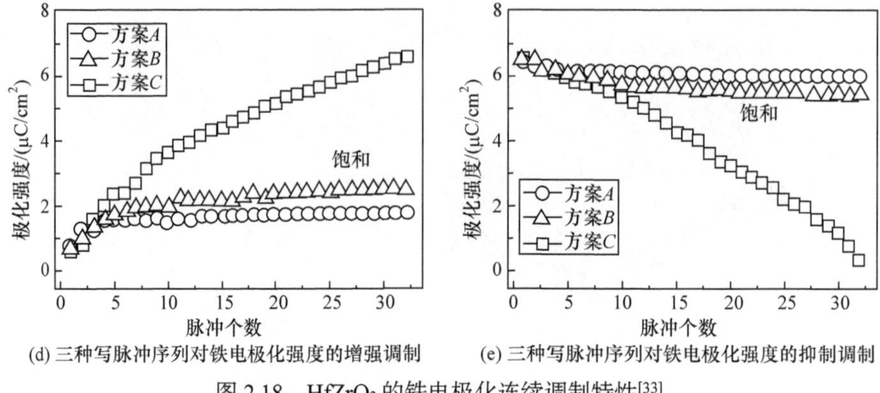

(d) 三种写脉冲序列对铁电极化强度的增强调制　(e) 三种写脉冲序列对铁电极化强度的抑制调制

图 2.18　$HfZrO_3$的铁电极化连续调制特性[33]

另外，掺杂HfO_2铁电器件的发展目前仍面临若干问题。首先，HfO_2与 Si 衬底接触不稳定，Si 会与HfO_2产生化学反应，因此需要在淀积HfO_2之前先淀积一层缓冲层材料。这层材料必须足够薄，以免引起显著的额外栅压降落，否则会导致操作电压上升，不利于器件尺寸缩微。由于HfO_2基铁电极化翻转的矫顽电场，以及相应的电压较高，有可能在栅介质中诱发带隙深能级的电荷俘获(charge trapping)效应。该效应会带来一系列问题。首先，电荷俘获通常会导致顺时针的电滞回线。这与铁电导致的逆时针电滞回线相反，会减小电滞回线的窗口，即器件的开关态电流比。其次，电荷俘获效应的强度取决于深能级杂质的密度、位置等因素，后者受工艺批次、界面情况等多种因素的影响，具有较强的随机性。换句话说，电荷俘获效应引发的电滞回线可控性、一致性都很差，而这对突触器件的应用是明显有害的。

4. 二维铁电

二维材料铁电极化示意图如图 2.19 所示。图 2.19(a)所示为 Li 等[34]基于第一性原理，在以二维六方氮化硼材料(hexagonal boron nitride，h-BN)为代表的二维 AB 型范德瓦耳斯堆叠材料中，层间的电荷转移导致垂直方向的极化可调，表现出铁电性。如图 2.19(b)所示，Ding 等[35]根据理论计算指出，二维硒化铟材料(In_2Se_3)同时存在水平和垂直方向的铁电极化，并且不同晶相导致不同的极化强度。该理论随后被相关实验验证。

基于二维材料的铁电器件有很多优点，例如理论计算指出，具有铁电性的二维材料包含很多种类，其能带间隙覆盖从绝缘体到半导体及金属型的各种类型，因此在器件设计上具有很高的灵活性。从器件尺寸可缩微角度，无论是单层硒化铟，还是范德瓦耳斯堆叠的石墨烯/氮化硼，其厚度仅为数个原子层，代表器件可缩微的极限尺度，因此在器件集成密度上有巨大优势。目前的主要问题是物理机

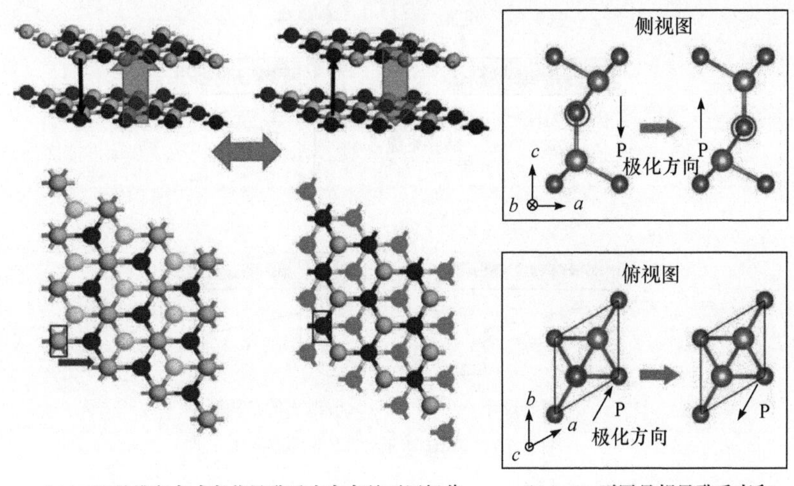

(a) h-BN的堆积方式变化导致垂直方向的不同极化

(b) In_2Se_3不同晶相导致垂直和平面内方向均出现不同极化

图 2.19 二维材料铁电极化示意图[34, 35]

制尚未研究透彻，例如材料铁电畴的精确表征及其在外电场作用下如何演化。从实际应用层面，如何以较低的成本制备高质量、大面积的二维铁电材料也是尚待解决的重要问题。

2.3.3 常用器件结构

1. 铁电隧道结

一种常见的两端铁电器件是铁电隧道结(ferroelectric tunnel junction，FTJ)。铁电隧道结器件原理如图 2.20 所示。如图 2.20(a)所示，在两个电极之间有一层铁电材料，它的极化方向和大小可以被两端电极施加的电压调制。当铁电极化在两个电极之间的指向相反时，器件对应的势垒分布不同，电子隧穿通过铁电层的难度就不同，表现为铁电调制下的单向导电性，即铁电二极管。

图 2.20(b)是在此基础上的改进设计，添加了一层绝缘层来降低隧穿电流，起到限流作用，从而保护铁电层不被过大的隧穿电流破坏。

在仿生突触应用方面，一个典型的工作是，基于氮化钛/掺杂氧化锆/氮化钛($TiN/HfZrO_3/TiN$)的铁电隧道结器件，施加如图 2.18 所示的三种不同写电压脉冲序列，可以测得较为连续的铁电层极化强度变化。由图 2.18(d)和图 2.18(e)可知，假如施加一系列的全同电压脉冲(identical voltage pulse train)，铁电层的极化强度调制很快就会饱和；假如采取逐步增加写电压脉冲宽度的做法，饱和现象改善会很有限；假如逐渐增加写电压脉冲的幅值，则可以大幅提升极化强度的变化范围，并且变化的线性度也很高。

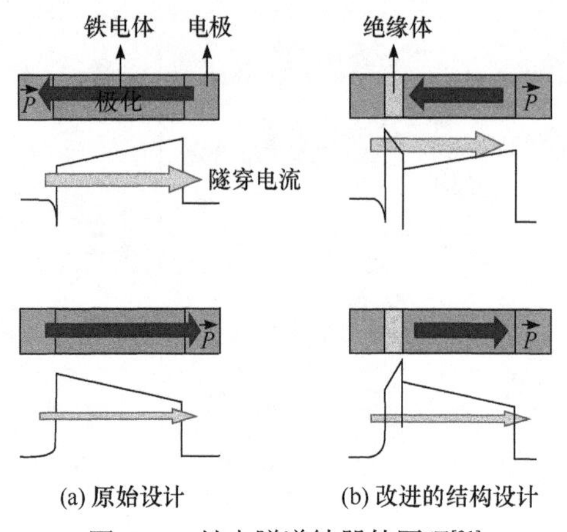

图 2.20　铁电隧道结器件原理[31]

从物理机制角度看，上述变化趋势是符合预期的。铁电极化翻转的强度主要受电压幅值的影响，当施加全同写电压脉冲序列时，铁电层中的多个铁电畴能在当前写电压幅值下以一定的概率发生翻转。在最初几个写电压脉冲作用下，就几乎全部翻转了，也就是铁电畴翻转数量已经饱和，因此越往后的脉冲就越难以调制出更多的极化变化。上述物理过程反映在测量中就是显著的极化翻转快速饱和现象，对应的仿生突触状态数很少，这显然不利于突触器件应用。

在上述基础上，假如是逐步增加脉冲宽度，对极化翻转的调制效果是有限的，原因是铁电畴翻转主要受电压幅值的影响，而不是电压作用时间的长短。

另一方面，逐步增加脉冲序列的幅值，则能够提高单个铁电畴的极化翻转幅度，相当于剩余极化强度的饱和上限逐渐提高了，因此可以观察到更大的铁电极化窗口，以及更多的极化中间态，对应的仿生突触模拟性能更加优异。

然而，如图 2.18(c)所示，幅值逐步提升的写电压脉冲序列在实际应用中是比较困难的。它不但要求若干个具有不同幅值的脉冲电压发生器，而且需要根据器件的当前极化状态选择使用哪一个脉冲发生器。这极大地增加了电路设计的复杂度，以及硬件代价。

从突触阵列设计层面，研究人员进一步发展出 1 晶体管 1 铁电隧道结(1 transistor 1 ferroelectric tunnel junction，1T1R)、1 晶体管 1 铁电隧道结电容(1 transistor 1 ferroelectric tunnel junction capacitor，1T1C)等结构。这些单元中的晶体管用于单元选中，铁电隧道结用于模拟突触权重。

2. 铁电场效应晶体管

另一种常见的三端铁电器件是铁电场效应晶体管。铁电场效应晶体管结构及其变体如图 2.21 所示。图 2.21(a)是最基础的金属(栅电极)-铁电(栅介质层)-半导体

(沟道)(metal-ferroelectrics-semiconductor，MFS)结构，相比常规FET，它是把栅介质层替换为铁电材料，通过栅压调制铁电层的剩余极化大小和方向，而铁电极化会调制沟道中的载流子浓度，从而获得非易失的晶体管沟道电导调制。该电导调制对应突触权重变化。

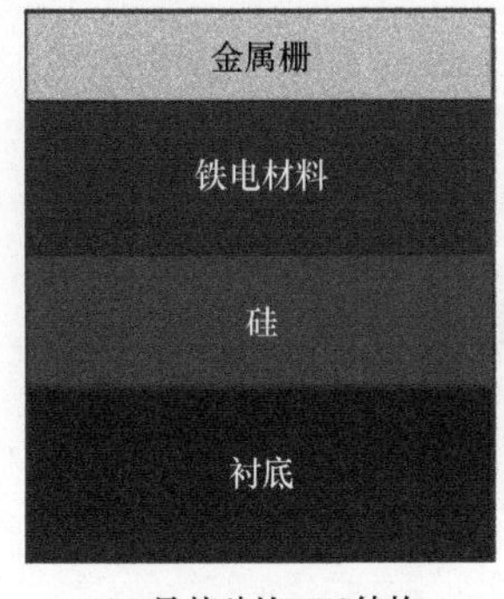

(a) 最基础的MFS结构

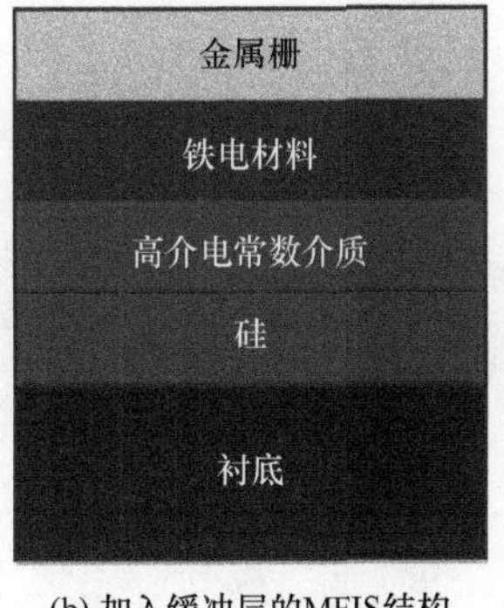

(b) 加入缓冲层的MFIS结构

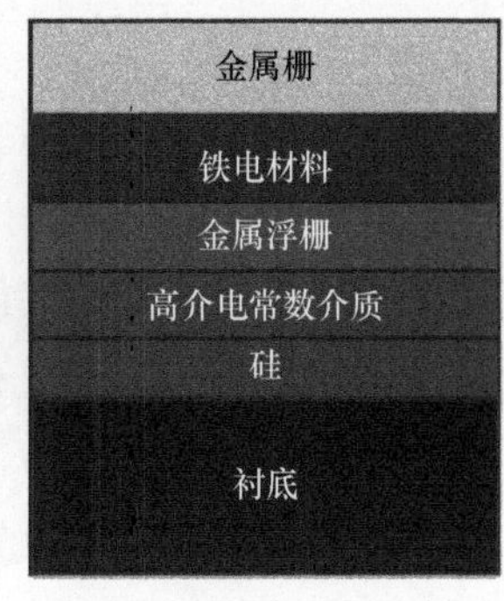

(c) 加入金属浮栅层的MFMIS结构

图 2.21 铁电场效应晶体管结构及其变体[29]

然而实验发现，对于图 2.21(a)所示的这种简单 MFS 结构，常用的无机铁电材料(如掺杂 HfO_2)与半导体沟道之间的界面性能较差，兼容性问题较大。因此，研究人员在铁电层与沟道材料之间引入一层高介电常数栅介质材料作为缓冲层，即图 2.21(b)所示的金属-铁电-高介电常数介质-半导体(metal-ferroelectrics-insulator-semiconductor，MFIS)结构，来改善界面问题。

MFS 结构的另一个问题是铁电层与沟道接触的下表面电压不均一性。如图 2.21(a)所示，铁电层与金属栅接触的上表面可以看作电压高度均一的，而铁电层与半导体沟道接触的下表面并不是这样。假如源漏之间施加了偏压，那么沿着源漏方向沟道会有一个比较均匀的电势降落。相应地，铁电层与沟道接触的下表面也会有一个电势降落。在这种情况下，铁电上下表面的电势差将不再是均匀的，会直接影响铁电极化效果。为解决这个问题，研究人员进一步在铁电层与高介电常数介质层之间引入一层金属，即图 2.21(c)所示的金属-铁电-金属-高介电常数介质-半导体(metal-ferroelectrics-metal-insulator-semiconductor，MFMIS)结构。这层金属电极可以显著提升铁电层下表面的电压均一性。

2.4 忆阻突触阵列

Lu 等最早提出并制备出忆阻突触器件。他们指出，图 2.22 所示的忆阻交叉阵列结构是实现神经网络突触矩阵[36]的有效方案。图中顶层的若干列金属引线与底层的若干列引线垂直相交，交点处是忆阻突触器件。顶层金属引线连接由 CMOS

电路搭建的突触前神经元(pre-neurons)，底层金属引线连接突触后神经元(post-neurons)，因此形成从突触前神经元到突触后神经元的全连接突触阵列。后续章节对相关工作的讨论将一再显示，对于神经网络运算关键的矢量矩阵相乘(vector-matrix multiplication，VMM)，忆阻交叉阵列伏安操作可以极高的效率一步完成。

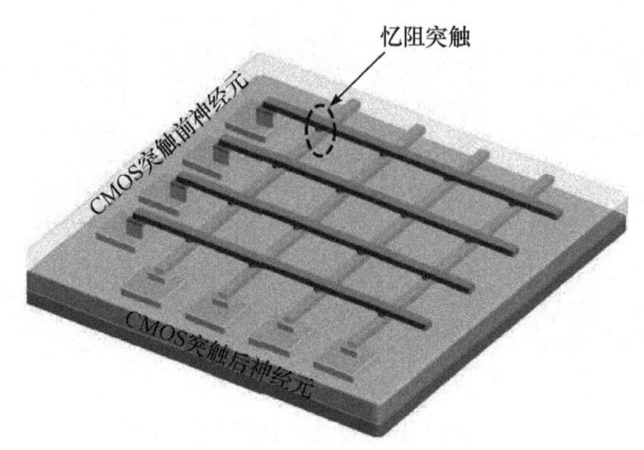

图 2.22 基于忆阻交叉阵列的突触矩阵[36]

然而，上述模拟值运算在实际执行中，除了单个忆阻器件自身的各种非理想效应，当忆阻器组成阵列时，若干新的问题，例如电流潜行通路(sneak path)等也会出现，本节讨论这些阵列层面的新问题，以及相应的解决方案。

2.4.1 潜行通路问题及解决方案

忆阻阵列的电流潜行通路问题如图 2.23 所示。忆阻阵列中存在潜行通路导致的电流泄漏，即在某根字线(word-line)施加读电压 V_{read}，相应位线(bit-line)接地，希望选中图中的 1 号器件。然而，由于其他字线和位线处于悬空状态，在阵列中存在经过 2 号、3 号、4 号器件的电流通路。因此，这种读取方案读出来的并不是 1 号器件的电导，而是并联了其他潜行通路等效电导的结果。

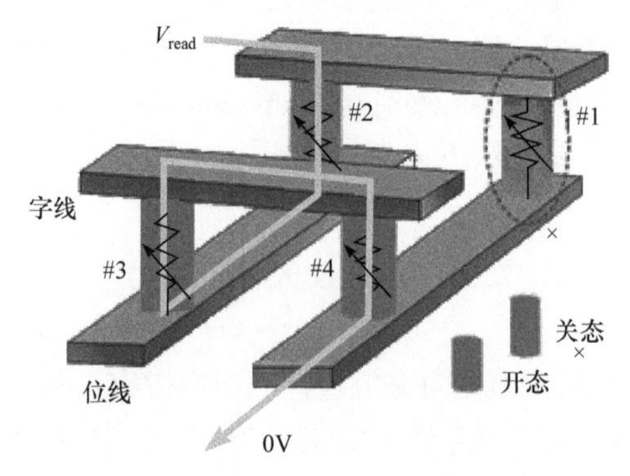

图 2.23 忆阻阵列的电流潜行通路问题[37]

如何有效抑制这种潜行通路引发的电流泄漏，是忆阻突触交叉阵列设计面临的一个关键问题。按照单元是否包含晶体管，可以划分为有源型(active)与无源型(passive)。下面讨论这两种设计与实现各自的优势与挑战。

1. 有源型

1晶体管1忆阻器结构(1 transistor 1 memristor，1T1M)，习惯上也称作1晶体管1阻变存储器(1 transistor 1 RRAM，1T1R)。其人工突触单元如图2.24(a)上部所示。它的优势和面临的主要挑战如下。

(1) 优势

在实际操作中，采用晶体管不仅可以控制目标忆阻器单元的选中，从人工突触权重更新的角度，还可以通过调节晶体管栅压的大小控制流经忆阻器的编程电流(programming current)，同时配合位线的写电压，实现比较精准的目标忆阻突触电导写入。

Li等[38]在基于铂-银电极/氧化铪/钽电极(Pd/Ag/HfO_2/Ta)忆阻器的1T1M阵列上实现了上述方案，如图2.24所示。在忆阻器电导置态过程中，从忆阻器顶电极(TE)施加的电压脉冲(V_{set})始终是全同的，而由晶体管栅电极施加的电压脉冲幅度($V_{g,set}$)则是可变的。它的大小控制了流经忆阻器的写电流大小，即控制了置态的限流大小，从而控制对忆阻器电导的置态大小。读过程的实现是在晶体管栅极施加一个大的读电压$V_{g,read}$，保证晶体管的沟道电阻相比忆阻器可忽略；同时在忆阻器的顶电极施加一个小的读电压V_{read}，防止引起忆阻器电导变化。对于重置过程，首先在晶体管栅极施加一个较大的重置电压$V_{g,reset}$，保证晶体管源漏完全导通，处于低阻态，因此从忆阻器底电极(BE)施加一个大的重置脉冲(V_{reset})，使其幅值能够基本降落在忆阻器上，从而将忆阻器重置到最高阻态；然后根据该忆阻突触权重的期望值，以前述置态的方式将其电导编程到目标值。如图2.24(c)所示，每次各施加100个置态/重置脉冲。可以看到，对应的权重调制线性度、循环一致性都非常优异。图2.24(d)显示出各个器件的性能一致性相当出色。

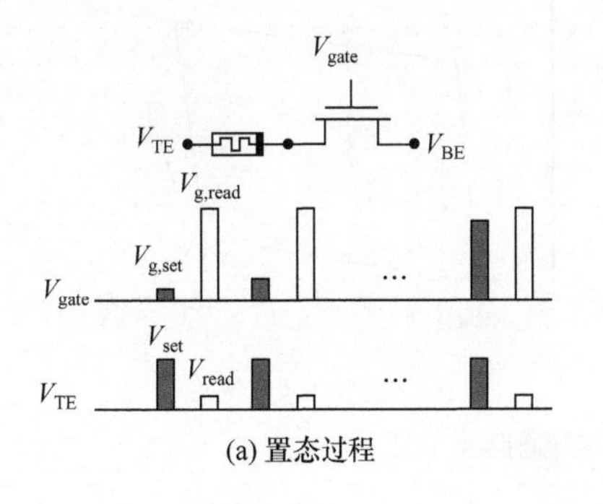

(a) 置态过程

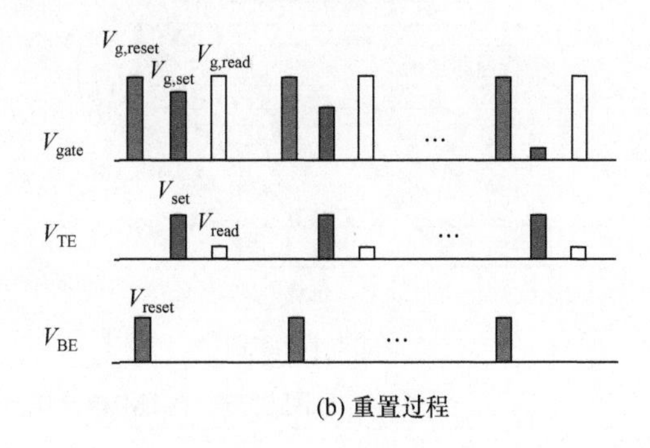

(b) 重置过程

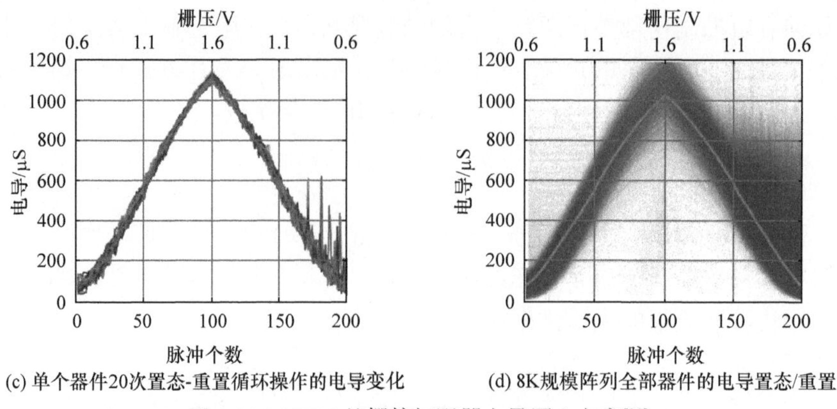

(c) 单个器件20次置态-重置循环操作的电导变化　(d) 8K规模阵列全部器件的电导置态/重置

图 2.24　1T1M 的栅控忆阻器电导写入方案[38]

(2) 挑战

从成本和代价的角度，1T1M 在实际应用中也有若干显而易见的问题。首先是面积代价，不仅是晶体管作为三端器件本身占用了较大面积，晶体管的栅端还需要额外的字线控制，这些都会在原始的忆阻突触交叉阵列上增加面积消耗和工艺步骤。其次是标准金属-氧化物-半导体场效应晶体管(metal-oxide-semiconductor field effect transistor，MOSFET)工艺与忆阻器材料生长工艺可能存在不兼容的问题，采用金属-氧化物-半导体(metal-oxide-semiconductor，MOS)工艺就意味着只能选择兼容硅衬底的忆阻器材料。

2. 无源型

1 选通管 1 忆阻器(1 selector 1 memristor，1S1M)结构的人工突触单元的阻断潜行通路示意图如图 2.25(a)所示。每个忆阻器串联一个选通管，其中选通管承担的功能类似二极管，仅允许正向导通，而从拓扑的角度，所有的电流潜行通路均需要至少一次流经相关选通管的反向导通，因此全部潜行通路(浅色线)都被有效

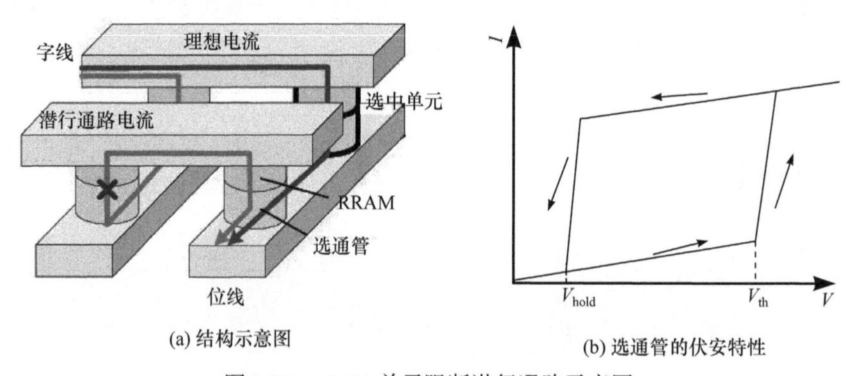

(a) 结构示意图　(b) 选通管的伏安特性

图 2.25　1S1M 单元阻断潜行通路示意图

切断。选通管不同于二极管，在导通后，它两端的维持电压(V_{hold})可以很低，相当于目标忆阻器的等效串联电阻很小，因此可以有效减少对目标忆阻突触电导的估算偏差。

能够承担上述选通功能的单元器件是阈值转换型忆阻器(threshold-switch memristor，TSM)，是近年来引起较大关注的一种新型易失性忆阻器(volatile memristor)。如图2.25(b)所示，在电压扫描过程中，器件的电导在阈值电压V_{th}处经历一次由高阻态向低阻态的转变，然后在电压回扫过程中，保持电压V_{hold}处经历由低阻态跳回高阻态的转变。

对比经典的忆阻器，阈值转换器件最大的不同是它的阻态变换是易失的(volatile)，即由高于阈值的写电压引起的器件从高阻态到低阻态切换，完全撤去电压后，器件会回到初始的高阻态。

从物理机制上，有若干种材料能够实现上述转换，例如“导电桥型”忆阻器，实验观察到在撤去置态电压后，银导电桥会因为银原子簇的弛豫而破裂，从而自发回到高阻态[4]；又如莫特相变忆阻器，假如是电压诱发的过剩载流子掺杂效应导致器件发生绝缘体相向金属相转变，那么撤去电压，过剩载流子弛豫后，器件又会退回绝缘体相。

相比1T1M方案，1S1M方案中的选通管器件在实际制备中是直接在忆阻器功能层上淀积一层选通管材料即可得到，因此工艺复杂度大大降低；同时集成密度也可以极大地提高。

一个合格的选通单元，对器件要求是非常高的，即开关比必须足够大，保证未选中时器件关态电流足够小，能够关断流经忆阻器的电流，而在选中时器件的开态电流又必须足够大，以驱动与之串联的忆阻器。当忆阻阵列用作神经网络推断时，意味着对忆阻器的频繁“读”行为，这就要选通管的耐久性要足够好。此外，器件反复操作的性能一致性，以及各个器件电学特性的一致性也必须非常高，才能保证阵列层级的频繁运算操作；单个器件的功耗必须足够低，才能满足三维忆阻阵列大规模集成的要求；器件的尺寸缩微特性也必须足够好，即能耗、工作电流等指标能够随着器件尺寸减小而降低，才能不断运用先进工艺提升忆阻阵列的集成密度。

遗憾的是，目前还没有哪一种选通管器件能够同时满足上述多项苛刻的性能要求。

2.4.2 多核结构

当我们采用先进制造工艺等手段，进一步提高忆阻阵列的集成度时，例如从1K(32×32)提升到1M(1024×1024)，阵列引线的寄生效应将严重降低芯片的工作效能。例如，长走线的寄生电阻将导致更多的电压损耗在传输线上，直接影响忆阻突触单元伏安特性的准确估算，以及矢量矩阵相乘的精度；长走线的寄生电容会带来不可忽视的充放电效应，造成延时，导致阵列的工作速度显著下降。

为解决上述问题，多个研究组提出多核结构(tiled structure)[39, 40]。忆阻芯片的多核结构如图 2.26 所示。这种结构的英文名称直译是“铺瓦结构”，形象地看，就像中国古代建筑的铺瓦屋顶，每一个瓦片就是一个以忆阻阵列为中心的核。它配备了模数/数模转换等辅助电路单元，可以相对独立地工作。如图 2.26(b)所示，首先对输入做缓冲(buffer)，然后是核心(XB)模块处理，即经过数模转换(digital-to-analog converter，DAC)电路，将输入信号转为模拟值，如电压脉冲的幅值或宽度，转换后的模拟信号送给忆阻器阵列(RRAM)执行乘加运算，运算结果经过多路选择器(multiplexer，MUX)，以及模数转换(analog-to-digital converter，ADC)电路重新成为数字形式，再经过特殊函数单元(special function unit)，执行激活函数功能，获得输出。

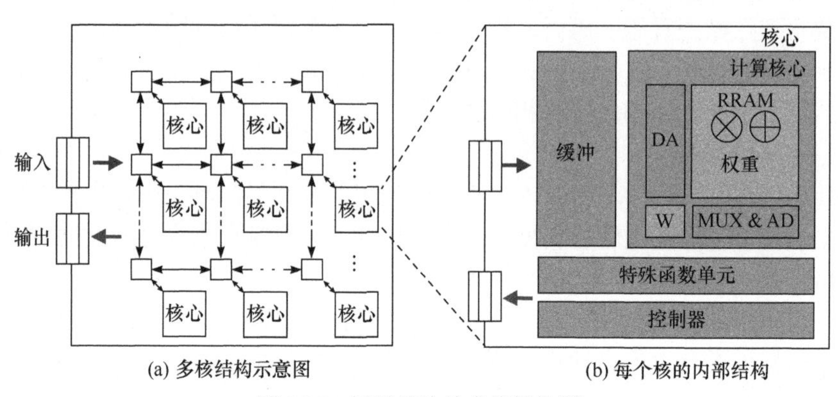

(a) 多核结构示意图 (b) 每个核的内部结构

图 2.26 忆阻芯片的多核结构[40]

如图 2.26 所示，多核结构是把一个超大规模的忆阻阵列拆分为多个中等规模的子阵列，由此避免超长走线带来的各种寄生效应。在实际执行中，将总的计算任务拆分为多个子任务，由控制单元交给各个子阵列完成。这种拆分仍然能够高效完成计算任务的前提是神经网络运算的可并行性。以卷积神经网络为例，对于同一层卷积运算，各个卷积核的操作是完全独立的，因此是高度可并行的。2020 年，Yao 等[41]的研究显示，上述多核结构的忆阻芯片能够以高于特斯拉神经形态处理器(Tesla GPU1000)110 倍的能效完成深度卷积神经网络运算。

2.4.3 三维堆叠

如前所述，目前能够实际落地应用的神经网络通常规模极其庞大，这就对忆阻突触阵列的集成度提出更高的要求。一方面，我们可以通过引入先进微纳电子制造工艺进一步缩微忆阻器尺寸，从而提高集成密度；另一方面，三维堆叠(3D stacking)方案因为引入空间上一个新的维度，能够以叠层的方式提升集成度，近年来引起科研界的高度重视。

三维忆阻阵列结构如图 2.27 所示。从结构角度，三维忆阻阵列可以大体划分为水平堆叠与垂直堆叠[42]。

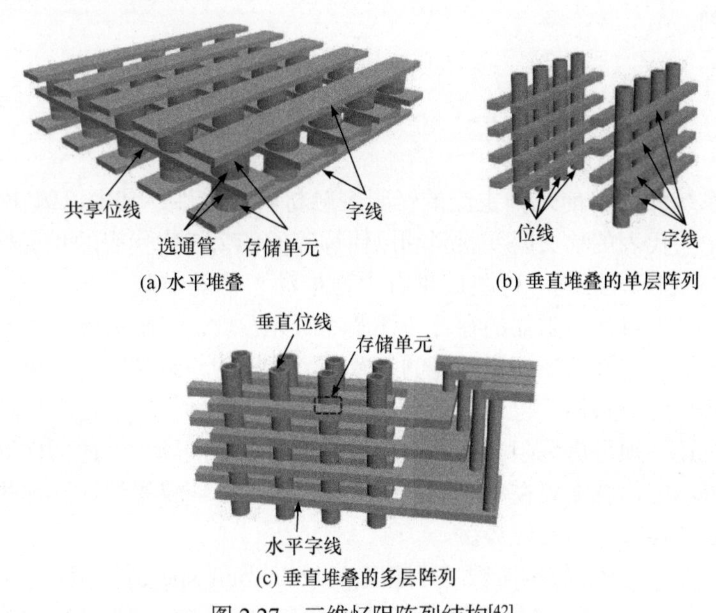

(a) 水平堆叠 (b) 垂直堆叠的单层阵列

(c) 垂直堆叠的多层阵列

图 2.27 三维忆阻阵列结构[42]

1. 水平堆叠

如图 2.27(a)所示，最底层和最顶层分别是若干列的字线，中间层是若干列的位线，字线与位线交叉处存在两层忆阻矩阵。原则上，可以沿垂直方向堆叠更多的忆阻阵列。

由图 2.27 可以直观看到，水平堆叠的层数取决于光刻工艺的次数。堆叠层数越多，光刻套刻次数越多，对工艺要求越苛刻。

2. 垂直堆叠

如图 2.27(b)所示，水平方向的若干灰色行是字线，垂直方向的圆柱是位线，位线与字线交叠处是忆阻器。图 2.27(c)是对应的多层阵列示意图。注意，在垂直方向同一层的所有水平字线在阵列外是连接在一起的，由同一根引线引出。可以看到，垂直堆叠的特点是位线由垂直的金属立柱阵列担任，字线由水平面内一根根的金属导线承担，不同层的字线在阵列边缘处由接线引出，位线与字线的接触处是忆阻突触器件。上述位线结构可以实现二维矩阵的直接输入，因此在卷积神经网络等领域有极高的实用价值。

这方面一个较新的代表性工作是 Lin 等[43]研发的三维忆阻器阵列。他们将连接改为斜向的，进一步提高了卷积的执行效率。

由图 2.27(c)可知，这种结构单元假如需要集成选通管器件，那么对工艺要求将更加苛刻。

2.5 本章小结

本章系统介绍目前几种主流的忆阻突触材料与器件，其中以氧化铪/氧化钽(HfO_x/TaO_y)为代表的狭义阻变材料和以锗锑碲(GST225)为代表的相变材料，均已实现兆比特规模的集成。这些成果有力地推动了忆阻类脑计算迈向实际应用。

然而，基于目前忆阻器的存算一体芯片研究发现，忆阻突触应用不仅要求良好的模拟值调制特性，还要求性能的一致性。这里的一致性既包括单个器件自身多次编程效果的一致性，也包括各个器件性能的一致性。考虑忆阻器特有的阻值漂移现象，还必须考虑忆阻突触器件权重的稳定保持问题。上述器件层面的问题如果解决得不好，就需要在电路层面引入在线监控、纠错等设计。这些开销将严重抵消忆阻器存算一体的优势。

表 2.1 从开关比、权重阶数、写速度(programming speed)、单次写功耗(energy consumption per-write)、耐久性(endurance)、保持性(retention)等指标比较不同材料机理的忆阻突触性能。

表 2.1 不同材料机理的忆阻突触性能比较

忆阻机理	代表工作	开关比/倍	权重阶数/bit	写速度/ns	单次写功耗/fJ	器件特性方差	保持性	耐久性/失效次数
导电桥	氧化铪/金纳米晶/氧化铪(HfO_x/Au/ HfO_x)[44]	200	未知	150	未知	低	$>10^4$s	$>10^8$
氧化物	氧化铪(HfO_x)[45]	35	≈4	5	未知	未知	>10 年	$>10^{11}$
相变	碲化锑/碲化锗(Sb_2Te_3/GeTe)[46]	100	2	60	4800	低	$>10^4$s	$>10^4$
铁电	银/钛酸钡/钛酸锶(Ag/$BaTiO_3$/Nb:$SrTiO_3$)[47]	200	5	0.6	0.5	极低	$>10^4$s	$>10^8$
磁与自旋	自旋转移矩[48]	3.2	1	未知	未知	未知	>10 年	$>10^{10}$

从忆阻突触阵列与规模化集成角度，需要考虑的问题也非常多。首先是规模化集成时走线的压降问题(IR-drop)，它会导致阵列中的忆阻器两端实际电压并不

是设计值。然后是输入/输出的数模/模数转换问题。据报道，基于忆阻器的存算一体芯片有一半左右的面积和功耗用于上述辅助电路。尤其是，模数转换电路，要执行高精度、高吞吐量运算，对模数转换电路的要求极高。

2.6 思考题

1. 如图 2.23 所示，假如把其他字线、位线接地而不是悬置，是否可以避免电流潜行通路问题？

参考文献

[1] Chang T, Jo S H, Kim K H, et al. Synaptic behaviors and modeling of a metal oxide memristive device. Applied Physics A, 2011, 102(4): 857-863.

[2] Yu S, Wu Y, Jeyasingh R, et al. An electronic synapse device based on metal oxide resistive switching memory for neuromorphic computation. IEEE Transactions on Electron Devices, 2011, 58(8): 2729-2737.

[3] Wang Z, Wu H, Burr G W, et al. Resistive switching materials for information processing. Nature Reviews Materials, 2020, 5(3): 173-195.

[4] Wang Z, Joshi S, Savelev S E, et al. Memristors with diffusive dynamics as synaptic emulators for neuromorphic computing. Nature Materials, 2017, 16: 101-108.

[5] Yang Y, Gao P, Li L, et al. Electrochemical dynamics of nanoscale metallic inclusions in dielectrics. Nature Communications, 2014, 5(1): 4232.

[6] Zhao X, Liu S, Niu J, et al. Confining cation injection to enhance CBRAM performance by nanopore graphene layer. Small, 2017, 13(35): 1603948.

[7] Lim S, Sung C, Kim H, et al. Improved synapse device with MLC and conductance linearity using quantized conduction for neuromorphic systems. IEEE Electron Device Letters, 2018, 39(2): 312-315.

[8] Christensen D V, Dittmann R, Linares B, et al. 2021 Roadmap on Neuromorphic Computing and Engineering. Neuromorphic Computing and Engineering, 2022, 2(2): 22501.

[9] Waser R, Dittmann R, Staikov G, et al. Redox-based resistive switching memories-nanoionic mechanisms, prospects, and challenges. Adv Mater, 2009, 21(25-26): 2632-2663.

[10] Kwon D H, Kim K M, Jang J H, et al. Atomic structure of conducting nanofilaments in TiO_2 resistive switching memory. Nature Nanotechnology, 2010, 5(2): 148-153.

[11] Kim S, Choi S, Lu W. Comprehensive physical model of dynamic resistive switching in an oxide memristor. ACS Nano, 2014, 8(3): 2369-2376.

[12] Lammie C, Xiang W, Rahimi A M. Modeling and simulating in-memory memristive deep learning systems: An overview of current efforts. Array, 2022, 13: 100-116.

[13] Fu Y, Zhou Y, Huang X, et al. Forming-free and annealing-free $V/VO_x/HfWO_x/Pt$ device exhibiting reconfigurable threshold and resistive switching with high speed (<30ns) and high

endurance (>10^{12}/>10^{10})//International Electron Devices Meeting, 2021: 1261-1264.

[14] Fu Y, Zhou Y, Huang X, et al. Reconfigurable synaptic and neuronal functions in a V/VO*x*/HfWO*x*/Pt memristor for nonpolar spiking convolutional neural network. Advanced Functional Materials, 2022, 32(23): 2111996.

[15] Choi B J, Torrezan A C, Strachan J P, et al. High-speed and low-energy nitride memristors. Adv Funct Mater, 2016, 26(29): 5290-5296.

[16] Cheng C H, Chin A, Yeh F S. Novel ultra-low power RRAM with good endurance and retention//2010 Symposium on VLSI Technology, 2010: 85-96.

[17] Pi S, Li C, Jiang H, et al. Memristor crossbar arrays with 6-nm half-pitch and 2-nm critical dimension. Nature Nanotechnology, 2019, 14(1): 35-59.

[18] Kim K, Chen C L, Truong Q, et al. A carbon nanotube synapse with dynamic logic and learning. Adv Mater, 2013, 25(12): 1693-1698.

[19] Shi L, Dames C, Lukes J R, et al. Evaluating broader impacts of nanoscale thermal transport research. Nanoscale and Microscale Thermophysical Engineering, 2015, 19(2): 127-165.

[20] Suri M, Bichler O, Querlioz D, et al. Phase change memory as synapse for ultra-dense neuromorphic systems: Application to complex visual pattern extraction//2011 International Electron Devices Meeting, 2011: 441-444.

[21] Li Y, Zhong Y, Xu L, et al. Ultrafast synaptic events in a chalcogenide memristor. Scientific Reports, 2013, 3: 1619.

[22] Li Y, Zhong Y, Zhang J, et al. Activity-dependent synaptic plasticity of a chalcogenide electronic synapse for neuromorphic systems. Scientific Reports, 2014, 4(1): 4906.

[23] Li Y, Xu L, Zhong Y P, et al. Associative learning with temporal contiguity in a memristive circuit for large-scale neuromorphic networks. Adv Electron Mater, 2015, 1(8): 115-125.

[24] Zhong Y, Li Y, Xu L, et al. Simple square pulses for implementing spike-timing-dependent plasticity in phase-change memory. Phys Status Solidi RRL, 2015, 9(7): 414-419.

[25] Burr G W, Shelby R M, Di Nolfo C, et al. Experimental demonstration and tolerancing of a large-scale neural network (165,000 synapses), using phase-change memory as the synaptic weight element//IEEE International Electron Devices Meeting, 2014: 2951-2954.

[26] Yao P, Wu H, Gao B, et al. Face classification using electronic synapses. Nature Communications, 2017, 8: 15199.

[27] Bichler O, Suri M, Querlioz D, et al. Visual pattern extraction using energy-efficient “2-PCM Synapse” neuromorphic architecture. IEEE Transactions on Electron Devices, 2012, 59(8): 2206-2214.

[28] Zhou Y, Ramanathan S. Mott Memory and neuromorphic devices. Proceedings of the IEEE, 2015, 103(8): 1289-310.

[29] Chen J, Han W, Yang C, et al. Recent research progress of ferroelectric negative capacitance field effect transistors. Acta Physica Sinica, 2020, 69(13): 137701.

[30] Boyn S, Grollier J, Lecerf G, et al. Learning through ferroelectric domain dynamics in solid-state synapses. Nature Communications, 2017, 8: 14736.

[31] Oh S, Hwang H, Yoo I K. Ferroelectric materials for neuromorphic computing. APL Materials, 2019, 7(9): 91109.

[32] Chen Y, Zhou Y, Zhuge F, et al. Graphene-ferroelectric transistors as complementary synapses for supervised learning in spiking neural network. NPJ 2D Materials and Applications, 2019, 3(1): 31.

[33] Oh S, Kim T, Kwak M, et al. HfZrOx-based ferroelectric synapse device with 32 levels of conductance states for neuromorphic applications. IEEE Electron Device Letters, 2017, 38(6): 732-735.

[34] Li L, Wu M. Binary compound bilayer and multilayer with vertical polarizations: Two-dimensional ferroelectrics, multiferroics, and nanogenerators. ACS Nano, 2017, 11(6): 6382-6388.

[35] Ding W, Zhu J, Wang Z, et al. Prediction of intrinsic two-dimensional ferroelectrics in In_2Se_3 and other III2-VI3 van der Waals materials. Nature Communications, 2017, 8(1): 14956.

[36] Jo S H, Chang T, Ebong I, et al. Nanoscale memristor device as synapse in neuromorphic systems. Nano Letters, 2010, 10(4): 1297-1301.

[37] Ma H, Feng J, Lv H, et al. Self-rectifying resistive switching memory with ultralow switching current in Pt/Ta(2)O(5)/HfO(2–x)/Hf stack. Nanoscale Research Letters, 2017, 12(28228004): 118-124.

[38] Li C, Belkin D, Li Y, et al. Efficient and self-adaptive in-situ learning in multilayer memristor neural networks. Nature Communications, 2018, 9(1): 2385.

[39] Wang Q, Wang X, Lee S H, et al. A deep neural network accelerator based on tiled RRAM architecture//IEEE International Electron Devices Meeting, 2019: 1441-1444.

[40] Zhang W, Peng X, Wu H, et al. Design guidelines of RRAM based neural-processing-unit: A joint device-circuit-algorithm analysis// The 56th ACM/IEEE Design Automation Conference, 2019: 0738-100X.

[41] Yao P, Wu H, Gao B, et al. Fully hardware-implemented memristor convolutional neural network. Nature, 2020, 577(7792): 641-646.

[42] Seok J Y, Song S J, Yoon J H, et al. A review of three-dimensional resistive switching cross-bar array memories from the integration and materials property points of view. Advanced Functional Materials, 2014, 24(34): 5316-5339.

[43] Lin P, Li C, Wang Z, et al. Three-dimensional memristor circuits as complex neural networks. Nature Electronics, 2020, 3(4): 225-232.

[44] Wu Q, Banerjee W, Cao J, et al. Improvement of durability and switching speed by incorporating nanocrystals in the HfO_x based resistive random access memory devices. Applied Physics Letters, 2018, 113(2): 23105.

[45] Jiang H, Han L, Lin P, et al. Sub-10nm Ta channel responsible for superior performance of a HfO2 memristor. Scientific Reports, 2016, 6(1): 285325.

[46] Khan A I, Daus A, Islam R, et al. Ultralow, switching current density multilevel phase-change memory on a flexible substrate. Science, 2021, 373(6560): 1243-1247.

[47] Ma C, Luo Z, Huang W, et al. Sub-nanosecond memristor based on ferroelectric tunnel junction. Nature Communications, 2020, 11(1): 1439.

[48] Song Y J, Lee J H, Han S H, et al. Demonstration of highly manufacturable STT-MRAM embedded in 28nm logic//IEEE International Electron Devices Meeting, 2018: 1821-1824.

第 3 章　忆阻神经元

本章首先介绍神经元发放脉冲的基本原理，着重分析该过程中 Na^+与 K^+两种离子扮演的角色，启发读者对人工神经元的设计思路。然后，介绍相关的神经元数学模型，分析不同模型在神经网络应用中的优劣势。最后，按照非易失性忆阻器和易失性忆阻器两大门类，讲解对应忆阻神经元的典型设计方案。

3.1　神经元简介

3.1.1　生物神经元

神经元的脉冲发放行为可以描述为，前一级电流输入→膜电位持续上升→达到阈值发放脉冲→膜电位重置→恢复静息电位。

从微观机制角度，神经元脉冲发放的微观过程如图 3.1 所示[1]。首先，神经元细胞膜上存在三种离子通道，即钠离子(Na^+)、钾离子(K^+)浓度、其他离子(主要是氯离子(Cl^-))。

神经元的脉冲发放过程如下。

① 当神经元的细胞膜处于静息电位(rest potential)时，细胞膜外的 Na^+(图 3.1 中的小球)浓度高于细胞膜内的，而 K^+(图 3.1 中的三角形)的浓度则相反。由于细胞膜外的高浓度 Na^+是主要因素，细胞膜总体上处于负电压的极化(polarization)状态。

② 当前一级传来充电电流(stimulus)，细胞膜电位不断升高，也就是退极化(depolarization)。当膜电位高到一定程度时，细胞膜上的 Na^+通道打开，导致更多的 Na^+从细胞膜外流入细胞膜内。这是个正反馈过程，流入的 Na^+越多，细胞膜电位越高，从而打开的 Na^+通道数越多。该过程反映在图 3.1(e)的脉冲波形上，正反馈导致了尖锐的上升峰。

③ 细胞膜电位达到阈值，Na^+通道关闭，K^+通道打开。由于细胞膜内的 K^+浓度高于细胞膜外的，K^+流出，导致细胞膜电位下降。在此阶段，尽管膜电位下降了，此时 Na^+和 K^+通道开关的弛豫时间较长，它们仍然保持为关闭和打开状态，因此 K^+继续流出，对应膜电位急剧下降，此过程持续到细胞膜电位被过极化(hyperpolarized)。这个过程反映在图 3.1(e)的脉冲波形上，是尖锐的下降峰。

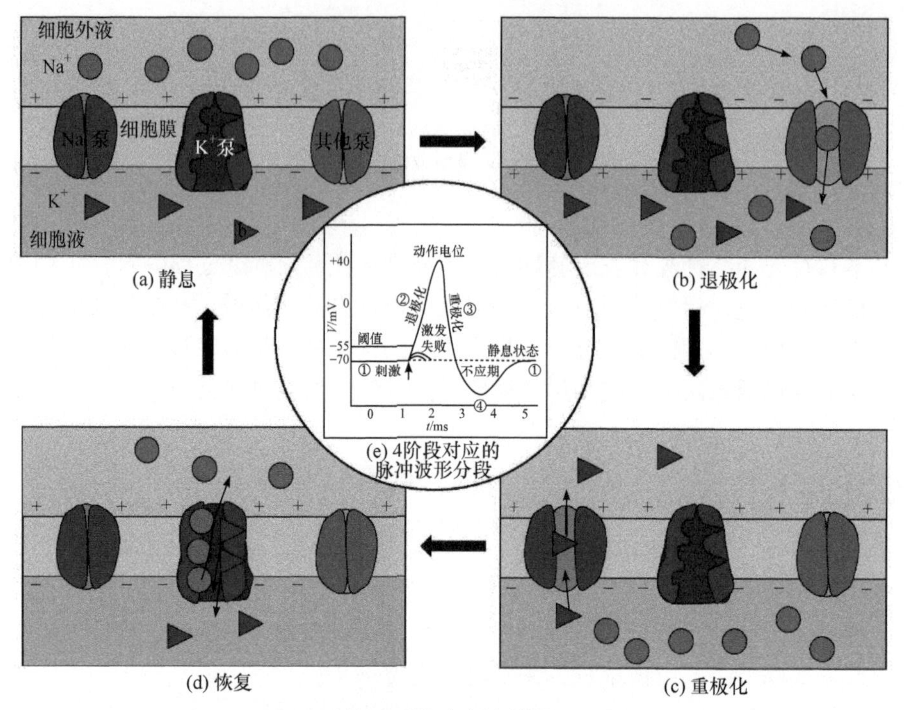

图 3.1　神经元脉冲发放的微观过程[1]

④ 最终的恢复阶段(refractory period)，前述 Na^+和 K^+通道均关闭，而细胞膜上的离子泵通道开始主导，将细胞膜内的过剩 Na^+泵出细胞膜，细胞膜外的 K^+泵回细胞内。反映在图 3.1(e)的脉冲波形上，是膜电位从过极化状态恢复到静息电位。

上述过程是一个比较简化的描述。实际上，针对外界不同的刺激，神经元有更多样化、更复杂的脉冲发放行为。神经元的多样化脉冲发放行为如图 3.2 所示。

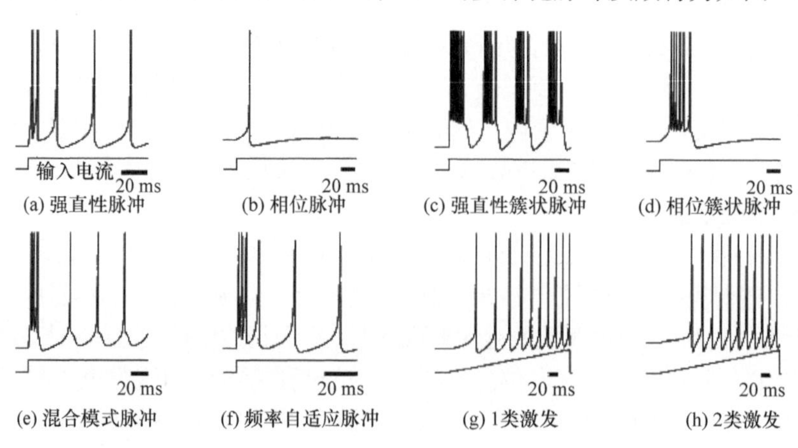

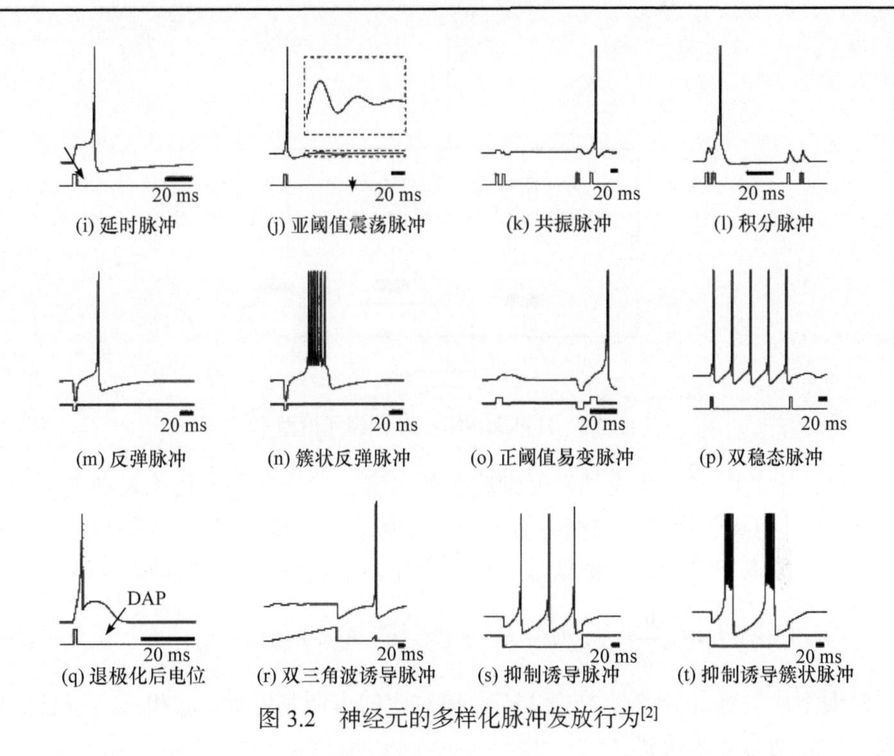

图 3.2　神经元的多样化脉冲发放行为[2]

图 3.2(a)～图 3.2(f)是给定阶跃式直流电流输入，神经元的不同响应行为。图 3.2(g)和图 3.2(h)是三角波式电流输入下，神经元的不同响应行为。图 3.2(i)和图 3.2(j)是单个电流脉冲作用下的神经元响应行为。图 3.2(k)和图 3.2(l)是间隔输入的电流脉冲作用下，神经元不同的响应行为。图 3.2(m)和图 3.2(n)是单个负电流脉冲作用下的神经元响应行为。图 3.2(o)是正、负电流脉冲交替输入下的神经元响应行为。图 3.2(p)是间隔输入的电流脉冲作用下，神经元的双稳态响应行为。图 3.2(q)是单个电流脉冲作用下神经元动作电位发放后退极化(depolarizing after-potential，DAP)行为。图 3.2(r)是大小不同的三角波电流脉冲连续输入下的神经元行为。图 3.2(s)和图 3.2(t)是持续时间较长的负电流脉冲作用下，神经元不同的响应行为。

以图 3.2(f)为例，它展示了神经元的适应行为。同样的输入模式反复刺激后，神经元的响应就变得越来越稀疏。

如何对神经元的脉冲发放行为建立数学模型？20 世纪 50 年代，英国 Hodgkin 与 Huxley 建立了离子电流模型，并因此获得 1963 年的诺贝尔生理与医学奖。Hodgkin-Huxley 神经元模型如图 3.3 所示。

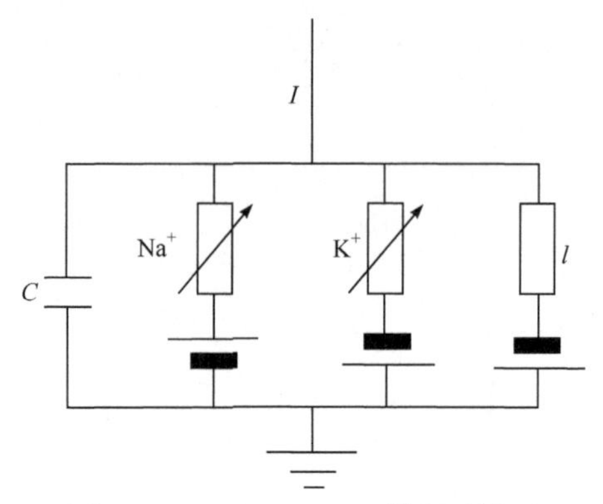

图 3.3　Hodgkin-Huxley 神经元模型

图 3.3 中的电容C代表神经元细胞膜的电容，三条并联支路代表细胞膜上的Na^+、K^+和其他离子通道。它们各有一个自建势E_{Na}、E_K、E_l。这些自建势来自细胞膜内外的离子浓度差。根据基尔霍夫定律，细胞膜电位u的动力学表达式为

$$I = C\frac{\mathrm{d}u}{\mathrm{d}t} + g_{Na}(u - E_{Na}) + g_K(u - E_K) + g_l(u - E_l) \tag{3-1}$$

该模型最关键部分就是Na^+和K^+通道对应的可调制电导g_{Na}和g_K。将它们略作改写后，动力学表达式为

$$\begin{aligned} I &= C\frac{\mathrm{d}u}{\mathrm{d}t} + \bar{g}_{Na}m^3h(u - E_{Na}) + \bar{g}_K n^4(u - E_K) + \bar{g}_l(u - E_l) \\ \frac{\mathrm{d}n}{\mathrm{d}t} &= \alpha_n(u)(1-n) + \beta_n(u)n \\ \frac{\mathrm{d}m}{\mathrm{d}t} &= \alpha_m(u)(1-m) + \beta_m(u)m \\ \frac{\mathrm{d}h}{\mathrm{d}t} &= \alpha_h(u)(1-h) + \beta_h(u)h \end{aligned} \tag{3-2}$$

式(3-2)首先对Na^+和K^+通道电导g_{Na}和g_K做归一化处理，分离出[0,1]区间变化的无量纲数n、m和h，然后建立后三者的动力学方程。注意，n^4代表K^+通道由四重同样的子开关n串联“把守”，m^3h代表Na^+通道由三重同样的子开关m和另一重子开关h串联“把守”。三者的数值代表该子开关打开的概率。观察各子开关打开概率的动力学方程可知，$\alpha_n(u)$代表在当前膜电位u下，剩下未打开的子开关$1-n$打开的概率，$\beta_n(u)$代表在当前膜电位u下，已经打开的子开关n关闭的概率。

以子开关n为例，我们进一步将其改写为弛豫方程形式，即

$$\frac{\mathrm{d}n}{\mathrm{d}t}=-\frac{n-n_0(u)}{\tau_n(u)} \tag{3-3}$$

显然，n_0、τ_n 由 α_n、β_n 经过一个简单换算关系即可得到；$n_0(u)$ 和 $\tau_n(u)$ 的物理含义很清晰，前者是 n 的平衡位置，后者是 n 的弛豫时间，只是两者都不再是常数，而是膜电位 u 的函数。

Hodgkin-Huxley 模型最关键的创新是确定了上述平衡位置 $x_0(u)$ 和弛豫时间 $\tau_x(u)$ 的函数形式($x=n,m,h$)，Hodgkin-Huxley 神经元模型的关键参数示意图如图 3.4 所示。

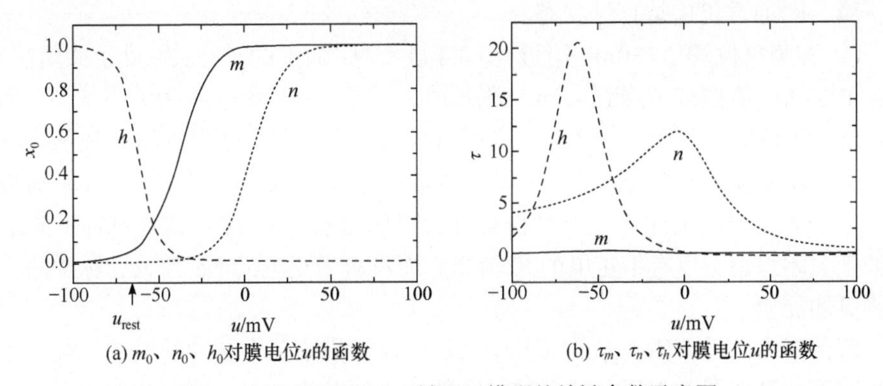

(a) m_0、n_0、h_0对膜电位u的函数　(b) τ_m、τ_n、τ_h对膜电位u的函数

图 3.4　Hodgkin-Huxley 神经元模型的关键参数示意图

根据各子开关平衡值和弛豫时间函数，可以推演出图 3.4 所示的脉冲波形过程。

① 当神经元接收到前一级的充电电流，膜电位开始上升。首先，分析 Na+通道的子开关 m 和 h。图 3.4(b)显示，子开关 m 弛豫时间 τ_m 很短，因此子开关 m 对膜电位的响应速度最快。当膜电位从静息电位 $u_{\text{rest}}=-65\text{mV}$ 开始上升时，图 3.4(a)显示子开关 m 的平衡值 m_0 随膜电位升高而急剧增大，因此子开关 m 迅速弛豫到打开的状态。图 3.4(a)显示，另一个子开关 h 的平衡值 h_0 随膜电位的升高而急剧下降。幸运的是，图 3.4(b)显示，在膜电位达到 0mV 之前，该子开关的弛豫时间 τ_h 较长，即该子开关 h 仍保持为打开状态。上述过程对应的物理情景是，在膜电位上升阶段，Na^+通道的子开关 h 保持为打开，子开关 m 迅速从关断到打开，导致细胞膜外的 Na^+流入。这种正离子流入进一步提升膜电位 u，因此 m_0 更大，m 也迅速弛豫到对应的高值 m_0，更多的 Na^+通道被打开。

② 与之相反的是 K^+通道变化情况。在膜电位 u 处于静息电位 $u_{\text{rest}}=-65\text{mV}$ 时，K^+通道的子开关 n 平衡值 n_0 几乎为 0，即处于关闭状态。图 3.4(a)显示，在膜电位 u 上升到−25mV 之前，该子开关始终处于关闭状态。当膜电位 u 超过−25mV 时，尽管子开关 n 的平衡值 n_0 迅速增大，但是图 3.4(b)显示，在膜电位 u 达到

+ 25mV 之前，该子开关的弛豫时间 τ_n 较大，因此并没有迅速弛豫到高值 n_0 对应的打开状态。换句话说，K^+通道在脉冲上升沿基本处于关闭状态。没有带正电的 K^+流出，脉冲的上升沿将更加陡峭。

③ 膜电位 u 上升至阈值+30mV 附近。图 3.4 显示，K^+通道的子开关 n 平衡值 n_0 较大，且弛豫时间 τ_n 较小，这意味着子开关 n 迅速弛豫到较大的 n_0 值，即 K^+通道被打开，细胞膜内外的 K^+浓度差导致 K+流出，引起膜电位 u 下降。尽管膜电位下降会导致子开关 n 的平衡值 n_0 减小，但是由于该子开关的弛豫时间 τ_n 随减小的膜电位而增大，子开关 n 并不能迅速弛豫到较小的平衡值 n_0，因此尽管膜电位下降，K^+通道仍保持打开状态。

④ 在膜电位阈值+30mV 附近，图 3.4 显示 Na^+通道的子开关 n 处于关闭状态。当膜电位从阈值持续下降到–25mV 附近时，子开关 h 始终保持为关闭状态。当膜电位继续下降时，尽管子开关 h 的平衡值开始上升，但是弛豫时间 τ_h 较长，因此子开关 h 并没有迅速打开。另一个子开关 m 的平衡值 m_0 迅速降低，即 Na^+通道的另一个子开关趋向关闭。以上过程对应的物理图景是，Na^+通道在脉冲下降沿基本处于关闭状态。仅有带正电的 K^+流出，而没有带正电的 Na^+流入，脉冲的下降沿将更加陡峭。

值得指出的是，Hodgkin-Huxley 模型不仅能描述单个脉冲的发放过程，还能相当准确地复现图 3.2 所示的多种复杂脉冲序列发放过程。感兴趣的读者可以参考文献[3]的相关章节，仿真验证图 3.2 中的各种行为。

3.1.2　神经元的简化模型

对现阶段的脉冲神经网络设计与仿真而言，Hodgkin-Huxley 模型过于复杂，实用性较差。因此，研究人员提出各种简化方案。下面介绍最简单、目前用得最广泛的漏电型积分-点火(leaky integrate-and-fire，LIF)模型，并讨论其优缺点，引出复杂度有所提升但仿生准确性更好的脉冲响应模型、Izhikevich 模型等。

1. 漏电型积分-点火模型

漏电型积分-点火模型是神经形态计算中使用最多的模型。神经元的漏电型积分-点火模型如图 3.5 所示。它主要用一个电容、一个电阻、一个电源描述神经元，其中电容对应神经元细胞膜的充/放电效应(charging/discharging effect)，电阻对应细胞膜离子通道引起的漏电效应(leaky effect)，电源对应神经元静息状态的自建势(self-built potential)。

根据基尔霍夫定律，膜电位的动力学方程可描述为

$$c\frac{\mathrm{d}u}{\mathrm{d}t}=-\frac{u(t)-u_{\text{rest}}}{R}+I(t),\quad u<\theta \tag{3-4}$$

其中，u_{rest} 和 θ 为静息电位和阈值电压。

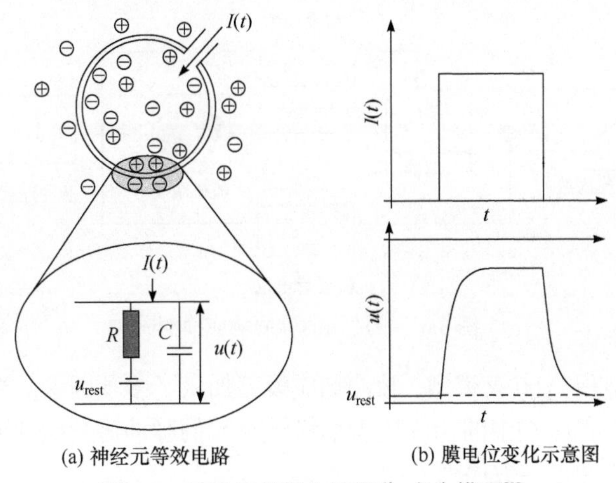

(a) 神经元等效电路 (b) 膜电位变化示意图

图 3.5 神经元的漏电型积分-点火模型[3]

注意，膜电位 u 动力学方程的适用范围是处在亚阈值区。当充电电流 I 是常数时，它就是一个标准的弛豫方程，即

$$u(t)=u_{\text{rest}}+IR\left[1-\exp\left(-\frac{t-t_0}{RC}\right)\right] \tag{3-5}$$

漏电型积分-点火模型的优势是极其简单且易实现，但是它的局限也很大。

① 它仅描述神经元膜电位在亚阈值区即到达阈值之前的行为。在实际应用中，据此设计出来的神经元还需要外接电压比较器、脉冲发生器、复位电路等模块。

② 它无法描述更复杂、更丰富的神经元行为。在图 3.2 所示的各种行为中，该模型仅能仿真其中最简单的规则激发。显然，缺失各种高级行为的人工神经元和神经网络与设计初心的神经形态(neuromorphic)计算相距甚远。

2. 脉冲响应模型

考虑漏电型积分-点火模型的缺陷，研究人员提出神经元的脉冲响应模型(spike response model，SRM)，如图 3.6 所示。它包含膜滤波(membrane filter)、激活函数、可变阈值、激发后电位、随机激发等多个模块。

该模型的膜电位可以用卷积描述为[3]

$$u(t)=u_{\text{rest}}+\int_0^{\infty}\eta(s)S(t-s)\mathrm{d}s+\int_0^{\infty}\kappa(s)I(t-s)\mathrm{d}s \tag{3-6}$$

对照微分形式的漏电型积分-点火模型(式(3-4))，脉冲响应模型中的 $\int_0^{\infty}\kappa(s)I(t-s)\mathrm{d}s$ 项实际上就是它的积分形式。通过修改 κ 函数形式，可以获得更丰富的膜电位积分行为。反映在图 3.6 中，该项是广义上的膜滤波过程。

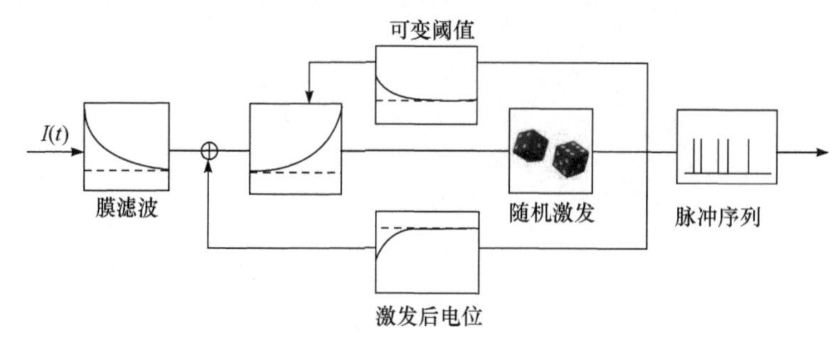

图 3.6　神经元的脉冲响应模型[3]

相比漏电型积分-点火模型，脉冲响应模型加入了多项因素。首先是膜电位在激发后的重置。式(3-6)中的 $S(t)$ 代表本级神经元的脉冲序列(spiking sequence)，在数学上是一个冲击函数序列，即

$$S(t)=\sum_{t^{(f)}}\delta(t-t^{(f)}) \tag{3-7}$$

其中，$t^{(f)}$ 为脉冲发放时刻。

$\eta(t)$ 是脉冲激发后的复位函数(spike after-potential)，因此式(3-6)中的 $\int_0^{\infty}\eta(s)S(t-s)\mathrm{d}s$ 描述脉冲激发后的复位过程。

其次是阈值可调制效应。图 3.6 显示的阈值 θ 是可变的，且存在弛豫现象。一种可能的阈值变化动力学方程为

$$\frac{\mathrm{d}\theta}{\mathrm{d}t}=-\frac{\theta-\theta_0}{\tau_\theta}+\Delta\theta S(t) \tag{3-8}$$

这表明，神经元每发放一次脉冲($t=t^{(f)}$)，神经元的阈值就瞬间提升一个台阶 $\Delta\theta$，那么下一次对同样的输入模式，神经元发放脉冲将更困难。假如一段时间没有脉冲发放，阈值又会回复到平衡态的值 θ_0。由此可见，引入动态阈值可以较好地描述神经元的适应行为等。

再次是随机激发(stochastic firing)现象。图 3.6 显示神经元并不是膜电位到达阈值就必然激发，而是存在一定的随机性。生物神经元随机发放脉冲的现象是实验中已经观察到的，而利用这种随机性可以在神经网络层面执行若干复杂、高级的运算，如贝叶斯推断。

上述几项因素的组合使脉冲响应模型能够很好地描述神经元各种复杂的脉冲发放行为。在硬件实现层面，该模型的各个电路模块和连接结构都很清晰，易于实现。

3. Izhikevich 模型

在漏电型积分-点火模型基础上，还有一种思路是引入非线性项，即广义的非线性积分-点火模型。Izhikevich 模型是其中比较成功的一种，可用如下方程描述神经元膜电位的变化[4]，即

$$\left.\begin{aligned}\tau_m \frac{\mathrm{d}u}{\mathrm{d}t} &= (u-u_{\text{rest}})(u-\theta)-Rw+RI(t)\\ \tau_w \frac{\mathrm{d}w}{\mathrm{d}t} &= a(u-u_{\text{rest}})-w+b\tau_w\sum_{t^{(f)}}\delta(t-t^{(f)})\end{aligned}\right\} \tag{3-9}$$

式(3-9)的第一个表达式是在漏电型积分-点火模型的基础上做两处关键修改。第一处是引入膜电位平方项$(u-u_{\text{rest}})(u-\theta)$。图 3.5(b)显示，输入恒常电流，漏电型积分-点火神经元的膜电位上升速率是不断变小的，即越来越不陡峭。这显然不符合基于 Na^+和 K^+通道开关的物理过程。相比之下，通过相平面分析可以看到，引入膜电位平方项可以加快充电阶段的膜电位上升速度[3]。

第二处是引入虚拟的放电电流项w，也叫恢复变量(recovery variable)。从动力学方程可以看出，它的平衡位置取决于膜电位对静息电位的偏离，偏离越大，该虚拟的放电电流越大。给定合适的弛豫时间常数，它将在脉冲下降沿发挥关键作用。对照前述的神经元生理模型，不难看出，它描述的是激活的 K^+电流和失活的 Na^+电流。此外，神经元每发放一次脉冲，该虚拟项就瞬间增大一个常数值 b。这意味着，假如下一轮输入模式不变，虚拟的放电电流会变大，因此神经元再次激发的难度增大。通过这种方式，它模拟了神经元的适应行为。

Izhikevich 模型优越性如图 3.7 所示。图中比较了几种常见神经元模型。(漏电型)积分-点火模型与 Hodgkin-Huxley 模型分别处于低代价且低准确度、高代价但高准确度两个极端。Izhikevich 模型在仿生准确度上基本等同于 Hodgkin-Huxley 模型，而执行代价略高于积分-点火模型。因此，它在计算复杂性(代价)与仿生准确度之间取得了较好的平衡。

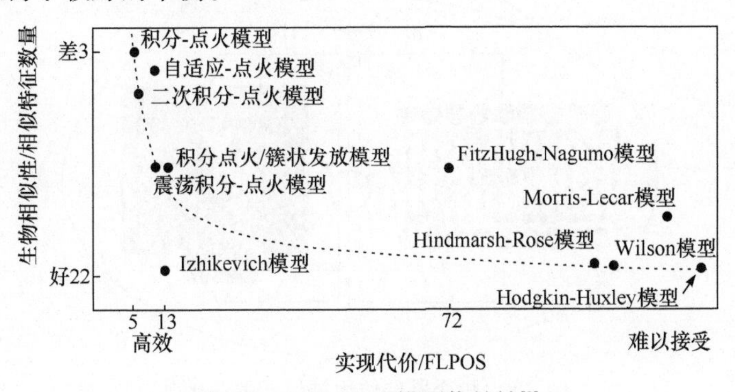

图 3.7 Izhikevich 模型优越性[2]

关于 Izhikevich 模型是如何被推演出来的，读者可参考文献[3]。该文献从相平面分析(phase plane analysis)着手，推演神经元膜电位的变化，引入平方项或指数项，以及上述恢复变量，在此基础上推导 Izhikevich 模型。

3.2 基于非易失的相变材料

3.2.1 设计思想

对于“非晶→晶态→非晶”相变，相变材料的晶化过程比较连续，可以用一系列的全同置态脉冲(identical set pulses)获得逐次升高的中间态电导。非晶化则是一个突变的过程，电导直接从最高态降到最低态。

不难发现，上述过程与神经元膜电位经历的“(逐渐)积分→(到达阈值)点火→(迅速)复位”有较强的相似性。这正是基于相变材料的仿生神经元设计思想的出发点[5]。

相变器件仿生神经元的原理如图 3.8 所示。它描述生物神经元中的信号传输过程。首先，来自前一级神经元的脉冲序列经过当前神经元的突触(图中三角形)

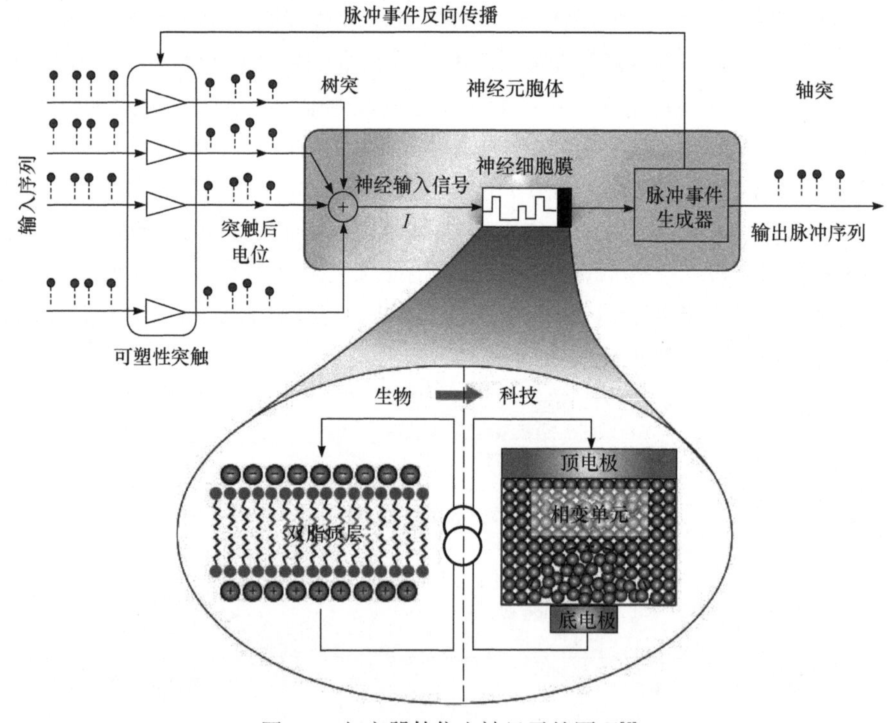

图 3.8 相变器件仿生神经元的原理[5]

连接，成为后突触电势(postsynaptic potentials，PSP)信号。然后，它们从本级神经元的树突传递到细胞体处被叠加，成为神经元的输入信号，引发神经元膜电位(neuronal membrane potential)变化。假如膜电位到达阈值，则触发神经元内的脉冲事件发生单元发放脉冲。该脉冲一方面通过神经元的轴突传往下一级，另一方面通过脉冲事件反向传播回路送到突触处，以 STDP 等形式调制突触权重。放大图是采用相变器件仿生神经元细胞膜的变化，即顶电极与底电极之间是相变单元，浅色部分是晶化成分，深色部分是非晶化的，它们的占比决定器件是否导通，也就是神经元膜上的离子通道是否完全打开。

3.2.2　相变神经元的电路实现

基于相变器件的神经元电路如图 3.9 所示[5]。相变神经元电路的信号流程如图 3.10 所示[5]。其中，控制信号是 $\overline{\text{WRITE}}$ 和 READ，V_{INPUT} 是输入信号，由 $\overline{\text{WRITE}}$ 的下降沿触发，SPIKE 是输出信号。当且仅当有输入信号 V_{INPUT} 时，相变器件的电阻能够被置态。SPIKE 有信号时，完成对相变器件的重置。

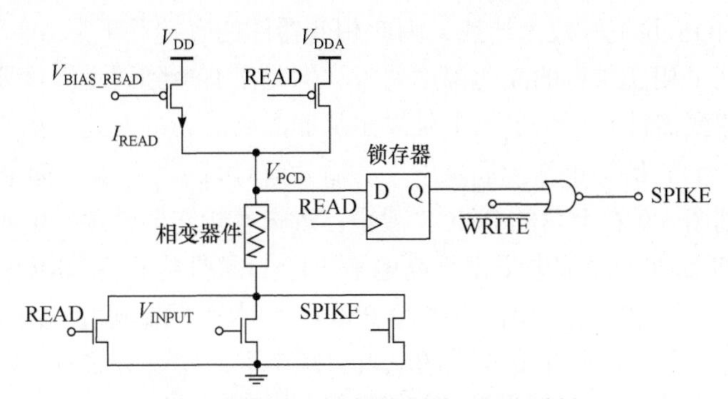

图 3.9　基于相变器件的神经元电路[5]

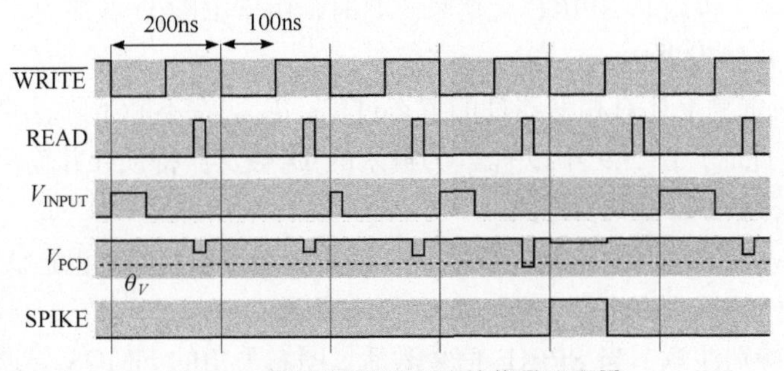

图 3.10　相变神经元电路的信号流程[5]

以半周期为一个步长，该电路发放脉冲的工作流程如下。

① 当 $\overline{\text{WRITE}}$ 信号为高电平，READ 为低电平时，无输入信号 V_{INPUT}，

$\overline{\text{WRITE}}$送入的或非门输出为低电平，也就是 SPIKE 为低电平。另外，从图 3.9 下方可以看到,处于低电平的 SPIKE、READ 和V_{INPUT}会导致对应的 3 个 NMOS(N-metal-oxide-semiconductor，N 型金属-氧化物-半导体)关断。换句话说，相变器件底端处于悬置状态，无法被读写，并且由于低电平 READ 导致 PMOS(positive channel metal-oxide semiconductor，正通道金属氧化物半导体)导通，此时的相变器件顶端电位V_{PCD}被上拉到V_{DDA}附近。

② 当$\overline{\text{WRITE}}$信号跳到低电平，触发输入信号V_{INPUT}，而 READ 信号继续保持在低电平，则图 3.9 右上角的 PMOS 导通，于是高电平V_{DDA}施加到相变器件的顶端；同时，V_{INPUT}信号导致图 3.9 下方中央的 NMOS 导通，即相变器件的底端电平被下拉，注意并没有下拉到地。于是，V_{DDA}作为置态电压被成功加到相变器件，引起器件电阻的减小。另外，尽管 D 触发器的输入V_{PCD}处在高电平V_{DDA}，但是该触发器的使能端 READ 为低电平，输出保持为高电平，因此图右方的或非门输出为低电平，即 SPIKE 无信号。

这里需要特别注意，V_{INPUT}并没有将底部的 NMOS 沟道电导置到最高。换句话说，该 NMOS 并不等效为导线，因此相变器件的底端并不是 0V。器件两端的电压幅值达到了相变材料的晶化温度要求，但是没有达到熔融温度要求(图 2.9)。换句话说，相变器件在这个电压下是发生从非晶到晶态的变化，而不是相反。

③ 当$\overline{\text{WRITE}}$信号重新跳回高电平，输入信号V_{INPUT}结束，而 READ 信号跳到高电平，则图 3.9 右上角的 PMOS 截止，意味着相变器件顶端电平不再被上拉到V_{DDA}。相变器件的底端电平由于高电平 READ，图左下角 NMOS 导通，被下拉到地。因此，此刻的V_{PCD}由图左上角 PMOS 晶体管源漏电阻与相变器件电阻的串联分压决定。考虑之前相变器件的电阻被减小了，V_{PCD}会略有下降。尽管V_{PCD}下降了一点，它输入的 D 触发器仍然输出为高电平，因此图 3.9 右方的或非门仍输出为低电平，也就是 SPIKE 无信号。此时，由于 READ 在高电平，V_{PCD}的电压被锁存到 D 触发器中。

④ 不断重复上述对相变器件的置态过程，V_{PCD}将不断下降，直到其低于某个阈值θ_V。此时，图 3.9 中以V_{PCD}为输入的 D 触发器将锁存并输出该低电平。在此过程中，SPIKE 始终无信号。

⑤ 当$\overline{\text{WRITE}}$信号再度跳为低电平，考虑 D 触发器的输出也是低电平，图 3.9 右方的或非门将输出高电平，即 SPIKE 为高电平。

此处要特别注意，当 SPIKE 信号激活，图右下角的 NMOS 导通，因此相变器件的底端电平被下拉到地。此刻 READ 为低电平，意味着图右上角的 PMOS 导通，因此相变器件的顶端电平被上拉到V_{DDA}附近。此时，相变器件两端是一个幅值较大的电压，超过相变材料的熔融温度要求(图 2.9)，因此这是一个对相变器件的重置电压，导致器件回到最高阻态。

这里还要特别注意的一点是，由于 READ 信号在该半周期内始终是低电平，图中的 D 触发器输出状态被锁存在前一状态的低电平，而 $\overline{\text{WRITE}}$ 信号在该半周期也是低电平，因此 SPIKE 信号维持完整的半周期高电平。换句话说，在该半周期内，尽管相变器件电阻发生了回到最高阻态的剧烈变化，导致 V_{PCD} 电位出现明显下降，但是输出 SPIKE 保持完整的半周期高电平。

⑥ 当 $\overline{\text{WRITE}}$ 信号跳回高电平，图 3.9 右方的或非门输出低电平，即 SPIKE 跳回低电平，脉冲结束。

总结基于相变器件的神经元电路设计，可以看到它充分利用了相变器件的若干关键特性。

① 相变器件置态/重置电压的单极性。假如将此处的相变器件替换为基于阴/阳离子电迁移的阻变器件，不难发现，这个电路将无法工作。一个关键的原因是，后者的置态/重置电压方向必须相反。相变器件的阻态变化本质上是利用器件的热效应，与电压的大小有关，与极性无关。因此，通过巧妙设计置态/重置时施加在相变器件两端的电压幅度不同，该电路可以实现相变器件的置态/重置，模拟神经元膜电位的积分/复位过程。

② 相变器件置态的连续性与重置的陡变性。从图 3.10 可以看到神经元膜电位的积分过程，该电路是利用相变器件置态的连续性实现的，而神经元膜电位的点火-复位过程是利用相变器件重置的陡变性实现的。

此外，该电路设计充分利用了 D 触发器的锁存特性，使每个输出脉冲 SPIKE 的幅值与宽度完全一致。所有脉冲形状必须完全一致，这是脑神经网络的特征，也是人工脉冲神经网络设计的一个基本要求。

值得一提的是，考虑相变器件阻态翻转时内禀的随机性，上述神经元电路能够较好地模拟生物神经元发放脉冲的随机性。从相关讨论可以看到，有算法层面的一些重要功能，如概率计算、不确定度量化等需要神经形态器件层面的随机性与概率特性来支撑。因此，不同于标准的漏电-积分-点火神经元电路，基于相变器件的随机神经元功能更强大，能够支持更高级的神经形态计算算法。

3.2.3 辅助电路

从图 3.10 的讨论还可以看到，本级神经元电路对输入信号 V_{INPUT} 是有要求的，即幅值必须始终不变，而脉宽可以变化，以编码不同的信号。另外，假如不做任何处理，本级输出信号 SPIKE 经过突触送给下一级电路，即执行乘加过程，得到的信号恰恰是幅值可变，而脉宽不变。因此，需要在执行乘加运算时，引入额外电路做预处理，才能得到适合输入给下一级神经元的信号 V_{INPUT}。相变神经元的采样电路如图 3.11 所示。

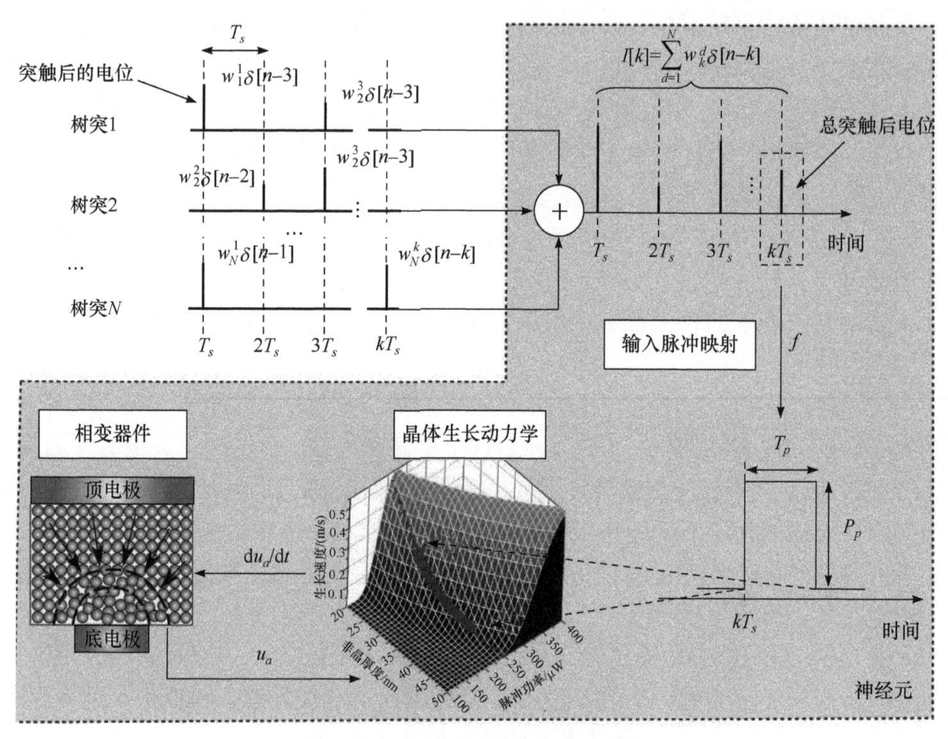

图 3.11　相变神经元的采样电路[5]

在图 3.11 左上部分，前一级的各个神经元经过不同的突触传递到本级神经元各个树突的接触处，导致脉冲幅值被调制(高低不等)。假设本级神经元通过 N 个树突获得来自前一级神经元的电压脉冲输入，那么在第 k 个周期 T_s，送到本级神经元薄膜的充电电流为

$$I(k)=\sum_{d=1}^{N} w_k^d \delta[n-k] \tag{3-10}$$

在图 3.11 右上部分，对于不同的周期 kT_s，充电电流 $I(k)$ 幅值是不同的。接下来，根据采样充电电流的大小，产生幅值固定但脉宽不同的置态电压脉冲，即图右下部分由 T_p 标识脉宽、P_p 标识功率的置态电压脉冲。该置态脉冲功率约 250μW，连续施加到相变单元后，引起非晶态厚度 u_a 不断减小，同时晶态厚度不断增加，即三维图中的箭头所指的路径，直到全部转换为晶态，从而使器件进入低阻态。结合实验拟合的相变单元晶化速度随置态电压功率，以及非晶部分厚度变化曲线，即可估算该置态电压脉冲引发的相变器件电导变化。

3.3　基于易失的阈值转换材料

3.3.1　设计原理

在讲述无源型时，我们介绍了充当选通功能的是阈值转换器件。TSM 是近年来引起较大关注的一种新型忆阻器。在直流电压正向扫描过程中，器件的电导在阈值电压 V_{th} 处经历了一次由高阻态向低阻态的转变，然后在电压反向回扫过程中，在保持电压 V_{hold} 处由低阻态跳回高阻态。

对比膜电位首先急剧升高然后陡然降低的脉冲发放过程，与阈值转换器件在电压作用下的“低阻→高阻→低阻”切换过程有很强的相似性。不同于相变神经元，阈值转换器件在高阻重新切回到低阻时并不需要额外的重置电路，只要它承担的电压低于一个保持电位即可。这意味着，基于阈值转换器件的神经元电路可以更简化。

具体而言，科研人员是如何利用阈值转换器件来构建神经元电路呢？一个直接的启发是霓虹灯振荡电路(neon lamp oscillator)。霓虹灯振荡电路原理如图 3.12 所示。

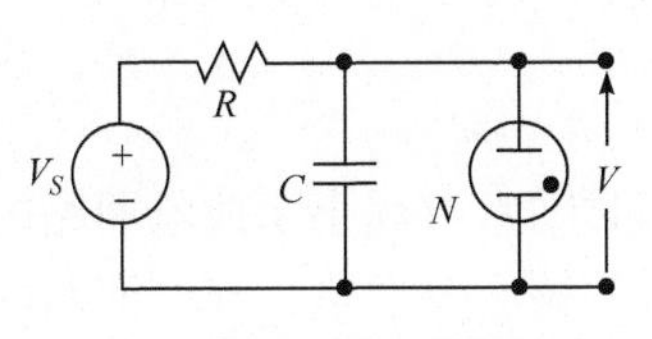

(a) 霓虹灯振荡电路示意图

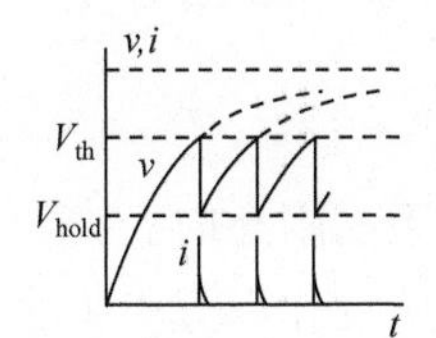

(b) 霓虹灯管的电压V和电流I演化

图 3.12　霓虹灯振荡电路原理

如图 3.12(a)所示，霓虹灯管在电压达到阈值之前是高阻态，它的两端相当于断路，因此直流电源 V_S 通过图中的 RC 回路向电容 C 充电，不断提升霓虹灯管两端的电压；一旦达到灯管开启的阈值电压 V_{th}，霓虹灯管瞬间导通，而导通状态的霓虹灯管相当于一根导线，与它并连的电容开始急速放电；一旦电容两端电压降至霓虹灯管导通状态的维持电压 V_{hold} 之下，霓虹灯管内导电通路迅速断开，恢复到高阻态，开始下一轮充放电。

图 3.12(b)给出了电容两端电压 v 和流经霓虹灯管的电流 i 在上述过程中随时间演化的示意图。以上分析显示，霓虹灯就是一种特殊的阈值转换器件，输出电流/电压的振荡波形可以看作脉冲系列。换句话说，以阈值转换器件为基本单元可以构建一个脉冲发生电路，也就是神经元。

需要注意的是，霓虹灯管的电导态在导通与截止上的差别是非常大的。形象地说，导通时像一根短路导线，截止时则像一个负载无穷大的电阻，以至于可以看作完全断路。但是，普通阈值转换器件的开关比并没有这么悬殊。因此，当我们仿照霓虹等振荡电路构建基于阈值转换器件神经元电路时[6]，需要仔细分析电路中各个器件的参数依赖关系。阈值转换忆阻器特性与神经元电路如图3.13所示。

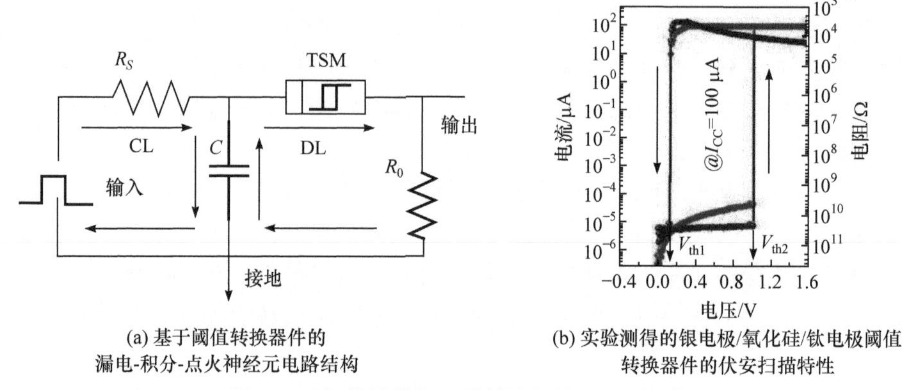

(a) 基于阈值转换器件的漏电-积分-点火神经元电路结构

(b) 实验测得的银电极/氧化硅/钛电极阈值转换器件的伏安扫描特性

图 3.13 阈值转换忆阻器特性与神经元电路[6]

图 3.13(a)所示为以阈值转换器件为核心，构建的漏电-积分-点火神经元电路。它由一个充电回路(charging loop，CL)和一个放电回路(discharging loop，DL)组成。

1. 充电过程

当 TSM 处于高阻态时，充电回路的时间常数远小于放电回路的时间常数，因此电容上的电压变化以充电为主。此时的核心要求是，充电回路的时间常数远小于放电回路的时间常数，即

$$R_S C \ll (R_0 + R_{\mathrm{OFF}})C \tag{3-11}$$

2. 放电过程

当阈值转换器件两端电压达到阈值时，该器件切到低阻态，此时放电回路的时间常数远小于充电回路，因此电容两端的电压迅速下降。此时的核心要求是，充电回路的时间常数要远大于放电回路的时间常数，即

$$R_S C \gg (R_0 + R_{\mathrm{ON}})C \tag{3-12}$$

上述神经元电路的脉冲发放过程高度类似于霓虹灯电路，这里不再赘述。

图 3.13(b)是实验测得的银电极/氧化硅/钛电极($Ag/SiO_2/Ti$)阈值转换器件的伏安扫描特性[6]。该器件初始处于高阻态，当两端电压达到V_{th2}时，器件跳变到低阻态；当电压回扫至V_{th1}时，器件重新跳回高阻态。上述特性是在100μA的限流条件下测得的。图 3.13(b)显示，该器件的开关态电阻比约为10^6，满足前述神经元

电路的充放电回路要求。

3.3.2 阈值转换常见机理及其神经元

图 3.13 显示，以阈值转换忆阻器为核心构建神经元，对阈值转换器件有一系列的性能要求。例如，开关比要足够大，才能保证充电与放电回路的交替主导；器件开关速度要足够快，才能保证优异的脉冲响应速度，以及对应的神经网络工作速度；脉冲循环耐久性要足够好，才能保证稳定、密集、长时间的脉冲发放。这要求我们分析不同材料阈值转换的物理机制,并在此基础上优化器件参数设计，从而获得高性能的神经元。三种常见阈值转换器件的伏安扫描特性如图 3.14 所示。这是 Huang 等制备的三种常见类型器件特性，即绝缘体-金属转变型、Ovonic 型与导电桥型。下面介绍它们的工作机理[7]，以及用作神经元时的性能。

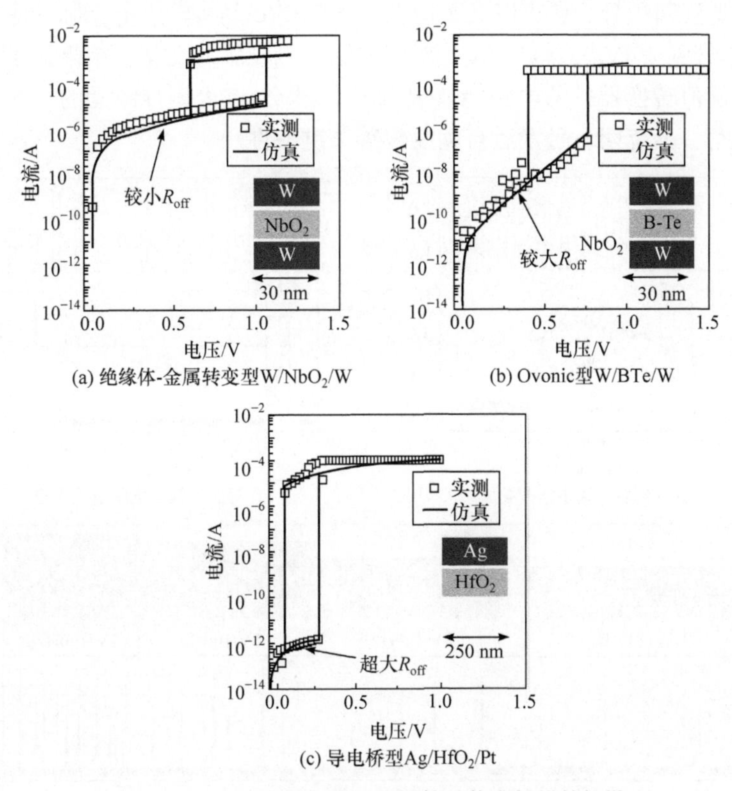

图 3.14 三种常见阈值转换器件的伏安扫描特性[7]

1. 导电桥型

导电桥型阈值转换器件，顾名思义，是依靠离子在电场作用下的运动形成或断裂导电桥，从而实现器件的高低阻值切换。该型器件通常采用活性金属电极-

介质层(绝缘层)-惰性金属电极的三明治结构，其中活性金属电极为银(Ag)、铜(Cu)等易氧化型的金属，介质层为氧化物等绝缘材料。2017 年，Wang 等[8]在电介质层中嵌入银(Ag)纳米颗粒，以电场驱动银离子在介质层中形成导电丝，撤去外加电场后，该导电丝因银原子弛豫而自发断裂，由此制备了导电桥型阈值转换器件①。其工作的主要特点是首次基于原位透射电镜测量，观察到外加电场作用下的银纳米颗粒电迁移形成导电丝，以及撤去电场后银颗粒的弛豫导致导电丝断裂，从而直接证实了导电桥型阈值转换器件的工作原理。

2017 年，Zhang 等[6]基于银电极/氧化硅/钛电极($Ag/SiO_2/Ti$)器件，制备了图 3.13 所示的神经元电路。银导电桥神经元特性如图 3.15 所示。图 3.15(a)是在 2V 幅值、7ms 脉宽、100Hz 的输入电压脉冲序列作用下，图 3.13(a)中电容两端的电压变化曲线，其充电、放电过程均可清晰观察到。图 3.15(b)是对应的输出电压变化曲线，可清晰地观察到积分、点火以及不应期。图 3.15(c)是将输入电压脉冲序列的幅值从 1.2V 提升到 1.4V、1.8V、2V，对应的输出电压脉冲变化。结果显示，基于该导电桥型阈值转换器件的电路能够模拟漏电-积分-点火型神经元的行为，包括动作电位激发、不应期、激发后自动复位等关键特性。

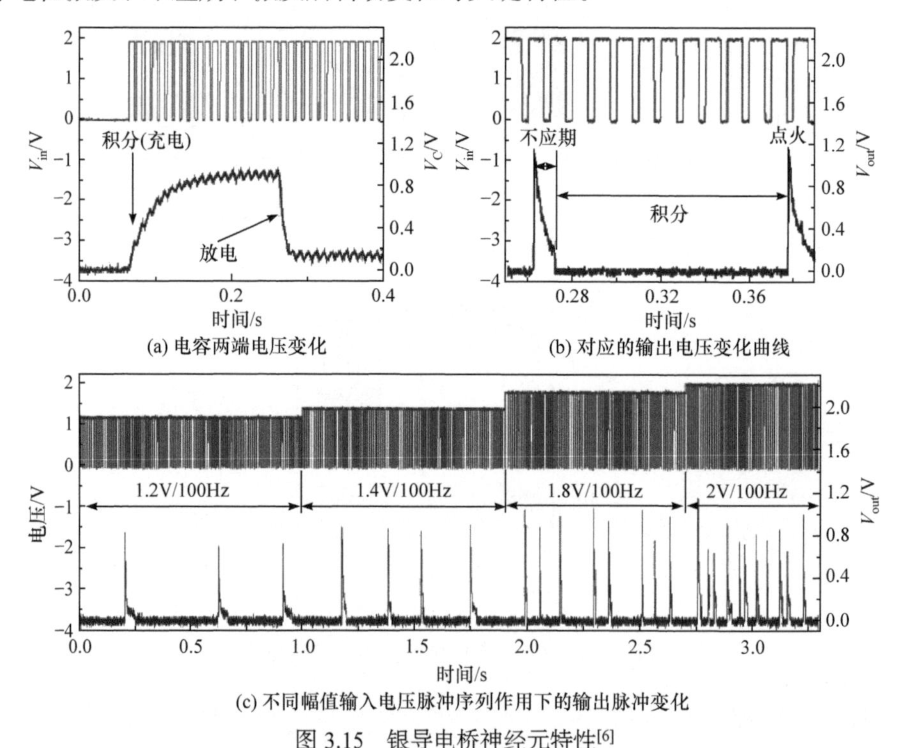

(a) 电容两端电压变化

(b) 对应的输出电压变化曲线

(c) 不同幅值输入电压脉冲序列作用下的输出脉冲变化

图 3.15 银导电桥神经元特性[6]

① 当时，Yang 等将其命名为扩散型忆阻器(diffusive memristor)，用途是模拟突触的短时程可塑性。

从图 3.14 可以看到，相比另外两种类型阈值转换器件，导电桥型器件最大的优点是开关比很大，并且高阻态的电阻非常大，因此将它用做神经元时，漏电流很小。另外，银导电桥型器件的阈值电压很小，这可能是因为银离子的电迁移率较高。上述两个因素导致银导电桥型神经元发放脉冲的功耗极低(每个脉冲约为 270pJ)，具有出色的能效比。

值得指出的是，在制备神经元时，导电桥型阈值转换器件有若干显著特点需要考虑。首先，靠阳离子的电致迁移，以及弛豫实现高低阻态阈值转换，器件的高低阻值切换速度不会很快(50～250ns)，这将影响神经元的响应速度，以及脉冲发放频率上限。其次，阳离子的迁移运动具有不可避免的随机性，因此基于导电桥型阈值转换器件的神经元通常随机性较强。再次，阳离子的电迁移对介质层有较强的破坏作用，因此多次工作后，器件性能将显著下降。最后，假如生成的导电丝过于牢固，撤去电压后离子将无法弛豫，那么导电桥型器件就不再是易失的，而变成非易失的了。因此，在使用中，器件的开态电流会受到较大限制。

2. Ovonic 型

Ovonic 型阈值转换(ovonic threshold switch，OTS)器件的功能层通常是非晶态的硫系化合物(amorphous chalcogenide)，其器件结构为三明治式的惰性金属电极-非晶硫系材料-惰性金属电极。OTS 功能层具体分为基于硒(Se)和碲(Te)的化合物。硒化物的主要优点是循环特性好、开关速度快等，缺点是硒化物材料组分复杂，导致沉积生长工艺很难精确控制比例。另外，相当多种类的硒化物器件需要掺入砷(As)元素以实现防结晶，但是砷元素有毒性。碲化物的主要优点是成分简单，通常二元化合物即可表现出较好的阈值转换性能。

当前，关于 OTS 的工作原理有很多种理论，例如电致的电子缺陷局域化/退局域化(localization/delocalization)转变引起的导电通路形成与断裂模型[9] OTS 器件的局域化/退局域化。其模型如图 3.16 所示。如图 3.16(a)所示，以 Ge_xSe_{1-x} 器件为例，处在初始高阻态的器件，其内部有一系列的局域化缺陷，电子在这些缺陷间跃迁导电，即 Poole-Frenkel 导电机制。从实验数据拟合得到的局域化缺陷势垒高度约为 0.43eV。图 3.16(b)所示为首次激发(first firing)导致缺陷退局域化，因此电子传输势垒极大降低，器件切换到低阻态。实验数据拟合指出，此时 Ge_xSe_{1-x} 器件的势垒高度减小到约−0.005eV。如图 3.16(c)所示，处在退局域化态的缺陷重新局域化时，有些弛豫速度快，并且占主导地位，因此器件切换到关断状态；有些弛豫较慢，它们残留下来，导致关态电流比初始态的要大。总的来说，外加电场会导致处于局域态的缺陷退局域化。当退局域化的缺陷足够多时，就会在电极之间形成一条相对致密的通路。载流子在缺陷之间跳迁传导能力大大增强，从而发生电阻陡降。撤去外加电场后，处于退局域化状态的缺陷会自发回到局域化状态，导致导电通路断裂，因此器件回到高阻态。其他理论包括热致非稳定性(thermally induced instability)、碰撞电离(impact ionization)导致的肖特莱-里德-霍尔复合(Shockley-Read-Hall recombination)、极化子非稳定性(polaron destablization)、形核理论(nucleation theory)、热辅助的跳迁模型(thermally assisted hopping model)等。然而，目前缺乏对局域化/退局域化等现象的直接观察手段，上述理论很难被直接证实，同时也没有哪种理论能够完全解释实验观测到的 OTS 转变特征。

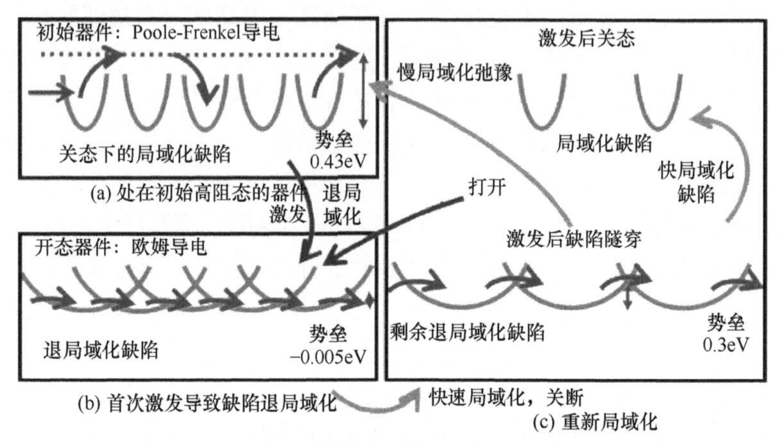

图 3.16　OTS 器件的局域化/退局域化模型[9]

研究人员的共识是，OTS 是一种二级热效应(secondary thermal effect)导致的电子行为，不像传统晶态-非晶态转变那样涉及原子重新排列。正因为不需要微观环境中大量原子的位移，OTS 器件的高低阻切换速度相当快，通常在纳秒量级。同理，它的循环耐受性高达 10^{10} 次，因此十分适合神经元脉冲发放。

Huang 等制备了基于氧化铌(NbO_2)功能层的绝缘体/金属相变型器件、基于钨电极-碲化硼-钨电极(W/BTe/W) OTS 型器件、基于银/氧化铪(Ag/HfO_2)功能层的导电桥型器件，采用图 3.13 所示的神经元电路，输入电流脉冲的频率为 450kHz，脉宽 1μs，脉冲上升沿、下降沿、间隔均为 0.1μs。三种阈值转换器件对应的神经元特性如图 3.17 所示。

总的来说，OTS 器件用作神经元时的主要问题是，开关比不够大 ($\leqslant 10^6$) 、漏电流比较高 ($\geqslant$ 1nA) 。原因可能与前述机制相关，即缺陷局域化和退局域化状态下的电导差异不像晶态/非晶态区别那么大，而缺陷局域化状态下的电阻也不像非晶态的绝缘体那么高。

3. 绝缘体/金属相变型

绝缘体/金属相变型(insulator-metal transition)阈值转换材料通常基于过渡族金属氧化物(transition metal oxide)，如氧化钒(VO_x)、氧化铌(NbO_x)、氧化锆(ZrO_2)。

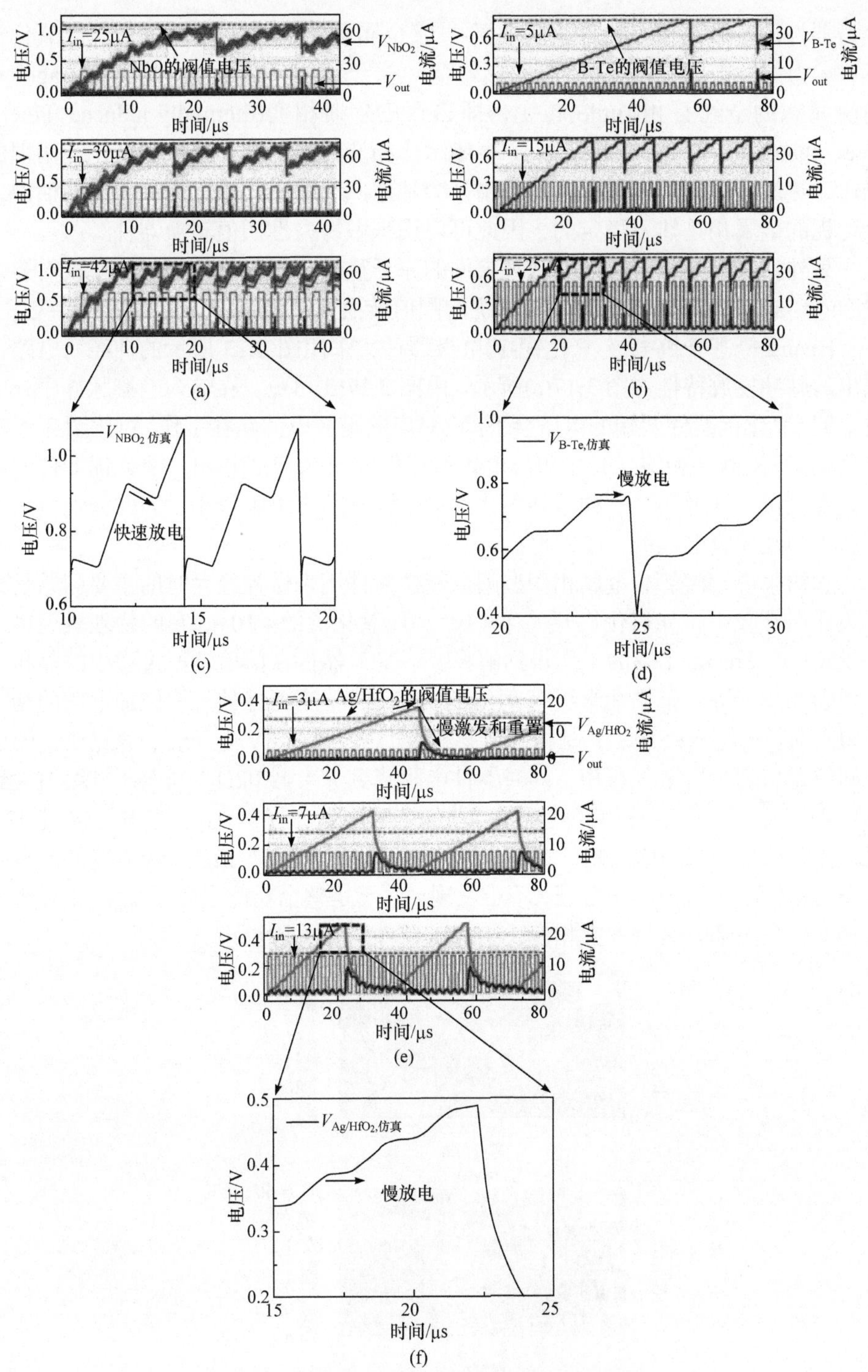

图 3.17 三种阈值转换器件对应的神经元特性[7]

该型器件的基本结构是惰性金属电极-过渡金属氧化物-惰性金属电极。以氧化铌(NbO_2)为例，由于外加电压引起的热效应，它会发生绝缘态的正方晶系(tetragonal)向金属态的金红石相(rutile)转变，即热致皮尔斯相变(thermally-induced Peierls phase change)。然而，与传统的金属-绝缘体相变材料不同，当撤去氧化铌两端的电压，热效应消失后，氧化铌的晶格又会弛豫回绝缘态的正方晶相。换句话说，氧化铌的金属相是热不稳定的，因此可以用来做易失性阈值转换器件。

另外，尽管晶相变化需要微观层面的原子重排，但是氧化铌的相变仅需要短程(short-range)原子重排，因此氧化铌的阈值转换速度极快，可达到纳秒量级。

Huang 等基于钨电极-氧化铌-钨电极器件，采用图 3.13 所示的神经元电路，测出的脉冲发放特性如图 3.17(a)所示。由图 3.17(d)可见，在输入电流脉冲序列的占空期，氧化铌器件两端的电压会下降，对应的是放电回路在工作。对比图 3.17(e)碲化硼 OTS 器件和图 3.17(f)银导电桥型器件，图 3.17(d)指出，氧化铌器件的放电速度最快。这说明，三种器件中该型器件的高阻态电阻最小，因此漏电流最大不利于神经元膜电位的充电效率。

总的来说，绝缘体/金属相变型阈值转换器件用来做神经元时的主要问题是其开关比通常较小，如氧化钒开关比$\leqslant 10^2$，而氧化铌的$\leqslant 10^3$。它的物理机理可以从 2013 年 Freeman 等的工作得到解释[10]。VO_x 器件在阈值转换过程中的晶相变化如图 3.18 所示。根据纳米级 X 射线的实时观察，当器件处于未施加电压的初始高阻态时，$R_{OFF}=95.6k\Omega$，晶相为单斜相 M1。当施加 8V 电压时，氧化钒功能层中间位置出现少量金红石相，同时器件电阻降到 $R=49.0k\Omega$。当电压继续增大到 10V 时，更多的金红石相区域出现，器件电阻降到 $R=5.9k\Omega$。当电压达到 12V 时，金红石相区域的增加趋于饱和，器件电阻达到 $R=5.5k\Omega$。比较该器件的最高阻态与最低阻态对应晶相区域，不难发现，并不是整个功能层发生绝缘相-金属相的转变，只是部分区域发生相变，因此该器件的开关比较小。

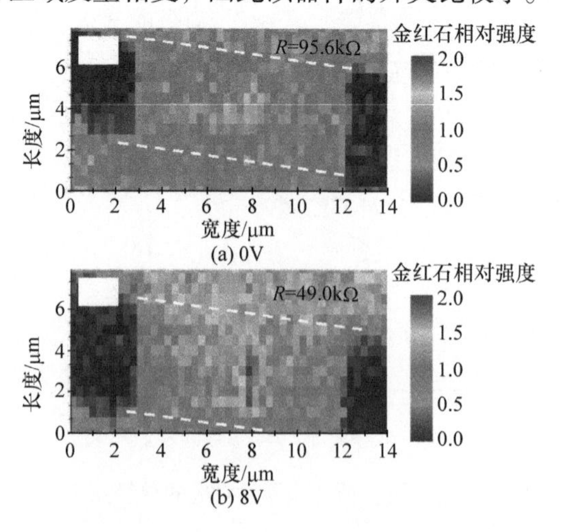

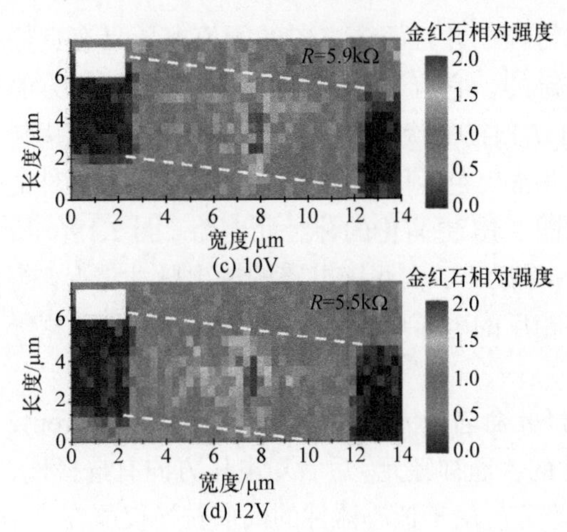

(c) 10V

(d) 12V

图 3.18 VO_x器件在阈值转换过程中的晶相变化[10]

值得指出的是，绝缘体/金属相变型器件的阈值转变只依赖电压大小，而与电压方向无关。原因是，该型器件的相变是一种电致热效应。鉴于此，Fu 等[11]提出并制备了能够发放正、负两种脉冲的神经元。

首先，基于氧化钒功能层制备工作在阈值转换模式的氧化钒/铪钨氧($VO_x/HfWO_y$)复合层器件。VO_x 器件的伏安扫描特性及神经元的正、负脉冲发放如图 3.19 所示。伏安特性测量结果如图 3.19(a)所示。该器件在正、负电压扫描下

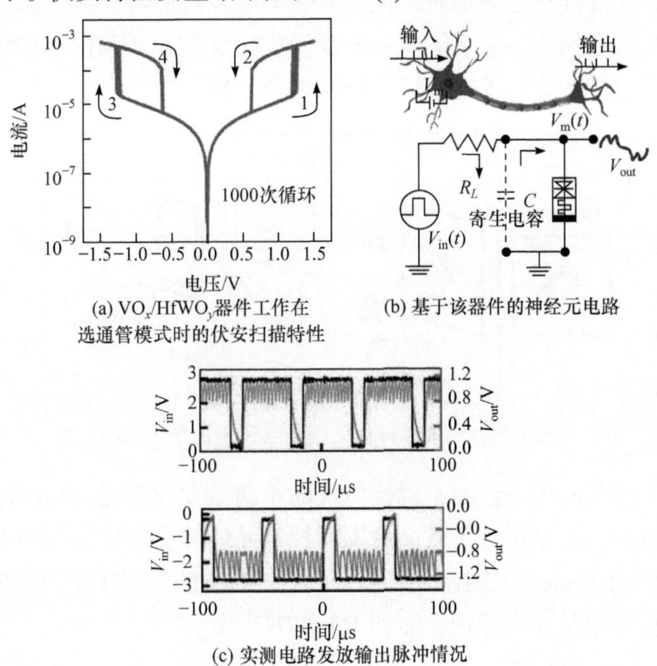

(a) $VO_x/HfWO_y$器件工作在选通管模式时的伏安扫描特性

(b) 基于该器件的神经元电路

(c) 实测电路发放输出脉冲情况

图 3.19 VO_x器件的伏安扫描特性及神经元的正、负脉冲发放[11]

均表现出阈值转换特性，并且两个方向的阈值电压具有良好的对称性。后者由热致相变的机理决定的，它有利于实现波形基本相同仅方向相反的正、负脉冲发放。该器件 1000 次扫描的伏安曲线重合度极佳，因此用作神经元时脉冲发放的稳定性和一致性非常出色。图 3.19(b)所示为利用该器件的寄生电容，搭配负载电阻 R_L，构建比图 3.13 更简化的神经元电路。图 3.19(c)所示为在+3V 电压脉冲、–2.8V 电压脉冲激励下，实测该电路的输出脉冲情况。当对该神经元电路输入大小相等、方向相反的电压脉冲，它将输出大小几乎相等、方向相反的电压脉冲。

我们将这种神经元命名为无极性神经元(nonpolar neuron)，与之相对的是基于双极性(bipolar)器件的普通神经元。后者对电压方向有选择性，例如基于导电桥型阈值转换器件的神经元。由于核心器件的阈值转换仅能在一个电压方向发生，对应的神经元电路仅能沿该电压方向发放脉冲。

董博义等进一步证明，上述无极性神经元能够将神经网络的编码密度提升一倍。无极性神经元提升编码密度的原理如图 3.20 所示[11]。图中的虚线框指出，输入图像的某些局部区域从编码角度看是相反的。以常用的卷积神经网络为例，给定一个卷积核 A，假如输入图形相关片段与它基本一致，则后级神经元发放一个正脉冲。假如该输入片段与卷积核正好相反，则后级的无极性神经元将发放一个负脉冲。注意此处如果是普通神经元，它将不会发放脉冲。换句话说，对于普通神经元构成的神经网络，它还需要一个跟卷积核 A 完全相反的新卷积核，以及对应的另一个后级神经元，才能编码互补的两个片段。

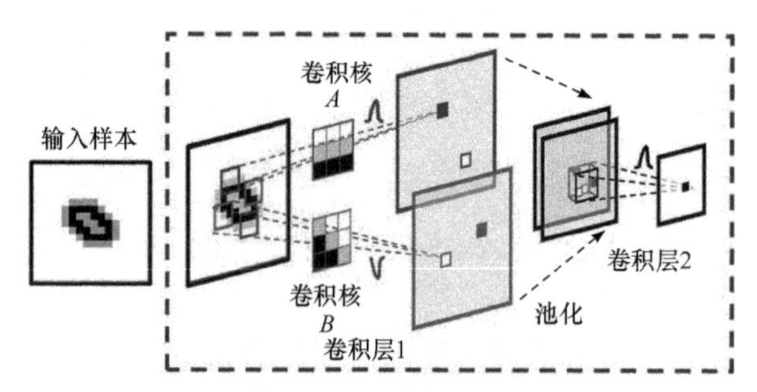

图 3.20　无极性神经元提升编码密度的原理[11]

神经网络层级的仿真证明，对比传统的单向激发神经元，在脉冲编码的多层卷积神经网络中，采用正、负双向激发的神经元能够在实现同样的加拿大高等研究院(Canadian Institute for Advanced Research，CIFAR)数据集学习任务情况下，将网络的突触和神经元规模分别压缩到 1/4 和 1/2[11]。

3.4 本章小结

本章介绍基于非易失性与易失性忆阻器的两种代表性神经元电路方案。一种是基于非易失的相变器件，其设计思想是充分利用两个重要相似，即相变器件电导置态过程的连续性与神经元膜电位积分过程的渐变性相似，以及相变器件重置过程的突变性与神经元膜电位到达阈值后重置过程的陡变性相似。另一种是基于易失性阈值转换器件的神经元，其设计复杂度显著低于基于非易失的。这里的关键技术是利用易失器件在电压大部分撤去后会自动弛豫回高阻态的特性，因此不需要专门的复位电路设计。

然而，需要特别注意的是，基于易失性阈值转换器件的神经元设计，目前的主流是一个充电回路加上一个放电回路，但是并不能保证不同输入电压下的输出脉冲波形全同性。另外，我们知道，脉冲波形全同性是脉冲神经网络设计的一个基本要求，即脉冲波形不能编码信息，否则将无法对这样的神经网络设计有效的训练方案。因此，严格意义上基于阈值转换器件的神经元还需要引入更复杂的脉冲波形控制电路。

从神经元的特性要求角度，本章讨论了三种不同物理机制的易失性阈值转换器件，即导电桥型、绝缘体-金属相变型、Ovonic 型。考虑器件的开关态电阻比、开关速度、耐久性等参数对忆阻神经元的性能影响至关重要，我们重点分析了上述不同机理的阈值转换神经元性能，如表 3.1 所示。

表 3.1 不同机理的阈值转换神经元性能[12,13]

阈值转换原理	开关比/倍	开关速度/ns	耐久性/失效次数
导电桥 CuS/GeSe	10^6	$\geqslant 100$	10^6
Ovonic $GeTe_x$	10^5	$\leqslant 50$	$>10^8$
绝缘体-金属相变 VO_x	<100	≈ 30	$>10^8$

本章最后讨论了一种无极性神经元。依托热致电阻转变机理，它能够在正、负电压两个方向达到阈值而发放脉冲。这显然是对生物神经元特性的一种拓展。神经网络层面仿真证明，它能够将信息编码密度提高一倍，从而在不损失计算性能的前提下，大幅度降低硬件开销。

3.5 思 考 题

1. 从 Hodgkin-Huxley 模型的分析可以看到，为了获得完整的脉冲上升沿、下降沿，神经元需要由两种载流子(器件内外的浓度梯度相反)，它们扩散运动对电压的依赖关系也相反，因此它们分别主导脉冲的上升沿和下降沿。这种物理过程对设计人工神经元有什么启发?

2. 既然可以利用相变材料晶态⟷非晶转变过程的不对称性来仿生神经元的积分→点火→复位，而狭义阻变材料的高/低阻态转换也具有不对称性，那么是否可以利用这种不对称性，类似地制备基于阻变材料的神经元?

3. 相变器件用来仿生神经元有哪些核心优势和劣势?

4. 图 3.19 显示，施加大小相等、方向相反的输入电压脉冲激励，以 VO_x 功能层为核心构建的神经元电路将发放波形几乎对称的正、负脉冲。在神经网络设计层面，当我们试图基于正、负两种脉冲编码时，这个特性是否有关键帮助?

5. 试比较三种常见阈值转换机理的器件用做神经元时，各自的优缺点? 其背后的物理机制是什么?

参 考 文 献

[1] Li Y, Lin L, Guo W, et al. Error performance and mutual information for iont interface system. IEEE Internet of Things Journal, 2022, 9(12): 9831-9842.

[2] Izhikevich E M. Which model to use for cortical spiking neurons. IEEE Transactions on Neural Networks, 2004, 15(5): 1063-1070.

[3] Gerstner W, Kistler W M, Naud R, et al. Neuronal Dynamics: From Single Neurons to Networks and Models of Cognition. Cambridge: Cambridge University Press, 2014.

[4] Izhikevich E M. Simple model of spiking neurons. IEEE Transactions on Neural Networks, 2003, 14(6): 1569-1572.

[5] Tuma T, Pantazi A, Le Gallo M, et al. Stochastic phase-change neurons. Nature Nanotechnology, 2016, 11(8): 693-699.

[6] Zhang X, Wang W, Liu Q, et al. An artificial neuron based on a threshold switching memristor. IEEE Electron Device Letters, 2018, 39(2): 308-311.

[7] Lee D, Kwak M, Moon K, et al. Various threshold switching devices for integrate and fire neuron applications. Adv Electron Mater, 2019, 5(9): 1800866.

[8] Wang Z, Joshi S, Savelev S E, et al. Memristors with diffusive dynamics as synaptic emulators for neuromorphic computing. Nature Materials, 2017, 16: 101-108.

[9] Hatem F, Chai Z, Zhang W, et al. Endurance improvement of more than five orders in Ge_xSe_{1-x} OTS selectors by using a novel refreshing program scheme//IEEE International Electron Devices Meeting, 2019: 3521-3524.

[10] Freeman E, Stone G, Shukla N, et al. Nanoscale structural evolution of electrically driven insulator to metal transition in vanadium dioxide. Applied Physics Letters, 2013, 103(26): 263109.

[11] Fu Y, Zhou Y, Huang X, et al. Reconfigurable synaptic and neuronal functions in a V/VO_x/$HfWO_x$/Pt memristor for nonpolar spiking convolutional neural network. Advanced Functional Materials, 2022, 32(23): 2111996.

[12] 王宽. 基于阈值开关忆阻器随机性的概率类脑计算研究. 武汉: 华中科技大学, 2022.

[13] Wang K, Hu Q, Gao B, et al. Threshold switching memristor-based stochastic neurons for probabilistic computing. Mater Horiz, 2021, 8: 619-629.

第 4 章　人工神经网络的监督学习

4.1　单层神经网络

4.1.1　算法原理

人工神经网络监督学习原理如图 4.1 所示。首先，将第 i 个样本 $S_i(t)$ 编码为神经网络的输入电压矢量 V_i，经过输入层与输出层之间的突触矩阵 W，得到电流矢量 I_j，即

$$I_j = \sum_i V_i w_{ij} \tag{4-1}$$

经过输出层激活函数 f 得到的输出矢量 f_j 为

$$f_j = f(I_j) \tag{4-2}$$

它与期望值 f_j^d 之间存在偏差。该偏差可以写成一个矢量 $(f - f^d)$。监督学习的核心任务是如何最小化这个偏差。

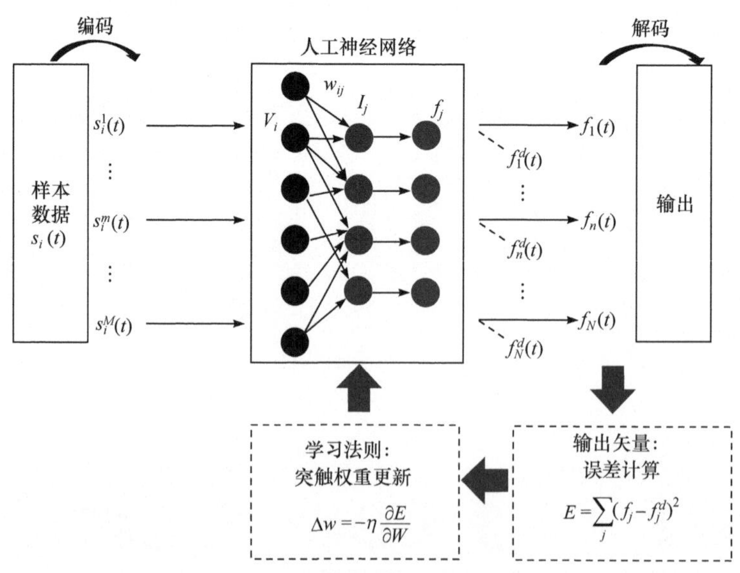

图 4.1　人工神经网络监督学习原理

1. 误差极小化与梯度下降

一种常见的误差极小化方法是梯度下降(gradient descend，GD)。首先，定义偏差矢量二范数(也就是该矢量长度)的平方为误差，即

$$\begin{aligned} E &= \frac{\| f - f^d \|_2^2}{2} \\ &= \frac{\sum_j (f_j - f_j^d)^2}{2} \end{aligned} \tag{4-3}$$

在给定输入矢量 V 的情况下，期望输出矢量 f^d 也是确定的，因此误差 E 是突触矩阵 W 的函数。高维空间误差函数曲面如图 4.2 所示。误差分布可以看作高维空间的一个曲面，其中 E 是式(4-3)定义的误差标量，w_{ij} 是神经网络突触权重矩阵的每一个元素。该曲面存在一个或者多个极小值点，求解 E 的最小化就是寻找 $E(W)$ 曲面的最小值点。

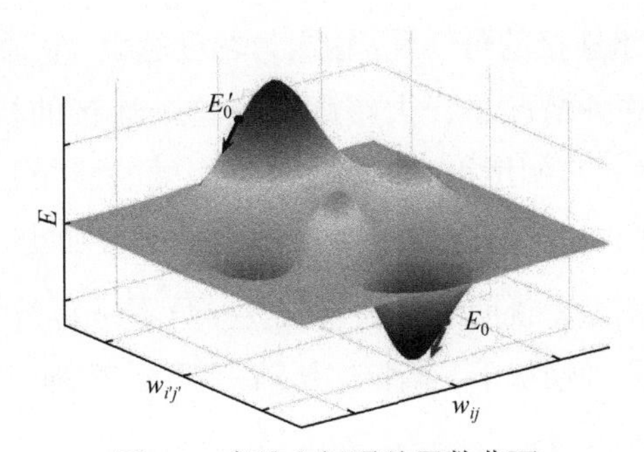

图 4.2　高维空间误差函数曲面

如图 4.2 所示，假设神经网络的初始权重为 W_0，我们从曲面的一点 $E_0(W_0)$ 出发，寻找极小值点。由高等数学知识可知，$\frac{\partial E}{\partial W}|_{W=W_0}$ 代表曲面在这一点的切线方向。如果沿着切线反方向行走，就是曲面的下降方向。这就是梯度下降的由来，即

$$\begin{aligned} \Delta w_{ij} &= -\eta \frac{\partial E}{\partial w_{ij}} \\ &= -\eta \frac{\partial E}{\partial f_j} \frac{\partial f_j}{\partial I_j} \frac{\partial I_j}{\partial w_{ij}} \\ &= -\eta (f_j - f_j^d) f_j'(I_j) V_i \end{aligned} \tag{4-4}$$

其中，η 为学习率，定义的是梯度下降算法的步长。

式(4-4)的数学推导在物理上的含义是很清晰的，当连接输入层第 i 个神经元与输出层第 j 个神经元的突触权重发生变化 Δw_{ij} 时，首先会引起相应的输入电压 V_i 向后级传导的电流变化 ΔI_j ，进而影响输出层第 j 个神经元的激活函数变化 Δf_j 。根据误差定义，E 也会产生相应变化 ΔE ，即

$$\Delta w_{ij} \to \Delta I_j \to \Delta f_j \to \Delta E$$

式(4-4)指出，在监督学习算法中，神经网络突触权重的改变量正比于两个量，一个是实际输出与期望值之间的偏差 $(f_j - f_j^d)$ ，另一个是输入的幅度 V_i 。

上述结论是符合物理直觉的。首先，实际输出与期望值之间的偏差越大，意味着神经网络突触的初始权重设置离正确值越远，需要的权重改变量越大。随着训练一轮一轮地进行，这个偏差应该越来越小，因此相应的权重改变量也越来越小，直到偏差可忽略不计 $\left|f_j - f_j^d\right| < \varepsilon$ ，相应的神经网络权重就不再需要调整了($\Delta w_{ij} \approx 0$)。

其次，从神经网络连接的角度看，输入 V_i 幅度越大，它通过突触 w_{ij} 对输出 f_j 的贡献就越大。在这种情况下，大幅度调整这个连接的权重，有利于将偏差 $(f_j - f_j^d)$ 减小。当输入 V_i 幅度很小，例如在最极端的情况下 $V_i = 0$ 时， V_i 通过突触 w_{ij} 传给后一级 I_j 的贡献基本可以忽略。这个时候假如实际输出 f_j 仍然对期望值 f_j^d 有不可忽略的偏差，说明这个偏差 $(f_j - f_j^d)$ 不是 V_i 贡献的，而是其他输入 $V_{i'}(i' \neq i)$ 贡献的。在这种情况下，调整连接前一层第 i 个神经元与后一层第 j 个的突触权重 w_{ij} 是没有意义的。

在后续章节中，我们将一再看到，式(4-4)描述的权重更新取决于哪两个物理量是监督学习算法下的普适结论，与神经网络采取模拟值编码还是脉冲发放时刻编码等无关。对于更复杂的多层神经网络训练，即深度学习，其权重更新在数学形式上也是符合上述原则的。

2. 训练与测试：泛化能力

在完成训练以后，通常要用训练时没出现过的样本来测试神经网络。这实际上考察的是神经网络的泛化能力。

举一个简单例子，用于猫狗图像分类的神经网络如图 4.3 所示。它的前半部分用于特征提取(feature extraction)，而后半部分用于分类(classification)。现在给该网络中的猫、狗图片各 1000 张，训练两个输出神经元，分别对猫、狗图像响应。

如图 4.3 所示，理想的情况是，经过训练，特征提取层获得猫跟狗区分度最大的若干信息。例如，猫是圆而扁平的脸、鼻子占面部比例较小且胡须长度跟脸

的宽度有一个比值；狗是方而突出的脸、鼻子占脸比例很大且没有明显胡须。接下来，编码猫这些特征的神经元与代表猫的输出神经元连接权重很大，而与代表狗的输出神经元连接权重较小；编码狗特征的神经元与上述两个输出神经元的连接权重则与之相反。

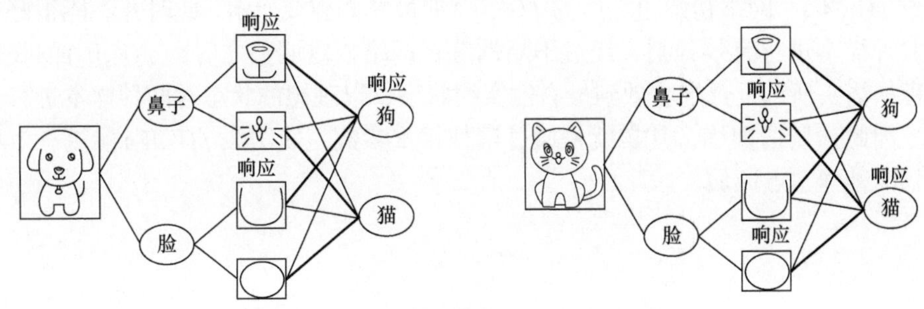

图 4.3　用于猫狗图像分类的神经网络

当我们把神经网络没有见过的一张新图片输入，会发生什么呢？注意世界上没有长得一模一样的猫，即使是同一只猫，不同时刻拍摄的照片仍会有差别。因此，首先特征提取层判断该神经网络已经学习到的猫/狗各项特征与测试图片中相关片段的吻合度。然后，各个特征的吻合度数据通过输出层的连接权重向两个输出神经元汇总，引发它们不同程度的响应，据此推断输入图片是猫还是狗。

由此我们可以逆向思考，假如一个神经网络训练通过了，测试效果却很差，问题可能出在哪里？

一种可能是，神经网络的分类层要求特别严格。例如，它要求测试图像必须同时具有圆脸、小鼻子、胡须长度跟脸的宽度比为 1.5，并且每项特征吻合度大于 90%。在这种情况下，假如测试图片中是一只玩火时不幸被燎了半边胡须的猫，判别为猫的输出层神经元就无法响应。

另一种可能是，神经网络“偷懒”了，它为了迎合训练样本而投机取巧了[①]。例如，它实际上仅训练出识别狗的特征的能力，而把非狗的特征统统塞给了猫。对于非猫即狗的训练数据来说，这种“作弊”在训练阶段是能够通过的。因为不需要训练识别猫的特征，这种神经网络比我们真实期望的收敛速度还要快。假如测试图片是一张猪的图片，那么这种“偷懒”的神经网络就会原形毕露，即它会指“猪”为“猫”。

上述分析实际上是以实例指出，神经网络的泛化能力既可能被过拟合(overfitting)，也可能被欠拟合(underfitting)劣化。

① 就跟“自私的”基因一样，这里的偷懒、投机取巧是一种拟人化的说法。真实原因是，采用这种“偷懒”或“投机取巧”策略的神经网络因为训练代价更低，更容易被训练出来。

以上对泛化能力的分析，也可以从纯数学的角度理解。每一个输入样本可以用高维空间的一个点来表示，那么全部输入样本就构成高维空间的一朵数据云。二维空间中样本分布及神经网络训练收敛如图 4.4 所示。横纵坐标轴分别代表分辨猫狗的两种特征参数 θ_1 和 θ_2，虚线和直线代表神经网络在此二维平面上拟合的函数 $f(V,W)$。网络初始化之后的 $f(V,W)$ 如最左侧虚线所示，此时并不能很好地对两种样本进行有效分割。经过不断训练，网络权重调整之后，$f(V,W)$ 的收敛过程如箭头所示，最终收敛到最右侧实线状态，以理想的状态对两种样本进行分割。因此，所谓训练，其实就是通过调整权重参数，使函数 $f(V,W)$ 能更有效地切割两种样本点区域。

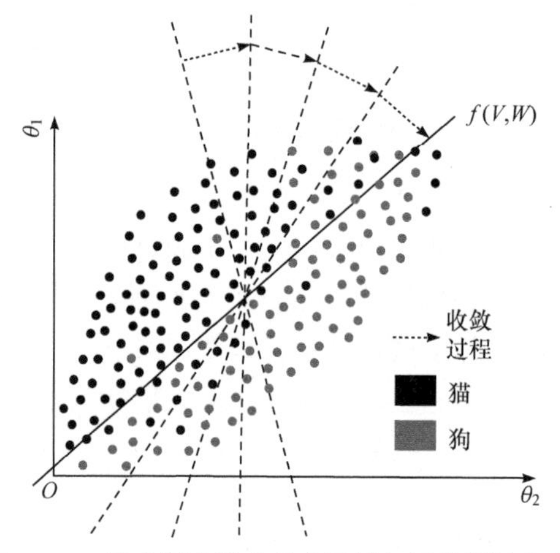

图 4.4　二维空间中样本分布及神经网络训练收敛

相应地，神经网络的泛化能力就很清楚地显示出来了，即在真实世界里，训练样本的采集是很昂贵的，因此它的数目是很有限的，表现在数据空间中，由带标签的训练数据构成的数据云总体来说是体积很小且很稀疏。据此训练出来切割数据云的函数能够对没有被训练样本点密集覆盖到的区域做出有效判断，这就是泛化。

总的来说，神经网络的泛化能力可以说是使用神经网络来解决问题的核心优势，对它的讨论意义重大，感兴趣的读者可以进一步参考文献[1]，[2]。

3. 在线学习与批量学习

如果有多个训练样本，那么在训练阶段就有不同的学习策略。

(1) 在线学习(online learning)

每输入一个样本，神经网络学习完毕以后，再输入下一个，如此循环往复，直到全部样本学习完毕。

(2) 批量学习(batch learning)

假设共有 N 个训练样本，将第 n 个样本编码输入 $V_i^{(n)}$，按照式(4-4)算出来的权重更新为 $\Delta_{ij}^{(n)} = -\eta(f_j - f_j^d)f_j'(I_j)V_i^{(n)}$。

批量学习并不实时更新神经网络的权重，而是将 N 个样本全部输入一遍，计算所有的 $\Delta_{ij}^{(n)}$，把它们的累加结果作为权重更新，即

$$\Delta w_{ij} = \eta\sum_{n=1}^{N}\Delta_{ij}^{(n)} \tag{4-5}$$

对于两种策略，虽然在线学习也是大循环嵌套小循环，但它的大循环并不是针对 N 个输入样本总共循环 N 次就可以。原因是，假设神经网络针对第 i 个样本训练完成，当它开始训练第 $i+1$ 个时，神经网络的权重又被修改了，意味着先前针对第 i 个样本的优化被覆盖了。因此，理论上需要将 N 个样本反复循环输入，直到误差对全部 N 个样本都被控制在一个可接受的范围内。

从数学原理上，在线学习过程中的权重变化如图 4.5 所示。在最简单的一维数据空间，每个样本都有一个 $E(W)$ 曲线。假设初始化的权重为 W_0，当输入第一个样本时，其关于权重的误差曲线可以表示为 $E_1(W)$，则根据梯度下降法则，权重将从 W_0 收敛到 $E_1(W)$ 的最低点处，也就是 W_1^* 处。当输入第二个样本时，同样权重会收敛到 $E_2(W)$ 的最低点 W_2^*，之后输入的样本同理。在线学习的内层循环可以形象地理解为在其中一个曲线上寻找附近的极值点，外层循环则是在这 N 个曲线函数的极值点之间跳来跳去，寻找能够接受的“公共”最低点。由以上分析可以直接推广到真实案例的高维数据空间，相应的每个样本有一个 $E(W)$ 曲面函数。

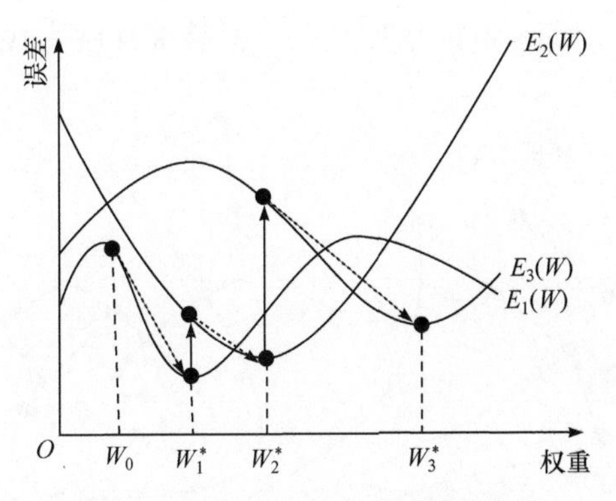

图 4.5　在线学习过程中的权重变化

在线学习的效果对样本的输入顺序有强烈的依赖。这一点也可以从图 4.5 清楚地看到，首先输入的是哪一张图片，意味着整个神经网络是为了具体这张图片

的学习而优化的，数学上就是神经网络的权重落入某个点附近W'。这一点可能离全部图片的“公共”最低点很近，也可能很远。其次，样本序列本身在采集时有可能有一定的规律和联系，而不是完全随机的，那么对后续样本的学习，权重仍然在W'附近徘徊，可能并不向全局最低点迈进。

最后，可以看到批量学习的实际更新权重操作要少很多。这一点在神经网络规模很大和样本数量很大的实际应用中是比较重要的。

4. 随机梯度下降

观察批量学习的权重更新式(4-5)不难发现，由于每个样本的梯度在更新时均被计算，因此批量梯度下降是朝着全局最优解的方向计算的。每迭代一步都需要计算所有的样本梯度。如果样本数过大将导致训练过程异常缓慢。

鉴于此，随机梯度下降(stochastic gradient descend，SGD)被提出来。在随机梯度下降过程中，每次迭代均从所有样本中随机抽取一个样本计算其梯度，并据此更新权重。其数学形式为

$$\Delta w_t = -\eta \nabla E_i(w) \tag{4-6}$$

其中，∇为梯度算子。

在样本量巨大的情况下，由于其抽取样本的随机性，随机梯度下降可以保证在前期的训练过程中每次迭代权重均有较大的更新量，因此能更快地收敛。与批量梯度下降方案相比，面对巨量的样本，随机梯度下降大部分情况下只需要遍历整体样本的一部分便可完成训练，而前者需要将所有样本遍历几十遍才可以收敛。

如图 4.6 所示，批量梯度下降在训练过程中整体目标明确，朝着全局梯度的方向下降，而随机梯度下降的优化过程则显得更曲折，但是最终也可以收敛。对随机梯度下降来说，训练速度的增加则是以牺牲准确度为代价的。其随机抽取单

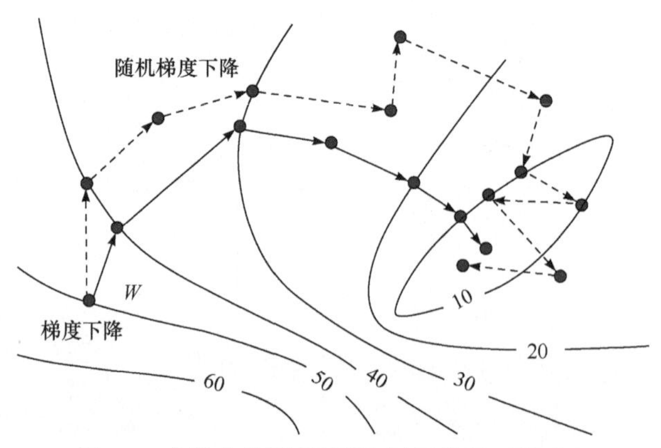

图 4.6　全样本的梯度下降与随机梯度下降对比

样本的特性决定了其并非每次均朝着全局最优的方向演变，因此其收敛效果是弱于批量梯度下降的。

对比以上批量梯度下降和随机梯度下降两种方案，可以得到如下结论，即前者的优点在于可以得到全局最优解，但相应的收敛速度大打折扣；后者则可以大幅提升收敛速度，相应地会牺牲一定的准确度，无法精确达到全局最优解。

不难看出，这是一个训练速度与准确度的折中。如果把以上两种方案看作权衡的两个极端方向，能否找到一个折中的方案？因此，人们提出小批量梯度下降(mini-batch gradient descent，MBGD)的思想。

小批量梯度下降的出发点是训练的速度较快，同时也要保证最终参数收敛的准确度率。其做法可以从上述两种“极端”操作中显而易见得到，每次迭代从所有样本中随机抽取小批量(mini-batch)样本，通过计算这些样本的梯度来更新权重，其数学形式为

$$\Delta w_t = -\eta_t \left(\sum_{i=1}^{\text{mini-batch}} \nabla E_i(w) \right) \tag{4-7}$$

小批量梯度下降的物理含义结合上述两种梯度下降方案很容易理解，这里不再赘述。

随着人们对神经网络调参技术的愈发娴熟，全样本的批量梯度下降方法已经被彻底抛弃，较为完善的小批量梯度下降已经成为主流的方案，通常提到的随机梯度下降均指小批量梯度下降。

5. 权重更新：delta 法则与曼哈顿法则

按照式(4-4)或式(4-5)算出权重应该改变的量以后，有两种突触更新策略。

(1) delta 法则(delta rule)

根据式(4-4)计算的突触权重修正量是多少，实际就改变多少。

(2) 曼哈顿法则(Manhattan rule)

以批量学习为例，曼哈顿法则为

$$w_{ij} = \Delta w_0 \ \text{sgn}\left(\sum_{n=1}^{N} \Delta_{ij}^{(n)} \right) \tag{4-8}$$

其中，sgn 为符号函数；Δw_0 为固定的步长。

该法则指出，无论算出来的权重更新值大小是多少，这里只关心更新值的正负，是正的则突触权重增加一个步长，反之减少一个。

对于 delta 法则与曼哈顿法则，乍一看，曼哈顿法则比较莫名其妙，明明每次算出来突触权重的改变量是不同的数值，为什么更新的时候统一为一个幅值？

实际上，曼哈顿法则是硬件友好型(hardware friendly)法则。对于真实的忆阻

突触器件，由于其内禀的电导调制随机性等问题，几乎不可能用很有限的硬件电路和时间代价实现式(4-4)要求的权重更新。曼哈顿法则指出，不管算出来的权重要增加/减少多少，实际更新只执行一步置态/重置操作。

4.1.2　基于 1T1M 的突触阵列：人脸识别

2017 年，Wu 等[3,4]提出一种基于 1T1M 的仿生突触器件，并制备了 1K 规模的忆阻突触阵列。在此基础上，他们构建了由 320 个输入、3 个输出组成的全连接神经网络，并成功展示了该网络的人脸识别功能。

按照忆阻神经网络(memristive neural network)的一般设计流程，我们从输入/输出编码开始，到神经网络运行的前向操作，到突触权重更新设计，逐项分析讲解上述工作，重点关注该工作针对忆阻突触非理想特性在更新操作层面的创新。

1. 输入/输出编码

(1) 输入编码

基于 1T1M 交叉阵列的忆阻突触矩阵与输入编码如图 4.7 所示。如图 4.7(a)所示，首先将其划分为$16\times 20=320$个像素点，因此需要 320 个输入神经元编码。如图 4.7(b)所示，1T1M 阵列设置了 320 根位线(bit line，BL)作为输入端。每个像素点的灰度值([0, 255])则翻译成该神经元的输入脉冲数目。

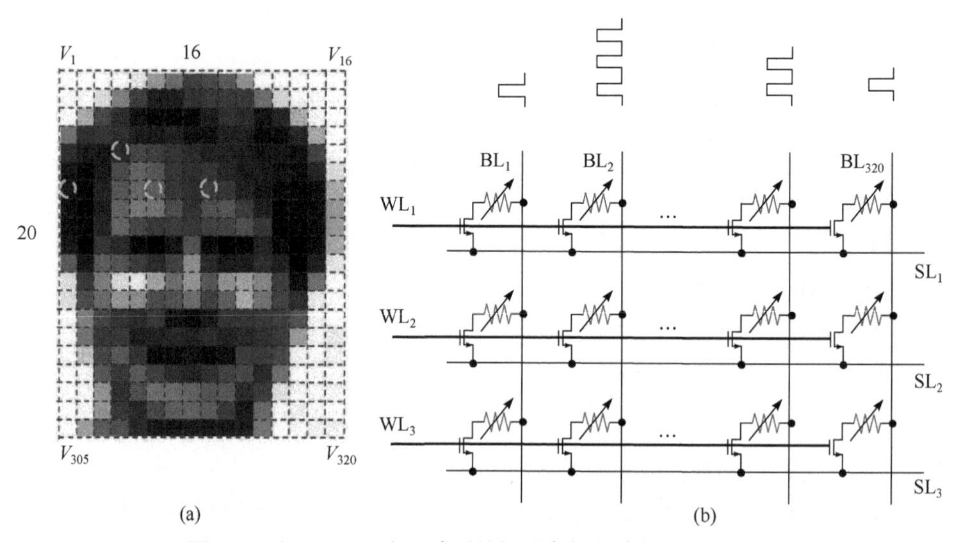

图 4.7　基于 1T1M 交叉阵列的忆阻突触矩阵与输入编码[3]

(2) 输出编码

如图 4.7(b)所示，源线(source line，SL)收集输出电流，然后经过一个非线性激活函数处理。

图 4.7(b)同时指出，将神经网络中的突触权重映射为忆阻器的电导值，并通过选中相应的 1T1M 结构施加电压脉冲的方式来调节权重。

2. 前向过程

图 4.7(b)中某根字线(word line，WL)WL_x，x=1,2,3 输入高电平，则该行全部晶体管都导通，因此列方向 320 根字线的输入电压脉冲顺利经过对应的忆阻器，总电流经源线 SL_x 汇合流出。以上电压经过忆阻器加权叠加为电流的过程，就是硬件层面执行神经网络的前向运算。它依赖两条物理原理。

(1) 欧姆定律

欧姆 1826 年提出，在同一电路中，通过某段导体的电流与此导体两端的电压成正比，与此导体的电阻成反比。其标准式为

$$I=\frac{U}{R} \tag{4-9}$$

(2) 基尔霍夫定律

基尔霍夫电路定律描述了电路中电压和电流所遵循的基本规律，1845 年由基尔霍夫提出。它包括基尔霍夫电流定律(Kirchhoff current law，KCL)和基尔霍夫电压定律(Kirchhoff voltage law，KVL)，是分析和计算复杂电路的基本方法。

基尔霍夫电流定律是电流连续性在集总参数电路中的具体体现。其物理背景是电荷守恒定律。它确定了任意节点处各支路电流之间的关系。具体表述如下，所有进入某节点的电流总和等于流出该节点的电流总和，或者说任意节点的电流代数和为零。其标准式为

$$\sum_{k=1}^{n} i_k = 0 \tag{4-10}$$

其中，i_k 为第 k 个支路流入或者流出此节点的电流。

3. 权重更新：写验证与写不验证

图 4.7 所示的忆阻突触阵列的电导更新可以分为写验证(write with verify)和写不验证(write without verify)。

写验证算法流程图与操作示意图如图 4.8 所示。

首先，由字线与位线共同选中需要更新权重的忆阻突触单元。以图 4.8 为例，施加电压信号给 WL_1 与 BL_2，从而选中突触单元 w_{12}。假定 w_{12} 需要增加 Δw_{12}，则对应的目标电阻值为 $R_t=(w_{12}+\Delta w_{12})^{-1}$。权重更新系统每对突触 w_{12} 执行一次置

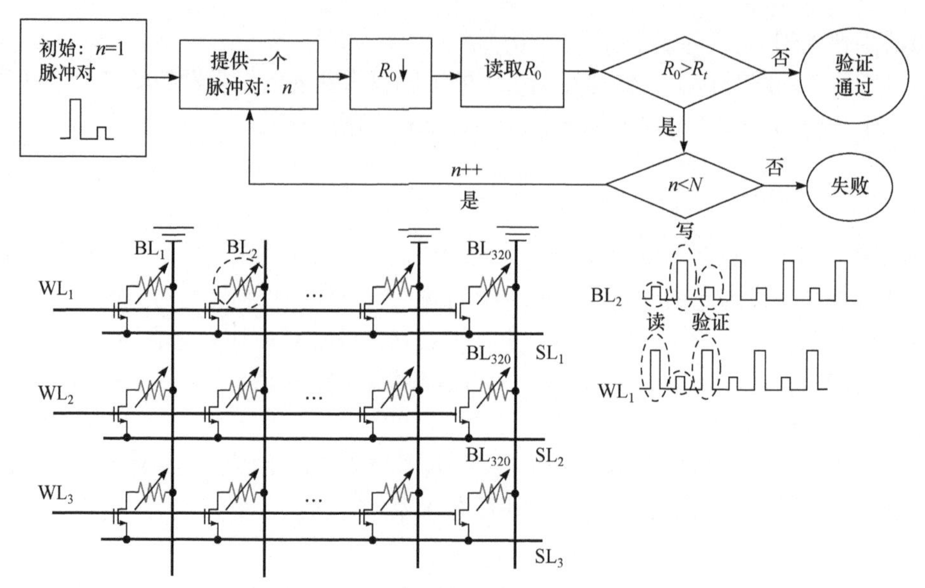

图 4.8　写验证算法流程图与操作示意图[3]

态操作，然后读取该突触的电阻值 R_0。假如 R_0 大于目标值 R_t，说明还需要继续降低突触的电阻。在这种情况下，如果连续置态次数没有超过上限 N，则继续置态；如果超过上限，突触器件电阻仍未降到目标以下，则说明器件出现意外，此时终止对该器件的写操作。假如 w_{12} 在某轮置态操作后，读取电阻值小于目标值 R_t，说明置态成功，结束对它的编程操作。

可以看到，上述操作是不停地"写入→读取→验证"。这就是该流程"写验证"命名的由来。

在具体操作上，如图 4.8 右下方所示，写验证的每一次执行是由一对读/写脉冲组成的，即在"读"阶段，位线是低电平，而字线是高电平；在"写"阶段，位线与字线的电平设置则反过来。其物理机制如下。

①"读"阶段字线的高电平是为了使晶体管处在低阻状态，因此位线施加的读电压基本都降落在忆阻器上。这样才能保证读出来的是忆阻器的电阻，而不包含来自串联晶体管的显著误差。至于位线的低电平，则是忆阻器"读"而非"写"的要求。

②"写"阶段字线的低电平是忆阻器置态时的限流要求。给定同样的置态电压脉冲，比较高的限流通常会导致忆阻器的电导变化比较大，超过我们要求的权重增加步长 Δw_0。

总结写验证工作流程可以看到，它是为了解决忆阻突触权重更新的非理想效应问题。假如每一个置态脉冲能够准确地提升突触权重量 Δw_0，那么只需要连续提供 $N=[\Delta w_{12}/\Delta w_0]$([ ]代表取整)个置态脉冲即可。由于忆阻器电导调制的内禀随机性，基于忆阻器的仿生突触很难精确实现上述理想特性，因此需要复杂的写验证操作。

执行批量学习的写不验证算法流程如图 4.9 所示。首先，初始化网络的突触权重，之后依次输入 9 张图片，并根据梯度下降的链式法则计算突触权重的改变量。在 9 张图片的权重改变量全部计算完成之后，将 9 个改变量相加，根据曼哈顿法则，通过相加之后结果的符号决定最终权重改变的正负，并进行一次固定步长的置态操作。在一次训练完成之后，输入一张新的测试图片，验证网络误差是否达到要求，以便决定下一步继续训练或者结束训练。

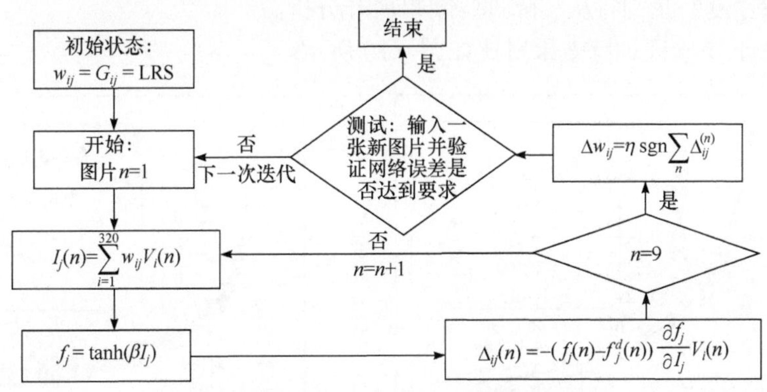

图 4.9　执行批量学习的写不验证算法流程[3]

由此可见，写不验证算法比写验证算法大大简化了。它实际上就是曼哈顿法则的硬件版本。无论算出来的突触权重更新值是多少，该算法只关心值的正负，是正值则提供一个置态脉冲，反之则重置脉冲。

看到这里，读者心中会产生一个问题——这么简单粗暴的处理，其合理性何在呢？或者说，它针对忆阻突触器件有什么特别的好处呢？

首先，相比写验证方法，它大大简化了硬件电路设计，以及操作控制。这一点毋庸赘述。

其次，在阵列操作层面，两种算法的根本区别是，写验证无法并行，而写不验证可以高度并行。

在阵列层面，突触权重更新操作要想并行，要么是同一根字线对应的不同位线单元并行，要么是同一根位线对应的不同字线单元并行。对于写验证方法，首先排除前者，原因是如果同一根字线对应的不同位线单元同时操作，这一行所有忆阻突触的电流是在同一根源线汇总的。这意味着，各自的电流无法区分，因此各个忆阻突触的电阻就无从验证。

假如是同一根位线对应的不同字线单元同步操作，写验证方法面临的最大问题是，各个忆阻突触写操作的循环次数并不相同。在实际操作中会出现有的已经编程完成，有的还远没达到期望值。这就失去了并行更新统一操作、简化控制电路的意义。

相反，对于写不验证方法，无论是同一根字线对应的不同位线单元，还是同一根位线对应的不同字线单元，均可并行编程。前者是因为写不验证不需要根据流经各个忆阻突触的电流测算器件的写入效果，因此不担心电流在汇总到源线后无法区分。后者是因为写不验证就是一步操作，不存在各个忆阻突触更新周期数不同的问题。

对比写验证方法对突触权重较为准确的更新，写不验证方法是否真的大大降低了收敛速度？我们将从实际训练效果展开分析。

写验证/不验证训练效果对比如图 4.10 所示。

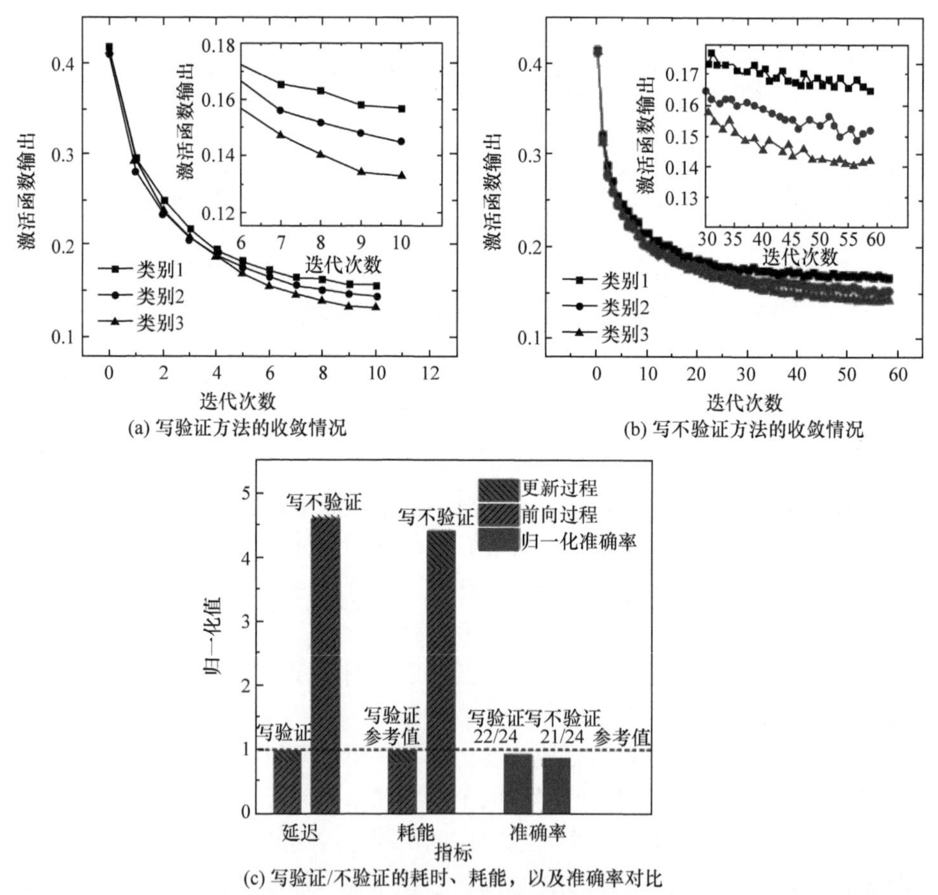

图 4.10　写验证/不验证训练效果对比[3]

首先，对比图 4.10(a)和图 4.10(b)，神经网络要通过测试，采用写验证方法的最外层循环次数是显著小于写不验证方法的。这是不难理解的，每一次循环，前者对突触权重的更新都比后者准确得多，因此收敛要快得多。

考虑写验证方法的循环嵌套，实际训练的时间与能量消耗情况很可能完全不一样。如图 4.10(c)所示，表面看，写验证方法更优越。然而，由于该工作没有对写不验证方法引入并行处理，后者的巨大优势完全没有反映出来。实际上，在文献[4]后续系列工作中采用的是写不验证方法，并进一步推广到多层神经网络，命名为正负号反向传播(signed backpropagation，SBP)[4]。

4. 忆阻突触器件：理想与现实

假如忆阻突触的电导能够在全同置态/重置脉冲序列下以 Δw_0 为单位，准确、稳定、可重复地增加/减小，那么就不需要验证操作和相关的复杂电路设计，而直接施加 $n = [\Delta w / \Delta w_0]$ 个置态/重置脉冲即可。其中，Δw 是根据误差极小化计算出来的权重改变量。

然而，理想很丰满，现实很骨感。1T1M 突触的模拟电导调制方差如图 4.11 所示[3]。该图展示了四个突触器件在不同幅值脉冲下进行置态和重置的结果，可以看出不同器件的电导调制特性差异明显。这种器件上的不一致性会对网络的训练效果产生显著的负面影响。

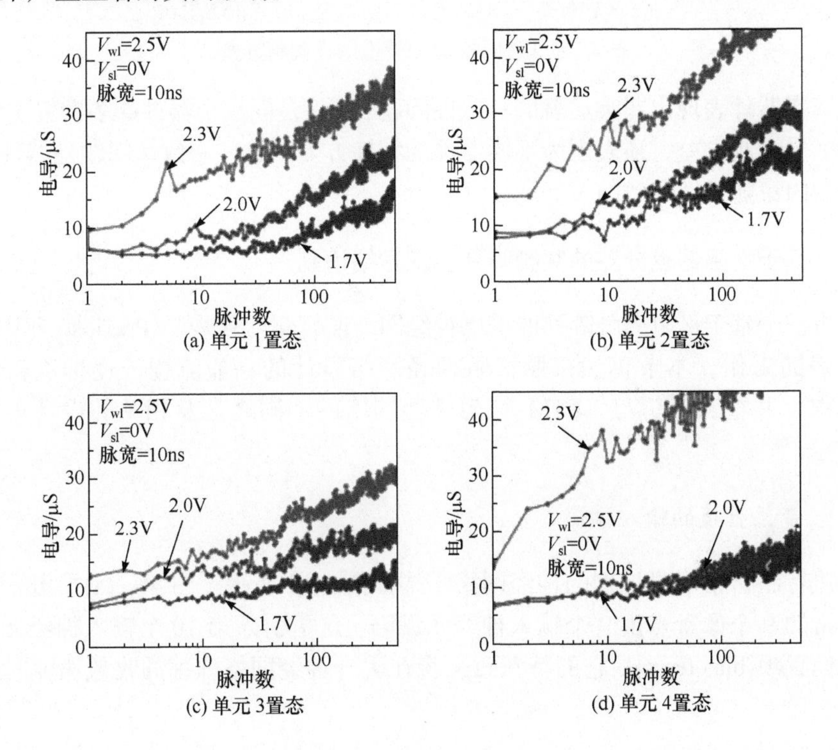

(a) 单元 1置态　(b) 单元 2置态　(c) 单元 3置态　(d) 单元 4置态

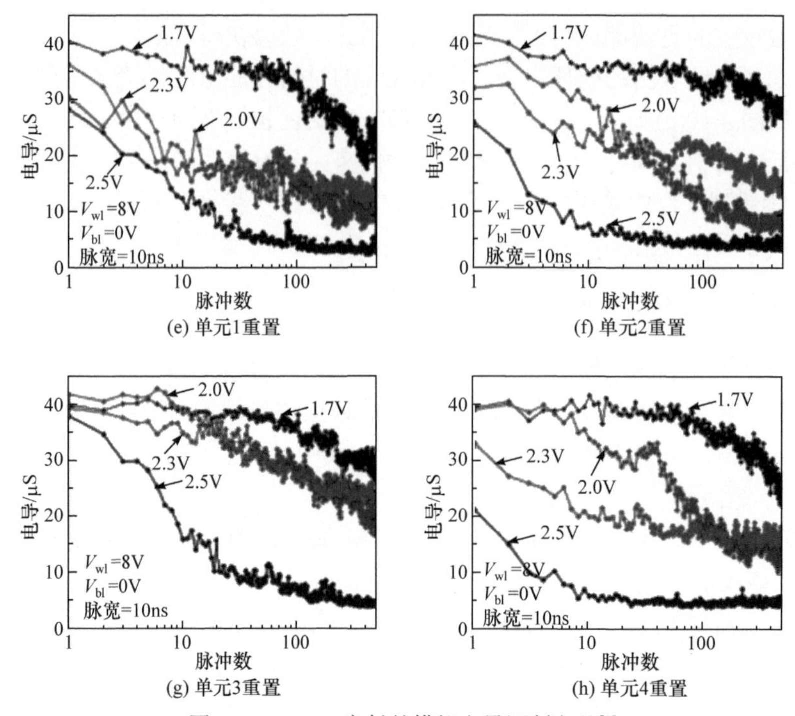

图 4.11　1T1M 突触的模拟电导调制方差[3]

真实器件表现出非常显著的一致性问题，不仅是同一个器件的多次置态/重置操作电导调制方差，还表现为不同器件的特性方差。这些一致性问题是器件电导调制的内禀随机性导致的。

4.1.3　基于忆阻器差分对的突触阵列：三宫格识别

另一个基于忆阻突触阵列的单层神经网络监督学习代表是 Prezioso 等[5]2015 年发表的工作。本节仍然按照忆阻神经网络设计的一般流程，逐项剖析讲解该工作，并重点分析与 1T1M 忆阻神经网络的不同之处及相关的设计思想和创新点。

1. 带偏置项的输入编码

执行三宫格字母识别的神经网络结构如图 4.12 所示。图 4.12(a)指出，基于三宫格的 9 个像素点由 9 个输入神经元编码。这里引入第 10 个输入神经元，也就是偏置项(bias term)。它的特殊意义将在提升神经网络训练的收敛速度时凸显出来。

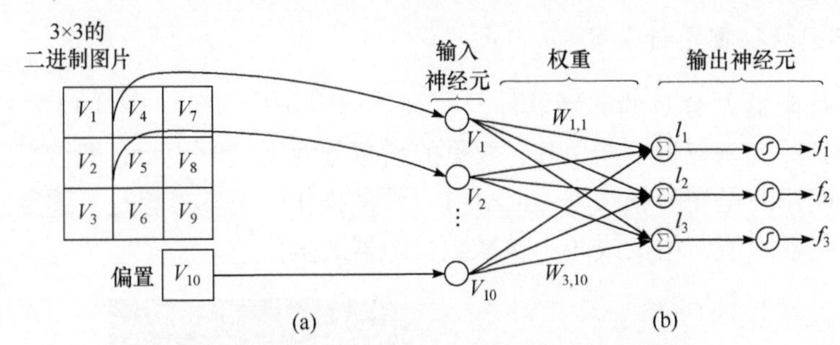

图 4.12　执行三宫格字母识别的神经网络结构[5]

图 4.12(b)是包含 10 个输入神经元、3 个输出神经元的全连接神经网络结构。它用到的激活函数是双曲正切函数 $f(I)=\tanh(I)$ 。根据式(4-4)，采用双曲正切激活函数的神经网络的收敛速度在 $I=0$ 处最大，即 $\max f'^{(I)}=f'^{(0)}$ 。这意味着，给定输入样本，我们要尽量通过输入编码设计使对应的输出电流基本为 0。

基于忆阻器差分对的突触器件及读操作如图 4.13 所示。如图 4.13(a)所示，两个忆阻器 G^+ 和 G^- 共同组成一个突触权重。如图 4.13(b)所示，字母 z 用 9 个像素点编码，黑色和白色像素点的数目不平衡。因此，假如直接采用 $\pm V_R$ 来编码黑/白像素点，在初始权重随机分布的情况下，输出电流很难为 0。一旦引入输入的偏置项，就可以通过偏置项平衡黑白像素数目，加快神经网络训练的收敛速度。

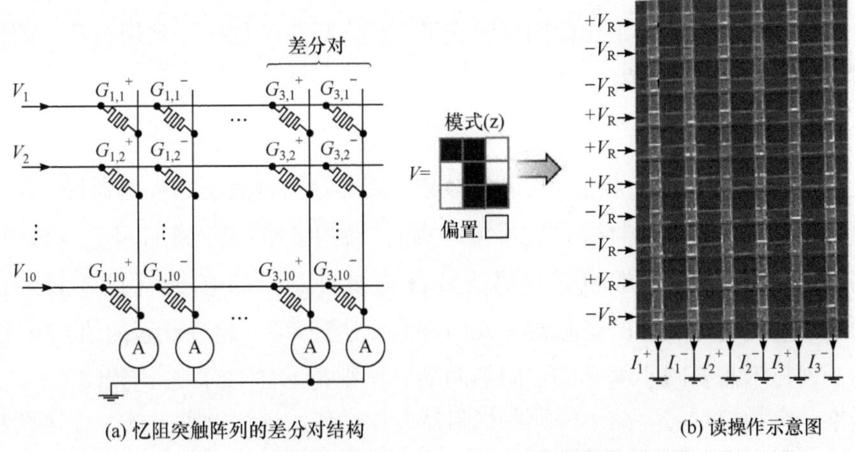

(a) 忆阻突触阵列的差分对结构　　(b) 读操作示意图

图 4.13　基于忆阻器差分对的突触器件及读操作[5]

2. 负权重实现：差分对方案

不同于 1T1M 结构，该工作用一对忆阻器，即差分对构成一个突触[5, 6]，如图 4.13 所示。I^+ 对应的是充当被减数的忆阻器列，I^- 对应的是充当减数的忆阻器列。

3. 阵列级权重更新方案

基于忆阻器差分对的突触器件及写操作如图 4.14 所示。图 4.14 左边部分表示计算得到的突触权重更新矩阵，权重的增减分别用+和−表示，即该忆阻突触阵列更新策略用的是曼哈顿法则 $\mathrm{sgn}(\Delta W)$。硬件操作的基本思想是，固定差分对中的减数忆阻器阻值，增大或减小被减数忆阻器的阻值。

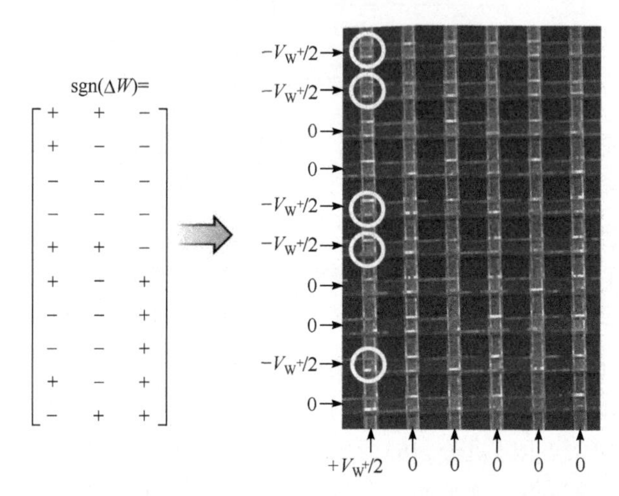

图 4.14　基于忆阻器差分对的突触器件及写操作[5]

在具体执行中，该工作使用忆阻交叉阵列电导更新的一个常用技巧，即把写电压 $V_{\mathrm{W}}^{\pm}$ 设置为如下幅值，即

$$V_{\mathrm{W}}^{(\pm)} > V_{\mathrm{th}}^{(\pm)} > V_{\mathrm{W}}^{(\pm)} / 2 \tag{4-11}$$

如图 4.14 所示，首先选择更新被减数忆阻器需要被置态的那些器件，即图左边第一列中标识为+的器件，对它们的一端(神经网络输入端)施加 $-V_{\mathrm{W}}^{+}/2$ 的电压，未选中的接地；对另一端(神经网络输出端)施加 $+V_{\mathrm{W}}^{+}/2$ 的电压。因此，图左边第一列显示需要增加电导的忆阻器单元两端电压达到 V_{W}^{+}，超过置态阈值 V_{th}^{+}；图左边第一列显示需要减小电导的忆阻器两端电压则是 $+V_{\mathrm{W}}^{+}/2$，未达到阈值 V_{th}^{+}。依此类推，突触权重需要减小的那些忆阻器电压操作。通过这种方式，仅需两步即可更新忆阻交叉阵列的一整列器件。

4. 训练结果与讨论

三宫格识别问题的忆阻神经网络训练结果如图 4.15 所示。图 4.15(a)显示，识别错误率随训练次数的增加而减小，子图是初始化网络权重与最终网络收敛后的权重对比。

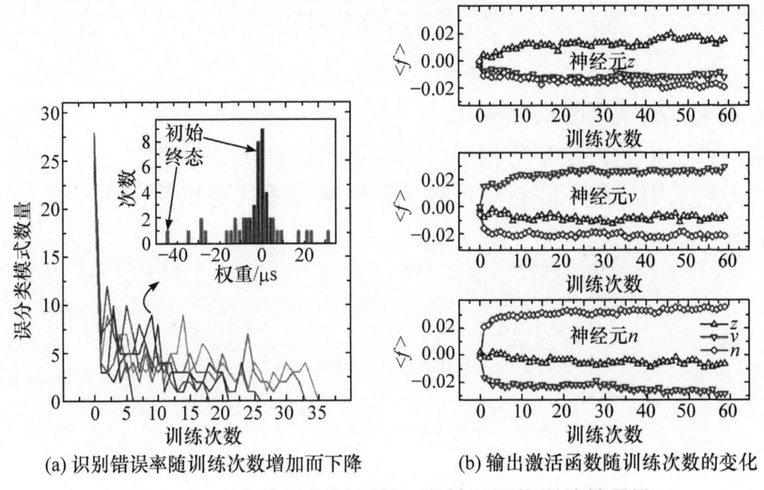

(a) 识别错误率随训练次数增加而下降　　(b) 输出激活函数随训练次数的变化

图 4.15　三宫格识别问题的忆阻神经网络训练结果[5]

如图 4.15(b)所示，z、v、n 输入的响应随着训练次数的增多，区分度越来越显著，在大约 15 次后达到饱和。

4.2　深度神经网络

4.2.1　算法原理

多层神经网络的前向传播和反向传播如图 4.16 所示。对于这样的多层神经网络，首先定义前向运算中涉及的各个物理量，即第 $k-1$ 层的输出为 x_{k-1}，经过第 k 层的突触阵列 W_k 后，得到第 k 层的输入 s_k；经过第 k 层的激活函数 f，得到第 k 层的输出 x_k。

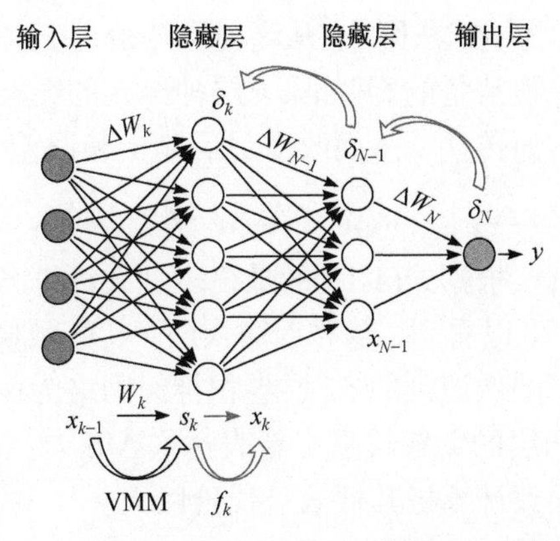

图 4.16　多层神经网络的前向传播和反向传播

前向过程可以描述为

$$\begin{aligned} s_k &= x_{k-1} \cdot W_k + b_k \\ x_k &= f_k(s_k) \end{aligned} \tag{4-12}$$

其中，b_k 为第 k 层输入时的偏置项。

显然，第一步是矢量矩阵相乘，第二步是激活函数处理。

下面仍然采用梯度下降算法计算各层突触权重的更新值，即

$$\begin{aligned} \Delta W_k &= -\eta \frac{\partial E}{\partial W_k} \\ &= -\eta \frac{\partial E}{\partial s_k} \frac{\partial s_k}{\partial W_k} \\ &= -\eta \frac{\partial E}{\partial s_k} x_{k-1} \\ &= -\eta \frac{\partial E}{\partial x_k} \frac{\partial x_k}{\partial s_k} x_{k-1} \\ &= -\eta \frac{\partial E}{\partial x_k} f_k'(s_k) x_{k-1} \\ &= -\eta \frac{\partial E}{\partial s_{k+1}} \frac{\partial s_{k+1}}{\partial x_k} f_k'(s_k) x_{k-1} \\ &= -\eta \frac{\partial E}{\partial s_{k+1}} W_{k+1} f_k'(s_k) x_{k-1} \\ &= -\eta \frac{\partial E}{\partial s_{k+2}} W_{k+2} f_{k+1}'(s_{k+1}) W_{k+1} f_k'(s_k) x_{k-1} \\ &= -\eta \frac{\partial E}{\partial s_N} \prod_{i=N}^{k+1} W_i f_{i-1}'(s_{i-1}) x_{k-1} \end{aligned} \tag{4-13}$$

上述推导过程可称为链式法则。它从当前层开始，止于输出层 N 。对照图 4.16，上述推导的物理含义是很清楚的。假如第 k 层神经元的突触权重发生了变化 ΔW_k ，它通过神经网络逐层前向传播，从而改变最后输出和误差，即

$$\Delta W_k \to \Delta s_k \to \Delta x_k \to \Delta s_{k+1} \to \Delta x_{k+1} \to \cdots \to \Delta s_N \to \Delta x_N \to \Delta E$$

在实际使用中，直接根据式(4-13)的最终表达式计算各层突触权重的变化量，会有一系列问题。首先可以看到，越靠近输入层，其突触权重更新表达式越冗长。以微软公司研制的用于图像识别的 52 层卷积神经网络为例，该计算式将变得极其复杂。其次，对于不同层的突触权重更新表达式 ΔW_k 与 Δw_{k+1} ，很显然有大量的中间量被重复计算，导致计算极其低效且代价巨大。

鉴于此，如图 4.16 所示，研究人员引入一个新的中间量，即第 k 层神经元的反向传播误差 δ_k 为

$$\delta_k = \frac{\partial E}{\partial s_k} \tag{4-14}$$

式(4-13)可简化为

$$\Delta W_k = -\eta \delta_k x_{k-1}^{\mathrm{T}} \tag{4-15}$$

其中，ΔW_k 是一个矩阵；δ_k 和 x_{k-1} 是两个列向量，因此需要将 x_{k-1} 转置。

换句话说，权重更新矩阵是输入列向量与反向传播误差行向量两者相乘的结果。这正是后续章节用忆阻交叉阵列实现整个突触矩阵更新的关键。

式(4-13)还指出，第 k 层神经元的反向传播误差 δ_k 可以通过递推来计算，即

$$\delta_k = \mathrm{Diag}(f_k'(s_k))W_{k+1} \cdot \delta_{k+1} \tag{4-16}$$

其中，Diag 表示将列向量 $f_k'(s_k)$ 转为对角化的矩阵。

这里要特别注意，误差反向传播实际是矢量矩阵相乘运算，只不过是逆向经过突触矩阵。这意味着，反向传播的本层误差也能用忆阻交叉阵列与后一层误差相乘获得。

输出层的反向传播误差 δ_N 可以从定义获得，即

$$\begin{aligned}\delta_N &= \frac{\partial E}{\partial s_N} \\ &= \frac{\partial E}{\partial x_N}\frac{\partial x_N}{\partial s_N} \\ &= (y - y^d)\mathrm{Diag}(f_N'(s_N))\end{aligned} \tag{4-17}$$

其中，$y^{(d)} = x_N^{(d)}$ 为神经网络第 N 层(输出层)的输出矢量(期望值)。

综合式(4-15)～式(4-17)，可以得到多层神经网络监督学习的权重更新过程。

① 根据式(4-17)计算输出层的反向传播误差 δ_N，与前一层的输出 x_{N-1} 相乘，即可得到输出层的突触权重更新 ΔW_N。

② 根据反向传播误差的递推表达式(4-16)，由输出层的反向传播误差 δ_N 计算紧邻输出层的倒数第一隐藏层反向传播误差 δ_{N-1}，与倒数第二隐藏层的输出 x_{N-2} 相乘，得到倒数第一隐藏层的突触权重更新 ΔW_{N-1}。

③ 依此类推，从神经网络输出层到输入层，逆向逐层求得对应的突触权重更新 ΔW_k。

上述求解的过程就是反向传播命名的由来。

4.2.2　反向传播的忆阻交叉阵列实现

基于忆阻交叉阵列的反向传播如图 4.17 所示。根据误差反向传播的突触权重更新式(4-15)，第 k 层神经元的突触矩阵更新 δ_W 是一个列向量 x_{k-1} 与一个行向量 δ_k 相乘的结果。其中，列向量 x_{k-1} 是输入前向传播到当前层的结果，行向量 δ_k 是

实际输出与期望值的误差反向传播到当前层的结果。对照图 4.17 显示的神经网络第 k 层突触阵列，我们发现通过列向量 δ_k 与行向量 x_{k-1}^{T} 相乘能够一步完成式(4-15)定义的权重更新矩阵，而不需要逐个计算、更新突触矩阵的每一个元素。

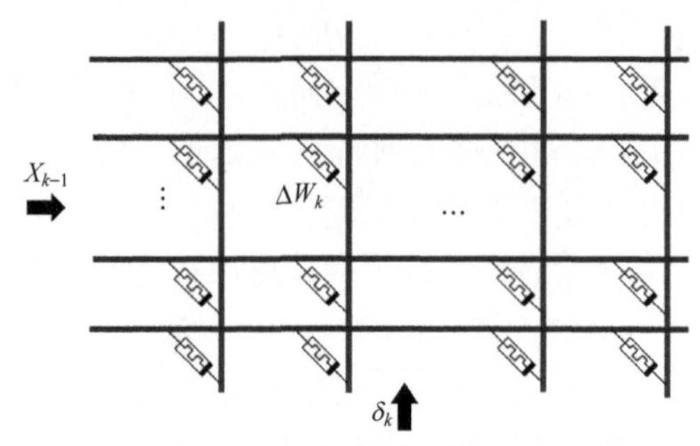

图 4.17　基于忆阻交叉阵列的反向传播

仔细推敲相应的硬件实现方案，会发现有一系列的设计问题需要解决。

① 第 $k-1$ 层输出 x_{k-1} 是电压形式，因此它能够直接用于突触权重的更改，但 δ_k 不是一个电压量纲的物理量。那么，如何将 δ_k 编码成可以修改突触权重的写电压？

② 假定多层神经网络用到的激活函数 f 是 sigmoid 函数，那么 x_k 始终为正。它的大小可以通过若干个全同电压写脉冲来编码，但 δ_k 作为误差是可正可负的，该如何处理负的 δ_k？

③ 假定已经将反向传播误差 δ_k 编码为突触权重的写电压，那么它跟 x_{k-1}^{T} 相乘的效果在硬件上又如何实现呢？注意，两个电压相乘的结果是电压的平方，从量纲上无法直接用于忆阻突触器件的电导调制。

对于前两个问题，假定图 4.17 中的忆阻突触器件具有比较理想的模拟权重更新特性，即其电导可以在全同的置态/重置电压脉冲序列下产生等幅度的上升/下降变化，即 $\delta V_{\mathrm{SET}} \to \Delta W_+$、$\delta V_{\mathrm{RESET}} \to -\Delta W_-$。那么，对形如下式的 δ_k 可编码为相应的写脉冲数量，即

$$\delta_k = \begin{bmatrix} +a_1 \\ -a_2 \\ \vdots \\ +a_{l-1} \\ -a_l \end{bmatrix} \Rightarrow \begin{bmatrix} \left[\dfrac{a_1}{\Delta w_+}\right]\delta V_{\mathrm{SET}} \\ \left[\dfrac{a_2}{\Delta w_-}\right]\delta V_{\mathrm{RESET}} \\ \vdots \\ \left[\dfrac{a_{l-1}}{\Delta w_+}\right]\delta V_{\mathrm{SET}} \\ \left[\dfrac{a_l}{\Delta w_-}\right]\delta V_{\mathrm{RESET}} \end{bmatrix} \tag{4-18}$$

其中，$a_i \geqslant 0$；[ ]为取整操作。

对于忆阻突触器件，通常δV_{SET}与$\delta V_{\mathrm{RESET}}$不仅方向相反，脉冲幅度也不一样。因此，需要将上述编码进一步拆分，即

$$\delta_k^+ = \begin{bmatrix} \left[\dfrac{a_1}{\Delta w_+}\right]\delta V_{\mathrm{SET}} \\ 0 \\ \vdots \\ \left[\dfrac{a_{l-1}}{\Delta w_+}\right]\delta V_{\mathrm{SET}} \\ 0 \end{bmatrix}, \quad \delta_k^- = \begin{bmatrix} 0 \\ \left[\dfrac{a_2}{\Delta w_-}\right]\delta V_{\mathrm{RESET}} \\ \vdots \\ 0 \\ \left[\dfrac{a_l}{\Delta w_-}\right]\delta V_{\mathrm{RESET}} \end{bmatrix} \tag{4-19}$$

相应地，$x_{k-1} = \left[b_1, b_2, \cdots, b_{l-1}, b_l\right]^{\mathrm{T}}$编码为

$$x_{k-1}^+ = \begin{bmatrix} \left[\dfrac{b_1}{\Delta w_+}\right] \\ \left[\dfrac{b_2}{\Delta w_+}\right] \\ \vdots \\ \left[\dfrac{b_{l'-1}}{\Delta w_+}\right] \\ \left[\dfrac{b_{l'}}{\Delta w_+}\right] \end{bmatrix}\delta V_{\mathrm{SET}}, \quad x_{k-1}^- = \begin{bmatrix} \left[\dfrac{b_1}{\Delta w_-}\right] \\ \left[\dfrac{b_2}{\Delta w_-}\right] \\ \vdots \\ \left[\dfrac{b_{l'-1}}{\Delta w_-}\right] \\ \left[\dfrac{b_{l'}}{\Delta w_-}\right] \end{bmatrix}\delta V_{\mathrm{RESET}} \tag{4-20}$$

x_{k-1}^+与δ_k^+配对，x_{k-1}^-与δ_k^-配对，基于忆阻交叉阵列的正负权重更新设计如图 4.18 所示。图 4.18 的横坐标是前向因子x_i，纵坐标是反向传播的误差δ_j，色度条代表它们的乘积大小，即突触权重更新量ΔW_{ij}。注意，$\delta_j \geqslant 0$由上平面表示，$\delta_j < 0$由下平面表示。图中特意将权重更新量的等高线画出来，以便下一步的离散化处理。上述分析表明，忆阻突触矩阵的权重更新需要两步，第一步更新那些权重需要增加的(δ_k^+，${x_{k-1}^+}^{\mathrm{T}}$)，第二步更新余下需要减少的(δ_k^-，${x_{k-1}^-}^{\mathrm{T}}$)。

接下来，考虑第 3 个问题，即两个电压脉冲相乘的解决方案。基于忆阻交叉阵列的反向传播设计如图 4.19 所示。Burr 等提出一种巧妙的设计[7]。

图 4.19(a)的横坐标是前向因子x_i，纵坐标是反向传播的误差δ_j，且按其正负分为上下两个平面表示。横坐标与纵坐标的乘积对应突触权重更新量ΔW_{ij}。这里将ΔW_{ij}按等高线覆盖范围离散化，因此可以获得每个方格对应的整数个权重更新单位Δ_0。换句话说，首先将图 4.18 的$\delta_k^{\pm} x_{k-1}^{\pm\mathrm{T}}$乘积等高线做离散化处理，可以得到

图 4.19 所示的由若干方块区域组成的近似。图 4.19(b)显示，自变量 $\delta_k^{\pm}$ 和 $x_{k-1}^{\pm}$ 本身也被离散化，可以用相应的脉冲序列表示。

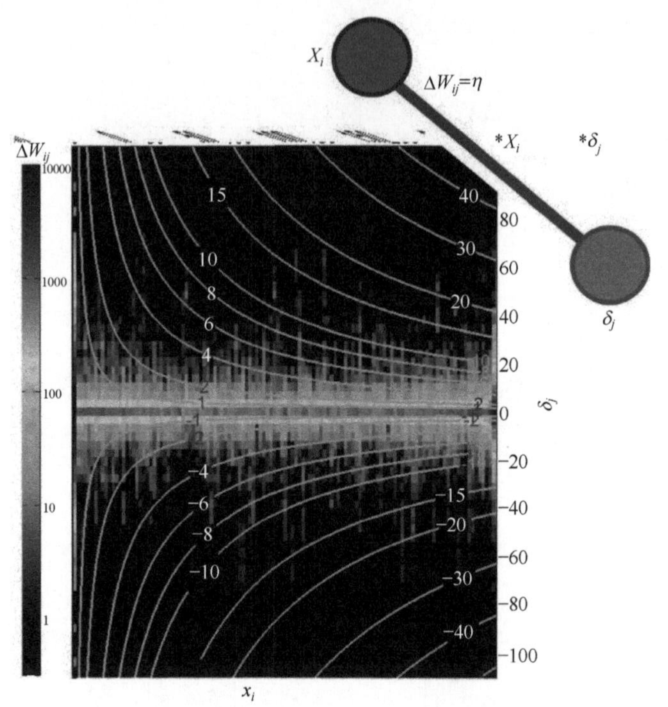

图 4.18　基于忆阻交叉阵列的正负权重更新设计[7]

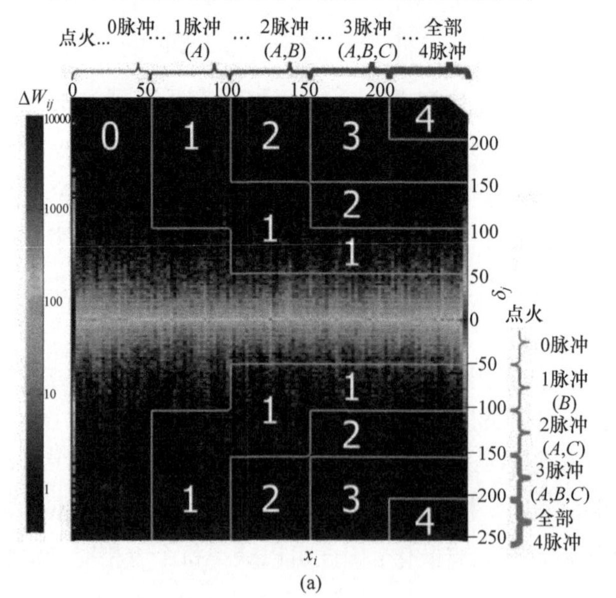

(a)

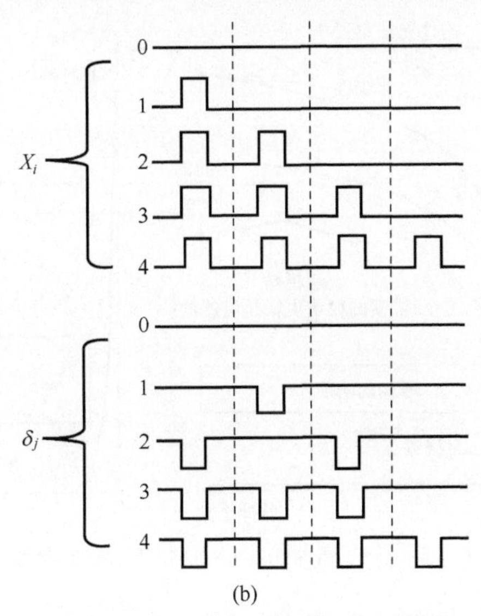

图 4.19　基于忆阻交叉阵列的反向传播设计[7]

下面以 $\delta_k^{\pm} x_{k-1}^{\pm\mathrm{T}}$ 为例，分析它是如何设计电压相乘效果的。δ_k^{+} 和 x_{k-1}^{+} 幅值均被设计成半写脉冲高度 $V_{\text{pulse}} = \delta V_{\text{SET}} / 2$，也就是说，如图 4.19(b)所示，当且仅当 δ_k^{+} 和 x_{k-1}^{+} 的脉冲对准时，才能对忆阻突触产生写效果。

Burr 等有意将 $\delta_k^{\pm}$ 和 $x_{k-1}^{\pm}$ 离散化后对应的脉冲序列设计成图 4.19(b)所示的分布。以 $x_i^{+} = 3V_{\text{SET}}$、$\delta_k^{+} = 2V_{\text{SET}}$ 为例，考虑半脉冲幅值对准效果，它们在时间上输入后，产生的就是 2 个完整的置态电压脉冲 δV_{SET}，正是图 4.19(a)相应区域需要的结果。读者可自行验证图 4.19(a)各区域要求的电导调制阶数(从 0 到 4)均可由图 4.19(b)所示的对应脉冲组合完成。

4.2.3　忆阻突触的非理想效应与对策

1. 忆阻突触的非理想特性

非易失存储器①仿生突触时的各种非理想效应如图 4.20 所示[7]。

(1) 器件无法置态(dead devices)

器件初始处在高阻态，但施加的写电压无法将其电阻态。以 HfO_x/TaO_y 复合层忆阻器为例，这通常是工艺制备过程中大面积沉积的功能材料在衬底表面不够均匀导致的。

① 这里所说的非易失存储器实际就是忆阻器，只是在 2014 年科研界还没有统一名称，有部分研究者习惯沿用非易失存储器。

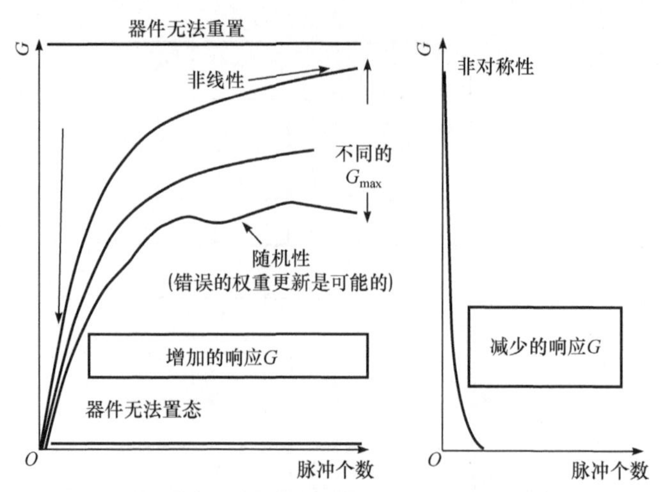

图 4.20 非易失存储器仿生突触时的各种非理想效应[7]

(2) 器件无法重置(devices stuck-on)

器件被置到低阻态以后，无法重置到高阻态。以 HfO_x 忆阻器为例，通过置态脉冲形成的导电丝很牢固，重置脉冲很难通过电迁移效应将导电丝中的离子反向撤回。

(3) 电导调制非线性(nonlinearity)

在全同置态/重置脉冲序列作用下，器件电导增加/减小的步长不再是固定的。如图 4.20 所示，在置态过程中，忆阻器电导出现饱和效应；在重置过程中，电导出现陡降现象。

(4) 电导增减非对称性(asymmetry)

置态脉冲引起的电导增加量 ΔG_0^+ 与重置脉冲引起的减小量 ΔG_0^- 幅值差异很大，反映在图 4.20 中，电导上升曲线与下降曲线的斜率差别很大，两者的非对称性较高。在前述章节中，本书以相变器件在晶态与非晶态之间切换为例，讲解了这种非对称性。

(5) 随机性(stochasticity)

器件电导在置态/重置脉冲下的改变并不是预期值，甚至有时候测得实际电导的增加/减小与预期截然相反。这种电导调制随机性是当前不同材料机理忆阻器面临的一个普遍问题。以 TaO_x 忆阻器为例，氧空位在电场作用下的迁移有较大的随机性。这种随机性可能由热运动导致，也可能由迁移路径上的局域结构差异导致。如图 4.11 所示，随机性会导致如下两种性能问题。

① 多次操作方差(离散度)(cycle-to-cycle variation，C2C V)。对同一个器件，不同的写操作周期获得的长时程增强/减弱特性曲线不重合，有相当的离散度。

② 不同器件操作方差(离散度)(device-to-device variation，D2D V)。对不同的

器件，它们的长时程增强/减弱特性曲线不重合，有相当的离散度。

2. 基于非易失存储器差分对的人工突触及操作设计

基于非易失存储器差分对的仿生突触及阵列如图 4.21 所示。Burr 等[7]在深度神经网络的硬件实现层面提出利用非易失存储器件差分对配合选通管构成突触。图 4.21(a)是两层相邻神经元$\{N_1,\cdots,N_n\}$和$\{M_1,\cdots,M_m\}$，将它们之间的突触连接映射到图 4.21(b)的忆阻器交叉阵列时，首先是用两列忆阻器单元的差分表示一个输出神经元的突触，其次每个忆阻器单元包含一个选通管器件。

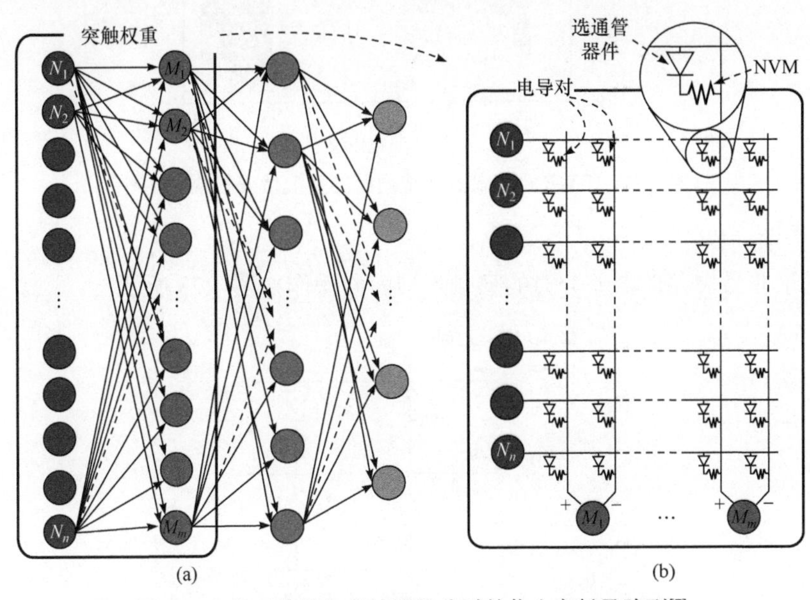

图 4.21　基于非易失存储器差分对的仿生突触及阵列[7]

忆阻器差分对突触在前述章节讨论过，通过这种结构可以获得可正可负的突触权重，而这对神经网络的训练效率至关重要。Burr 等进一步发展了该结构对应的突触更新操作方法，目的是克服忆阻突触器件中常见的非理想特性，即忆阻器电导增加或减小的突变性导致的增减非对称性。我们将在随后的更新操作中详细讨论这个方法及其引入的新问题。

选通管的作用如图 4.21(b)右上角所示。它可以简单地理解为一种特殊的二极管，具有单向导通特性。与二极管不同，选通管一旦达到阈值电压V_{th}就导通，两端的电压降落(也叫保持电压V_{hold})通常在 0.1V 左右，远低于二极管导通状态的维持电压 0.7V。这一特点有利于图 4.21 中的输入电压基本降落在与选通管串联的目标忆阻器上，由此在操作层面输入电压矢量、突触电导矩阵相乘与式(4-1)没有显著偏差，在神经网络层面就是前向过程得以正确执行。TiW/CuS/GeSe/Pt 选通管的直流伏安扫描特性如图 4.22 所示。可以看到，它的保持电压很小，缺点是器件开关态的随机性较大。

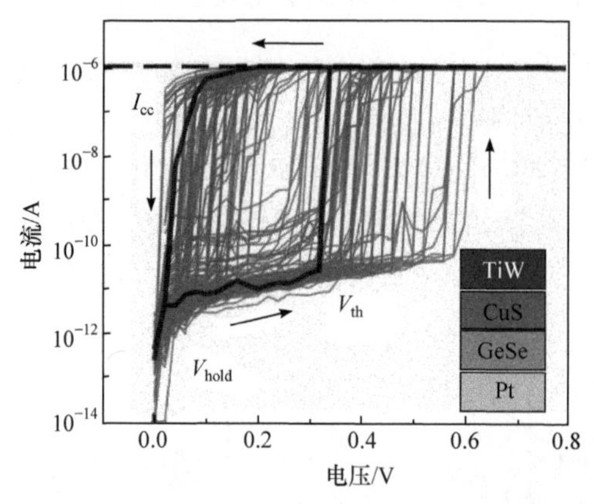

图 4.22　TiW/CuS/GeSe/Pt 选通管的直流伏安扫描特性[8]

(1) 前向操作

基于非易失存储器差分对的突触阵列前向操作如图 4.23 所示。

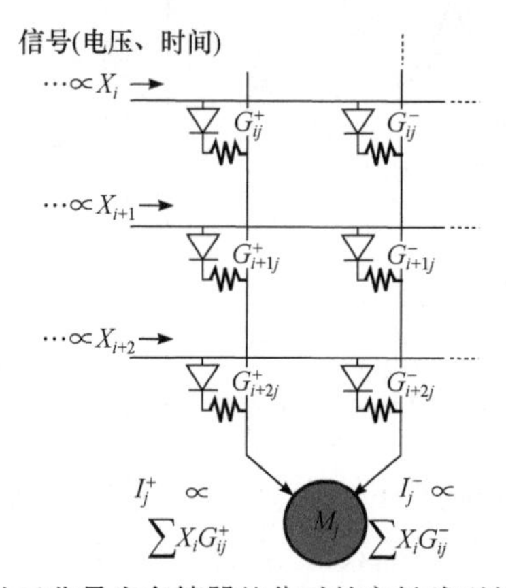

图 4.23　基于非易失存储器差分对的突触阵列前向操作[7]

差分对的电流为

$$\begin{aligned} I_j &= I_j^+ - I_j^- \\ &= \sum_i x_i G_{ij}^+ - \sum_i x_i G_{ij}^- \\ &= \sum_i x_i (G_{ij}^+ - G_{ij}^-) \end{aligned} \tag{4-21}$$

(2) 更新操作

以图 4.20 所示的实际忆阻突触权重调制特性为例，器件电导在重置脉冲作用下有一个陡降。换言之，突触器件的模拟权重调制特性仅在增强($\Delta w>0$)时能够提供足够精度的权重值，当神经网络训练要求比较精确的权重减弱($\Delta w<0$)时，器件特性达不到要求。

针对这一难题，Burr 等[7]和 Suri 等[9]相继提出和发展了一种新的忆阻差分对操作方式。它的数学原理很简单，对一个差分对，假如想增大它们代表的值，就增大被减数，反之增大减数。对应到硬件层面操作是，当突触权重需要增加时，就对 G_{ij}^{+} 忆阻器置态；反之对 G_{ij}^{-} 置态。因此，这个方案只利用了置态连续性比较理想的忆阻器特性，从而避开陡变的重置操作。

基于非易失存储器差分对的突触更新操作如图 4.24 所示。图 4.24(a)与图 4.24(b)分别是充当差分对被减数 G^{+} 和减数 G^{-} 的器件电导更新特性。灰色斜线是理想行为，饱和曲线是实际行为。图 4.24(c)是差分对的电导相减，即对应的突触权重。假设差分对两个器件的初始状态是图中的 A，由于器件的电导只能增大不能减小，那么一轮更新操作后，如图 4.24(a)所示，被减数电导 G^{+} 几乎不变，而减数 G^{-} 会增大到图 4.24(b)的状态 B，因此它们的差值，即突触权重变小了，即 $A\rightarrow B$。同理，假如 2 个器件初始状态分别为图 4.24(a)与图 4.24(b)的 C，那么一轮更新操作后，它们差值代表的权重演化为图 4.24(c)所示的 $C\rightarrow D$。也就是说，无论差分对的初始电导情况如何，它们的演化趋势是向菱形的右方尤其是顶点汇集。

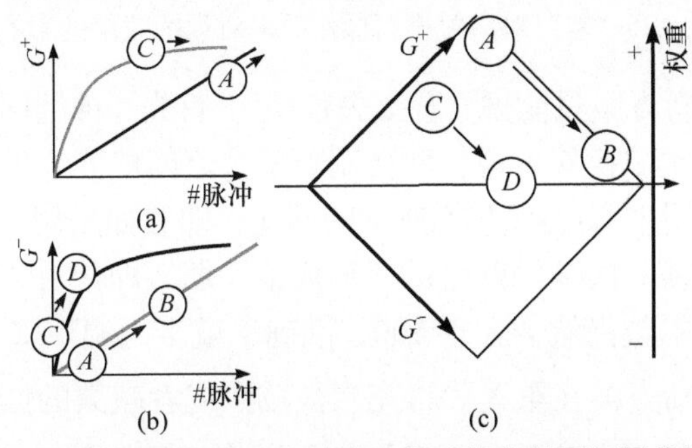

图 4.24　基于非易失存储器差分对的突触更新操作[7]

图 4.24 指出，上述操作方式的最大问题是，此处的忆阻器类似中国象棋里的过河卒子，只能前进不能后退，一旦到达底线就动弹不得。以充当减数的忆阻器件为例，一旦它的电导被调制到最大值，对应的差分对突触权重就无法再减小了，从神经网络学习层面看，它就无法支持训练的继续了。

一种补救措施是周期性的刷新，差分对突触刷新操作频率对训练效果的影响如图 4.25 所示。充当被减数和减数的忆阻器件电导 G^{+} 和 G^{-} 按图中不同箭头方向演化。当两个忆阻器的电导 G^{+} 和 G^{-} 在训练中逐渐饱和，就插入刷新操作，首先将两个忆阻器的电导都重置回高阻态，然后根据 $G^{+}-G^{-}$ 的正负将 G^{+} 或者 G^{-} 的

电导置态到$\left|G^{+}-G^{-}\right|$。这样在保证差分对代表的突触权重不变的情况下，G^{+}和G^{-}的绝对值都大大减小了。这意味着，它们的电导又可以在训练中被增大了。图 4.25 仿真了差分对突触刷新操作频率对训练效果的影响。它的横坐标表示在(对差分对忆阻器电导)刷新操作之间训练的手写数字识别标准测试集(记为 MNIST)图片数目，纵坐标是大规模神经网络仿真结果，带方块和圆形的线分别是训练集和测试集的准确率。

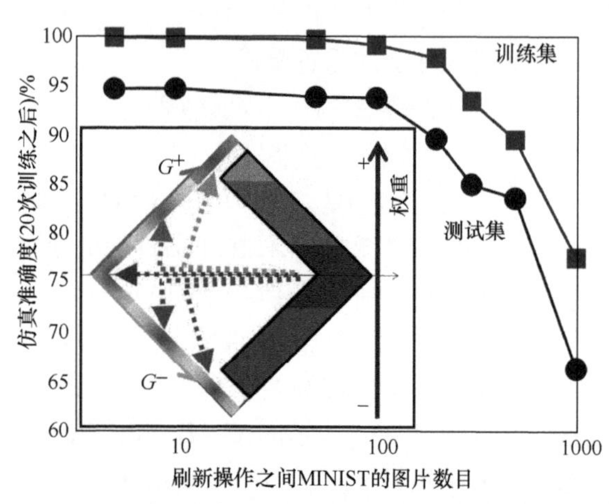

图 4.25　差分对突触刷新操作频率对训练效果的影响[7]

然而，上述刷新方案只能说“看上去很美”。首先，神经网络每更新若干次权重，就必须刷新一次。换句话说，两次刷新操作之间能容忍的突触更新次数是很有限的。在实际应用中有如图 4.25 所示的问题，即假如采用在线学习法则，即每输入一个样本都更新一次神经网络的突触权重，那么即使对于 MNIST 这种规模很小的测试集，样本数仍然会大于 100，准确率就会大幅下降。

其次，上述刷新方案在重置后将充当被减数或者减数的忆阻器电导G^{+}或G^{-}置态到$\left|G^{+}-G^{-}\right|$的操作，所需的电路硬件及操作流程与基于 1T1M 的突触阵列：人脸识别的写验证方案是完全一样的，因此面临的实际问题也是一样的，即硬件开销大、时间代价高且很难并行。

(3) 读写电路

神经网络的训练是由反复循环的前向、更新操作构成的，从硬件层面意味着需要对图 4.21 中突触器件的多轮读、写操作，而读和写的电压设计、电路模块是很不一样的。基于相变器件差分对的突触读写电路如图 4.26 所示。它首先通过字线选中阵列的某行，从目标位线输入读/写电流I_{D}给选中的单元。这里要注意读、写用到不同的外部电路，原因是基于相变器件的突触读、写电压幅值是不同的。

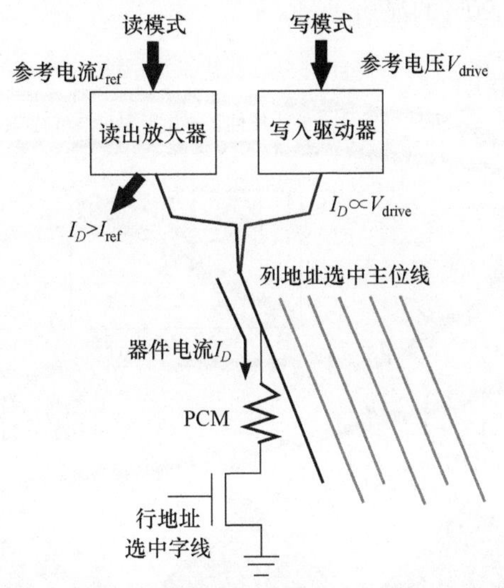

图 4.26　基于相变器件差分对的突触读写电路[7]

3. 实验与仿真结果讨论

图 4.20 给出了忆阻突触器件的多种非理想因子，那么在神经网络层面它们对训练效率的影响各自有多大呢？换句话说，哪些因子对训练成功的破坏作用最大，哪些因子又能在网络层面被容错呢？

Burr 等基于他们制备的大规模相变差分对突触阵列(约 165000 个突触器件)，针对手写数字识别标准测试集，构建了一个包含 528(图像分辨率 22×24)个输入神经元、250 个第一隐藏层神经元、125 个第二隐藏层神经元、10 个输出层神经元的多层全连接神经网络。通过实验与仿真，他们得出器件非理想因子对神经网络训练效果影响的定量评估。非易失存储器差分对仿生突触的非理想效应对网络训练的影响如图 4.27 所示。图中的曲线代表突触器件权重更新的不同特性。其中，图中曲线 1 表示使用的是高度理想的忆阻突触器件，即器件的电导调制在全同置态/重置脉冲下是完全线性的，电导可增可减(bi-directional)，且电导态没有上下限(unbounded)，如插图中的 $G(N_{pulse})$ 所示；曲线 2 代表对理想器件引入电导态的上下限(bounded)；曲线 3 则进一步引入器件电导调制的单向性(uni-directional)，即高度线性的电导调制行为仅存在于置态过程中；曲线 4 更进一步引入了电导调制的非线性。右上角插图是上述四种情况下的突触权重更新示意图，即长时程/减弱曲线。下方子图是差分对器件的电导演化情况。

图 4.27 展示的神经网络识别准确率随训练次数的演化指出，仅引入电导态的上下限，会引起神经网络约 10%的性能下降；引入忆阻器电导调制的单向性，会

引起神经网络性能 40%左右的剧烈下降；引入忆阻器电导调制的非线性因子，会引起神经网络性能约 20%的显著下降。

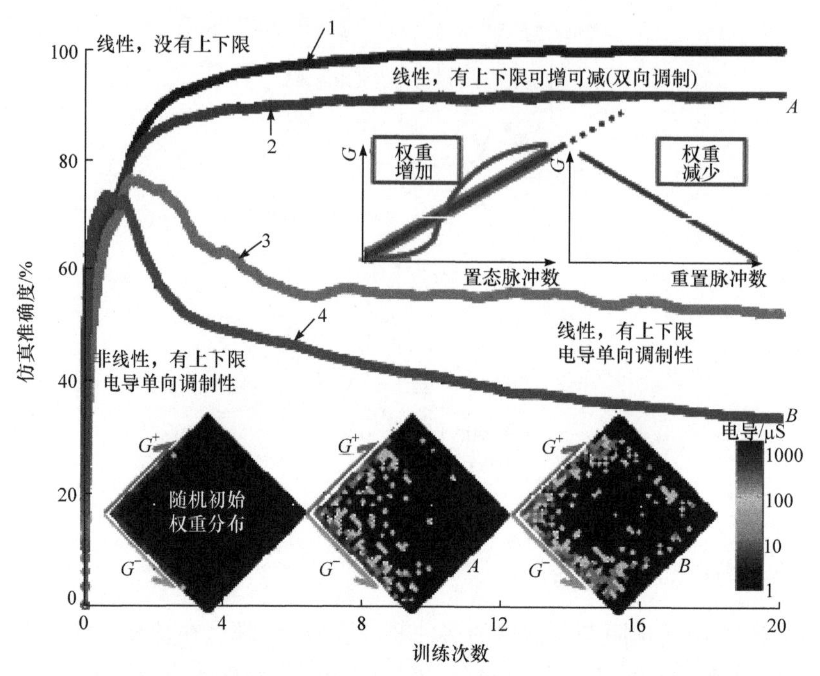

图 4.27　非易失存储器差分对仿生突触的非理想效应对网络训练的影响[7]

图 4.27 下方子图给出了忆阻差分对电导随训练次数的演化情况。可以看到，在训练开始的时候，器件电导是随机的，因此大部分器件的电导分布在菱形的左方两臂上。随着训练次数的增加，如图 4.24 所述，差分对的电导倾向于向菱形的右方两臂移动，最终不再按要求调制。例如，处在菱形右上臂附近的差分对，其权重将无法正向增大；处在菱形右下臂的差分对，其电导将无法负向增大。

4.3　本 章 小 结

1. 神经网络监督学习的算法要点

① 学习对象是带标签的数据(labeled data)。

② 单层神经网络只包含输入层与输出层。

③ N 层神经网络包含输入层、输出层与 $(N-1)$ 个隐藏层。定义神经网络为多少层，是不包括输入层的，原因是输入层是没有突触的，不属于可塑的，因此不计入有效的神经网络层数。

④ 梯度下降定义了神经网络实际输出与期望值之间的误差后，误差成为神经网络突触权重的函数，然后利用梯度下降法极小化误差，求解突触权重的改变量应该是多少。

2. 忆阻突触的核心优势

狭义上的忆阻器可以理解为以 RRAM 为代表的二端器件。其电导在外加电压作用下能够发生非易失、可逆的转变。市场上主流的闪存(flash memory)，即浮栅晶体管(floating-gate transistor)或电荷俘获存储器(charge trapping memory)，原则上也满足忆阻器的广义定义，即电导可非易失、可逆地调制。

有若干研究工作探讨了用 NAND 闪存或 NOR 闪存实现神经形态计算。尤其是，近年来迅猛发展的三维堆叠 NAND(3D NAND)存储器，因其超高密度、超大容量的优势，有可能支持超大规模的神经网络实现而受到重点关注。

然而，闪存器件用来做神经形态器件，最大的问题是擦写速度太慢。这个太慢不仅表现为单个浮栅/电荷俘获器件的擦写速度，还反映在 NAND 是块擦除。因此，基于闪存的神经形态计算目前主要是面向“云端训练 + 边缘计算”架构，而闪存充当边缘计算的执行端。以汽车智能驾驶为例，每一辆装载了某款类脑智能驾驶芯片的汽车都是一个终端，它把采集到的数据传送给云端的服务器，服务器据此训练好神经网络以后，将神经网络的参数发送回车载芯片，更新芯片上的神经网络。可以看到，边缘计算支撑的是实时驾驶，因此它要求响应是实时的，而训练和更新操作则可以在终端不执行驾驶任务的空闲时间进行。

相比之下，忆阻器模拟突触时的电导调制时间是纳秒量级，并且忆阻交叉阵列结构允许任一单元的随机访问[10]。因此，基于忆阻器的类脑计算芯片支持实时的片上训练。它能带来训练效率的革命性提升，更适合性能要求较高的应用场合。

3. 反向传播与忆阻交叉阵列实现

① 对于多层全连接神经网络，每一层神经元的全部突触构成一个矩阵。对应的权重更新矩阵可以写成一个列矢量与行矢量相乘的形式。其中，列矢量是输入矢量前向传播到当前层神经元的结果，行矢量是输出与期望值的误差矢量反向传播到当前层的结果。

② 从硬件角度，这种形式特别适合用忆阻交叉阵列来实现。首先，输入前向传播对忆阻交叉阵列是一个读过程，矢量矩阵相乘可以通过忆阻交叉阵列一步完成。其次，误差反向传播对忆阻交叉阵列也是一个读过程，只不过是将阵列原先的输入与输出端倒置。再次，在获得(输入前向传播的)列矢量和(误差反向传播的)行矢量后，对突触权重矩阵的更新，原则上也可以通过巧妙地写电压脉冲编码一步完成。

4. 忆阻突触权重更新的问题和挑战

狭义上的忆阻器即非易失存储器。顾名思义，原本是用来做非易失的存储器件。非易失存储器从二值存储发展到多值存储，对应的是忆阻突触的可调制电导态数目。数目越多，模拟值效果越好。

然而，从前非易失存储器用作多值存储遇到的问题，在新的忆阻突触器件领域仍然存在，同样也深刻地影响器件性能。

首先是多值电导的可得问题。从模拟突触的角度，要求器件的最高阻态与最低阻态之间存在若干中间值的亚稳态，并且这些中间态的数目越多越好。从能量的角度，中间态的数目越多，它们彼此的能量差别就会越小，态与态之间发生互相转化、跃迁的概率就越高，即保持特性越差。换句话说，忆阻突触器件的两项关键指标，即由电导态数目标识的模拟性和由保持时间标识的非易失性之间存在根本的矛盾。

其次是随机性问题。忆阻器的电导调制，无论是依靠导电丝的形成/断裂，还是晶态/非晶态的转换，抑或是铁电畴的极化翻转，这些过程从微观物理机制上就是有很大随机性的。用于模拟突触时，这种随机性会导致严重的问题，即实际电导改变值与训练预期值之间存在不可忽视的偏差。

4.4 思 考 题

1. 式(4-4)中的学习率 η 取值过小或者过大，在实际权重更新操作中会有什么问题？

2. 仔细观察图 4.2 与式(4-4)，不难发现，当初始权重取值不同时，最终收敛到的谷底是不同的。换句话说，式(4-4)筛选出来的实际上是局域的极小值点(local minimum point)，而非全局最小值点(global minimum point)。严格意义上，我们要求的是后者，而式(4-4)给出的是前者。这样的处理会有什么问题？你认为有哪些可能的优化方案？

3. 在图 4.3 所示的神经网络例子中，对于猫和狗共性的特征，例如都有四条腿，该特征对区分猫/狗没有贡献，那么神经网络在训练阶段是怎么处理这个特征的呢？是在特征提取层就不提取该特征，还是在分类层降低该特征对输出的权重贡献？

4. 对比在线学习与批量学习，哪种学习方式更接近生物脑？两种方式各自的优缺点又是什么呢？

5. 如何理解随机梯度下降中的随机？

6. 在神经网络的训练过程中，如果网络在梯度下降过程中遇到鞍点或者局部最低点，这些位置的梯度均为 0，那么这时候批量梯度下降、随机梯度下降、小批量梯度下降分别会使网络的权重参数怎样变化？有什么办法可以解决或者避免这样的问题？

7. 对于图 4.7 所示的人脸图像输入编码，除了用脉冲数目来编码像素点的灰度值，还有其他方案吗？试着分析一下其他方案的优缺点，进而理解本书选用的方案。

8. 对比图 4.10 所示的神经网络训练效果，一个很有意思的问题是，在图 4.11 所示的如此严重的器件性能方差下，训练仍然能够收敛。思考其背后的物理机制是什么？

9. 图 4.14 的权重更新方案相当于固定减数而改变被减数获得可正可负的相对电导值，你认为还有别的操作方式吗？如果有，从器件层面分析它的优缺点是什么？

10. 针对图 4.18 的方案，为什么不将 x_{k-1} 和 δ_k 编码成如下形式，即

$$x_{k-1}=\begin{bmatrix}\left[\dfrac{b_1}{\Delta w_+}\right]\delta V_{\mathrm{SET}}\\\left[\dfrac{b_2}{\Delta w_+}\right]\delta V_{\mathrm{RESET}}\\\vdots\\\left[\dfrac{b_{l'-1}}{\Delta w_+}\right]\delta V_{\mathrm{SET}}\\\left[\dfrac{b_{l'}}{\Delta w_+}\right]\delta V_{\mathrm{RESET}}\end{bmatrix},\quad \delta_k=\begin{bmatrix}\left[\dfrac{a_1}{\Delta w_+}\right]\delta V_{\mathrm{SET}}\\\left[\dfrac{a_2}{\Delta w_-}\right]\delta V_{\mathrm{RESET}}\\\vdots\\\left[\dfrac{a_{l-1}}{\Delta w_+}\right]\delta V_{\mathrm{SET}}\\\left[\dfrac{a_l}{\Delta w_-}\right]\delta V_{\mathrm{RESET}}\end{bmatrix} \tag{4-22}$$

这样不就只需要一步更新了吗？

11. 假如多层神经网络的某一层输入 x_{i-1} 是可正可负的，如果是由双曲正切型激活函数 $f(x)=\tanh(x)$ 产生的，那么图 4.18 所示的方案又该如何调整呢？

12. 图 4.25 两次刷新操作之间能容忍的突触更新次数主要由器件的哪些性能指标决定？

13. 如何理解图 4.27 中各项非理想因子对神经网络性能的不同影响？

参 考 文 献

[1] Zhang C, Bengio S, Hardt M, et al. Understanding deep learning requires rethinking generalization. https://arxiv.org/abs/1611.03530[2022-10-12].

[2] Zhang C, Bengio S, Hardt M, et al. Understanding deep learning (still) requires rethinking generalization. Commun ACM, 2021, 64(3): 107-115.

[3] Yao P, Wu H, Gao B, et al. Face classification using electronic synapses. Nature Communications, 2017, 8: 15199.
[4] Zhang Q, Wu H, Yao P, et al. Sign backpropagation: An on-chip learning algorithm for analog RRAM neuromorphic computing systems. Neural Networks, 2018, 108: 217-223.
[5] Prezioso M, Merrikh B F, Hoskins B, et al. Training and operation of an integrated neuromorphic network based on metal-oxide memristors. Nature, 2015, 521(7550): 61.
[6] Prezioso M, Merrikh B F, Chakrabarti B, et al. RRAM-based hardware implementations of artificial neural networks: Progress update and challenges ahead. Oxide-based Materials and Devices, 2016, 10: 127-135.
[7] Burr G W, Shelby R M, Di Nolfo C, et al. Experimental demonstration and tolerancing of a large-scale neural network (165,000 synapses), using phase-change memory as the synaptic weight element//IEEE International Electron Devices Meeting, 2014: 2951-2954.
[8] 王宽. 基于阈值开关忆阻器随机性的概率类脑计算研究. 武汉: 华中科技大学, 2022.
[9] Suri M, Bichler O, Querlioz D, et al. Phase change memory as synapse for ultra-dense neuromorphic systems: Application to complex visual pattern extraction//International Electron Devices Meeting, 2011: 441-444.
[10] Jo S H, Chang T, Ebong I, et al. Nanoscale memristor device as synapse in neuromorphic systems. Nano Letters, 2010, 10(4): 1297-1301.

第5章 脉冲神经网络的监督学习

5.1 脉 冲 传 播

5.1.1 算法原理

当我们把神经网络的编码方式从模拟值改为脉冲，那么相应的监督学习立即面临一个问题，即脉冲形状本身是不编码有效信息的，而脉冲的个数是离散的非负整数。这种情况下如果以输出脉冲个数定义期望值，是无法采用类似梯度下降的偏微分方法来极小化误差的。假如不能复用前述章节发展出来的算法和忆阻阵列实现，就意味着必须从头开始重新定义一整套的软硬件实现。

因此，基于脉冲神经网络实现监督学习的核心问题是：如何定义一个连续的输出量，以最大程度地复用前述章节人工神经网络的监督学习的数学推导、研究成果。

生物神经元的相关实验发现，大脑既可以采取脉冲发放频率(spike rate)编码[1]，也可以采取发放时刻(spike timing)，即时滞编码(latency coding)[2]。无论脉冲发放频率还是时刻，都是连续、可微分的模拟值。因此，假如我们定义它们来编码信息，就有可能复用前述章节的成果。

另外，虽然脉冲发放频率和时刻都可以用来编码信息，但是很显然脉冲发放时刻可以实现单脉冲编码，因此后者有可能实现更高的能效比。出于上述考虑，本节以脉冲发放时刻编码为例，讨论脉冲神经网络监督学习的实现方案。

基于脉冲发放时刻编码的神经网络示意图如图 5.1 所示。输入图片的像素点灰度用脉冲的发放时间编码，全部脉冲波形统一形式为 $\varepsilon(t)=\Theta(t)\dfrac{t}{\tau}\exp\left(1-\dfrac{t}{\tau}\right)$，其中 $\Theta(t)$ 为阶跃函数。经过多层神经网络传播，由输出神经元的脉冲发放时刻编码图片种类信息。输出层神经元的期望脉冲发放时刻集 $\{t_j^d\}$ 代表不同的输入图像，未经训练的神经网络实际脉冲发放时刻集为 $\{t_j\}$，两者存在差值。通过下述误差定义，即

$$E=\sum_j\frac{1}{2}(t_j-t_j^d)^2 \tag{5-1}$$

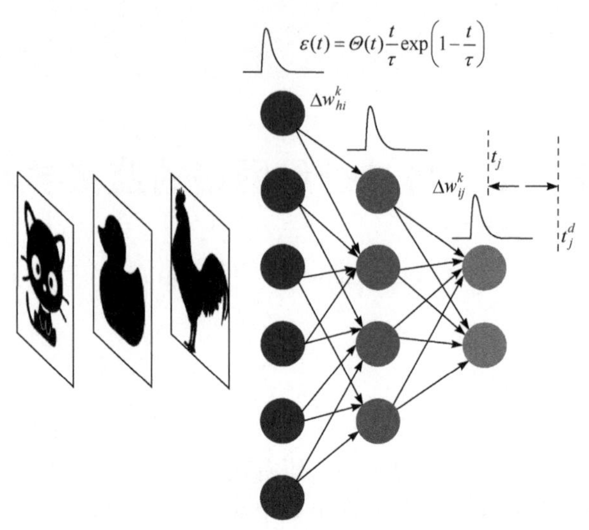

图 5.1 基于脉冲发放时刻编码的神经网络示意图

以及梯度下降算法 $\Delta w=-\eta\frac{\partial E}{\partial w}$，可以用反向传播算法计算各层突触权重的修改量 Δw_{hi}^{k} 和 Δw_{ij}^{k}，其中 k 表示前一层第 i 号神经元与后一层第 j 号神经元之间的第 k 个突触连接。经过多轮权重更新，我们可以让实际脉冲发放时刻逐步逼近期望值。

下面以 Nishitani 等[3]的工作为例，讨论多层脉冲神经网络的权重更新式，以及对应的硬件电路实现。

5.1.2 权重更新：隐藏层到输出层

由于误差沿着神经网络的反向传播，权重更新越靠近输出层(即误差的定义处)越简单，越靠近输入层越复杂。因此，我们首先讨论图 5.1 中从隐藏层到输出层的权重更新和实现，即

$$\begin{aligned}\Delta w_{ij}^{k}&=-\eta\frac{\partial E}{\partial w_{ij}^{k}}\\&=-\eta\frac{\partial E}{\partial t_j}\frac{\partial t_j}{\partial w_{ij}^{k}}\end{aligned}\tag{5-2}$$

式(5-2)推导的物理含义是非常清晰的。$\frac{\partial E}{\partial w_{ij}^{k}}=\frac{\partial E}{\partial t_j}\frac{\partial t_j}{\partial w_{ij}^{k}}$ 对应的物理含义是，当隐藏层第 i 个神经元到输出层第 j 个神经元之间的第 k 个突触发生权重变化 Δw_{ij}^{k} 时，它会直接影响两个神经元之间的信号传输效率，因此引起后级神经元的脉冲激发时刻变化 Δt_j。根据式(5-1)，Δt_j 会引起误差变化 ΔE。梯度下降算法的目的

是找到合适的 Δw_{ij}^k，以便引起绝对值较大的负向 ΔE 变化。

针对式(5-2)中的 $\dfrac{\partial t_j}{\partial w_{ij}^k}$ 项，Nishitani 等首先定义了下式描述的脉冲，即

$$\varepsilon(t-t_0)=\Theta(t-t_0)\frac{t-t_0}{\tau}\exp\left(1-\frac{t-t_0}{\tau}\right) \tag{5-3}$$

其中，阶跃函数 $\Theta(t-t_0)$ 表明该脉冲在 t_0 时刻激发，其波形如图 5.1 所示。

可以证明，假如前一级神经元发放脉冲，对于漏电-积分-点火型的后一级神经元，其膜电位为

$$V_j(t)=\sum_i\sum_k w_{ij}^k\varepsilon(t-t_i-d^k) \tag{5-4}$$

其中，d^k 为信号经由 w_{ij}^k 标识的突触传递时，有 d^k 的延迟。

当后级第 j 个神经元在 t_j 时刻激发，有 $V_{\text{th}}=\sum\limits_i\sum\limits_k w_{ij}\varepsilon(t_j-t_i-d^k)$，做小量分析，可得

$$\begin{aligned}\frac{\partial t_j}{\partial w_{ij}^k}&=-\frac{\varepsilon(t_j-t_i-d^k)}{\dfrac{\partial V_j}{\partial t}\Big|_{V=V_{\text{th}}}}\\&=-\frac{\varepsilon(t_j-t_i-d^k)}{\sum\limits_i\sum\limits_k w_{ij}^k\dfrac{\partial\varepsilon}{\partial t}}\\&=\frac{\varepsilon(t_j-t_i-d^k)}{\sum\limits_i\sum\limits_k w_{ij}^k\varepsilon(t_j-t_i-d^k)\left(\dfrac{1}{t_j-t_i-d^k}-\dfrac{1}{\tau}\right)}\end{aligned} \tag{5-5}$$

结果虽然准确，但是在实际硬件实现中过于复杂。假如把推导的中间量 $\dfrac{\partial V_j}{\partial t}\Big|_{V=V_{\text{th}}}$ 看作一个统计的常数，式(5-5)可以大大简化，即 $\dfrac{\partial t_j}{\partial w_{ij}^k}\propto\varepsilon(t_j-t_i-d^k)$。因此，式(5-2)可以简化为

$$\Delta w_{ij}^k=\eta'\varepsilon(t_j-t_i-d^k)(t_j-t_j^d) \tag{5-6}$$

注意，$\varepsilon(t_j-t_i-d^k)$ 的含义是前一级神经元在 t_i 时刻发出一个脉冲 $\varepsilon(t-t_i)$，经过突触延迟 d^k，然后脉冲波形在后一级神经元的激发时刻 t_j 被采样。显然，前

后级神经元的脉冲发放时间差$(t_j - t_i)$越大，采样获得的电压幅度越小。

对比式(4-4)不难发现，式(5-6)再次验证了监督学习下的突触权重更新一般法则，即突触权重调制的大小Δw_{ij}^k一方面正比于输出对期望值的偏移量$(t_j - t_j^d)$，另一方面正比于输入的大小$\varepsilon(t_j - t_i - d^k)$。相比人工神经网络的监督学习，后一点在形式上有所变化，毕竟脉冲神经网络的输入是脉冲，而原则上所有脉冲的形状是全同的。换句话说，输入脉冲的形状本身无法编码输入的大小信息。因此，这里通过前一级神经元脉冲的发放时刻(相对于输出脉冲的间隔)反映输入大小。

1. 电路设计实现

下面分析如何以忆阻突触器件为核心，搭建读写电路(read & write circuits)来实现神经网络的前向与更新运算。脉冲神经网络监督学习的电路实现如图 5.2 所示。

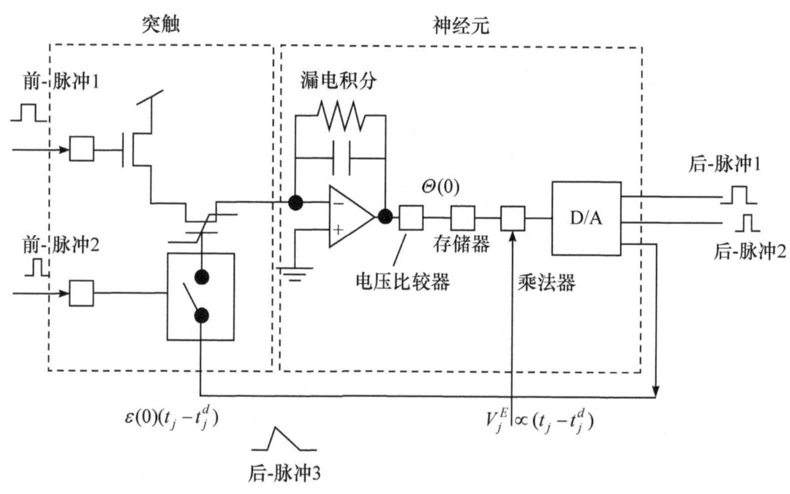

图 5.2　脉冲神经网络监督学习的电路实现(从隐藏层到输出层)[3]

图中左侧虚线框内是突触电路模块，右侧虚线框内是神经元模块。其中，突触模块包含一个普通晶体管、一个铁电场效应晶体管和一个采样电路。普通晶体管负责将前一级传来的电压信号转为电流。铁电场效应晶体管的源漏端接前后级神经元，它的沟道电导模拟突触的权重。采样电路负责生成写电压信号，以非易失地调制铁电场效应晶体管沟道电导。神经元模块由漏电-积分电路、电压比较器、存储器、数模转换电路等部分组成。其中，漏电-积分电路由运算放大器、电阻、电容构成，从突触模块传来的电流在此处一边通过电容积分，一边经过电阻泄露。当放大器输出电压被积分到超过设定的阈值时，电压比较器发放信号给后续电路，指示它发放脉冲，即点火信号。模数转换模块要发放三个脉冲，其中一号脉冲

(Post-pulse 1)传递给后一级突触，提供积分点火的电压驱动，如图中突触模块的输入所示；二号脉冲(Post-pulse 2)给后一级突触采样信号；三号脉冲(Post-pulse 3)提供本级突触的写信号，幅度正比于实际脉冲发放时间与期望值的差值($t_j - t_j^d$)，经过前一级的二号脉冲信号做采样，可以得到对本级突触的写电压。

(1) 前向运算电路

如图 5.2 左上角所示，首先通过一个常规 FET 将来自前一级的电压脉冲 Pre-pulse 1 转化为电流。这样处理的好处是，隔绝了前一级的电流影响、阻抗匹配等要求。

随后电流经过铁电场效应晶体管突触流入漏电-积分-点火型神经元模块，由该模块决定是否产生电压脉冲送给网络的下一级，以及用于本级权重更新的电压脉冲信号。

(2) 铁电场效应晶体管突触的权重调制原理

基于铁电场效应晶体管的突触及模拟权重更新特性示意图如图 5.3 所示。图 5.3(a)描述了由铁电材料构成的栅介质层在栅压作用下的极化翻转现象，以及对应的沟道载流子极性与浓度调控。其原理是正/负栅压可以调制铁电栅介质层的极化方向和强度，从而调制沟道的载流子浓度，并且由于铁电材料极化调制的非易失性，相应的沟道载流子浓度调制也是非易失的。因此，对铁电场效应晶体管突触权重的调制是通过栅压 V_G 实现的。

实验制备的铁电场效应晶体管的模拟权重调制特性如图 5.3(b)和图 5.3(c)所示。首先，图 5.3(b)显示在连续的全同正/负栅压脉冲 调制下，晶体管沟道电导连续上升/下降，表现出较好的线性度、对称性和可重复性。其次，施加不同幅度的单个栅压脉冲，得到的铁电场效应晶体管沟道电导调制特性如图 5.3(c)所示。$\Delta G(G_{\text{init}}, V_{\text{pulse}})$ 曲线指出，电导调制不仅取决于栅极写电压脉冲的幅度 V_{pulse}，还取决于初始态的电导值 G_{init}。例如，当器件沟道电导处于较高的初始电导态($G_{\text{init}} = 50\mu\text{S}$)时，负栅压($V_{\text{pulse}} > 0$)能够引起较大幅度的沟道电导减弱($\Delta G < 0$)，正栅压($V_{\text{pulse}} > 0$)只能引起较小幅度的沟道电导增强($\Delta G > 0$)。另外，当器件沟道电导处于较低的初始电导态($G_{\text{init}} = 0\mu\text{S}$)时，正/负写栅压引起的沟道电导调制幅度则刚好相反。这里的物理机制是铁电极化的饱和效应。当 n 型 FET 的沟道初始电导很大时，意味着铁电栅介质已经处在极化向下近似饱和的状态。在这种情况下，再施加正的写栅压也很难引起更多的铁电畴极化向下。相反，施加负的写栅压则较容易将众多的极化向下铁电畴极化方向翻转，从而引发沟道载流子浓度的显著降低。

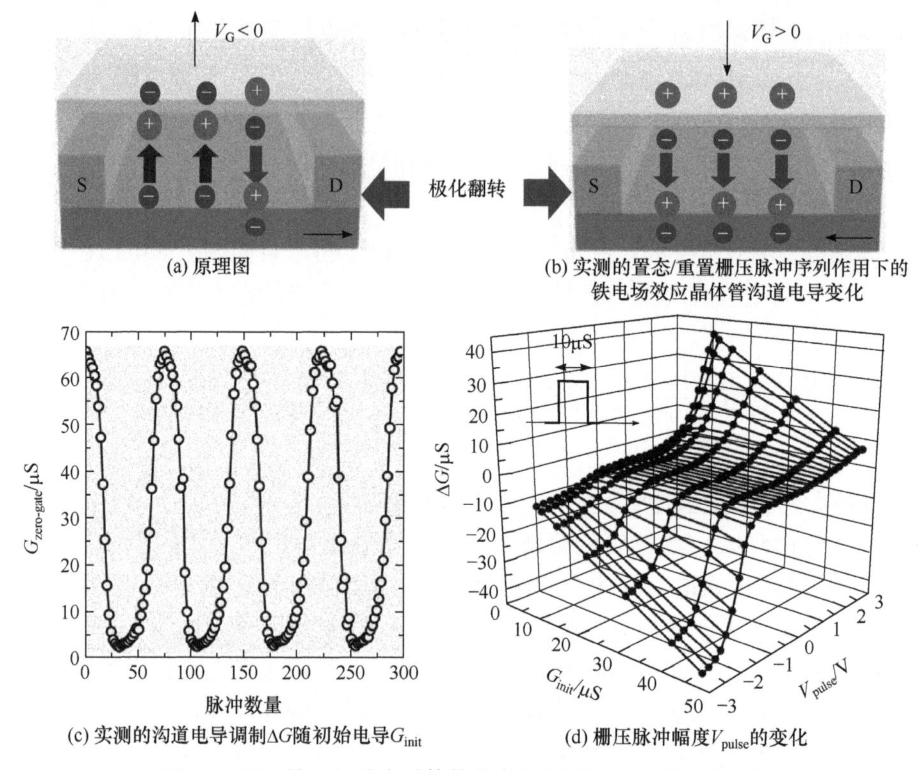

(a) 原理图　(b) 实测的置态/重置栅压脉冲序列作用下的铁电场效应晶体管沟道电导变化

(c) 实测的沟道电导调制ΔG随初始电导G_{init}　(d) 栅压脉冲幅度V_{pulse}的变化

图 5.3　基于铁电场效应晶体管的突触及模拟权重更新特性[3]

(3) 权重更新电路

从隐藏层到输出层的突触权重更新表达式(5-6)包含两项。其中$\varepsilon(t_j - t_i - d^k)$可以通过采样电路实现。如图 5.2 所示，当本级神经元产生输出脉冲$\varepsilon(t_j)$时，将其经过处理后送到铁电场效应晶体管突触的栅极，由前一级的第二个输入脉冲 Pre-pulse 2 采样，就可以得到正比于$\varepsilon(t_j - t_i - d^k)$的电压。如图 5.3(d)所示，铁电场效应晶体管的电导调制在一定区间内正比于所施加的电压脉冲幅度。因此，$\Delta w_{ij}^k \propto \varepsilon(t_j - t_i - d^k)$是可以实现的，输入-输出脉冲时间差的电压转换电路模块如图 5.4 所示。该电路由两部分构成，一部分是电压脉冲波形生成与采样电路，另一部分是尖峰保持电路。

式(5-6)物理实现的关键困难在于$t_j - t_j^d$。可以看到，这一项的量纲是时间，而权重变化需要通过电压实现。因此，需要图 5.4(b)所示的一个电路模块，将时间差$t_j - t_j^d$转换为对应的写电压幅度。其中，电压脉冲波形生成电路模块首先产生一个随时间演化的电压波形$V_j^d(t)$。当$t = t_j^d$时，$V_j^d = 0$在$t_j^d - T^d < t < t_j^d + T^d$区

间，V_j^d 随 t 线性减小；在线性区间外，V_j^d 为正/负的饱和值 V_{MAX}^d。图 5.4(c)是该电路模块的信号流程图。其中，采样电路由实际输出脉冲时刻 t_j 的电压脉冲 V_j^{out} 对上述波形 $V_j^d(t)$ 采样，得到 V_j^{sample} 的脉冲电压；尖峰保持电路以该脉冲电压激活一个阶跃电位 V_j^{error}。

图 5.4 所示的电路模块的输出就是图 5.2 右下角的 $V_j^E \propto (t_j - t_j^d)$ 送给神经元模块波形产生电路的乘法器(multiplier)部分。与本级神经元产生的脉冲信号 $\varepsilon(t_j)$ 相乘，相乘结果 $\eta'(t_j - t_j^d)\varepsilon(t_j)$ 即本级神经元的输出信号 Post-pulse3，将其反馈到铁电场效应晶体管突触的栅端，通过前一级给出的 Pre-pulse2 进行采样，可以得到式(5-6)所需的写电压 $\eta'\varepsilon(t_j - t_i - d^k)(t_j - t_j^d)$。

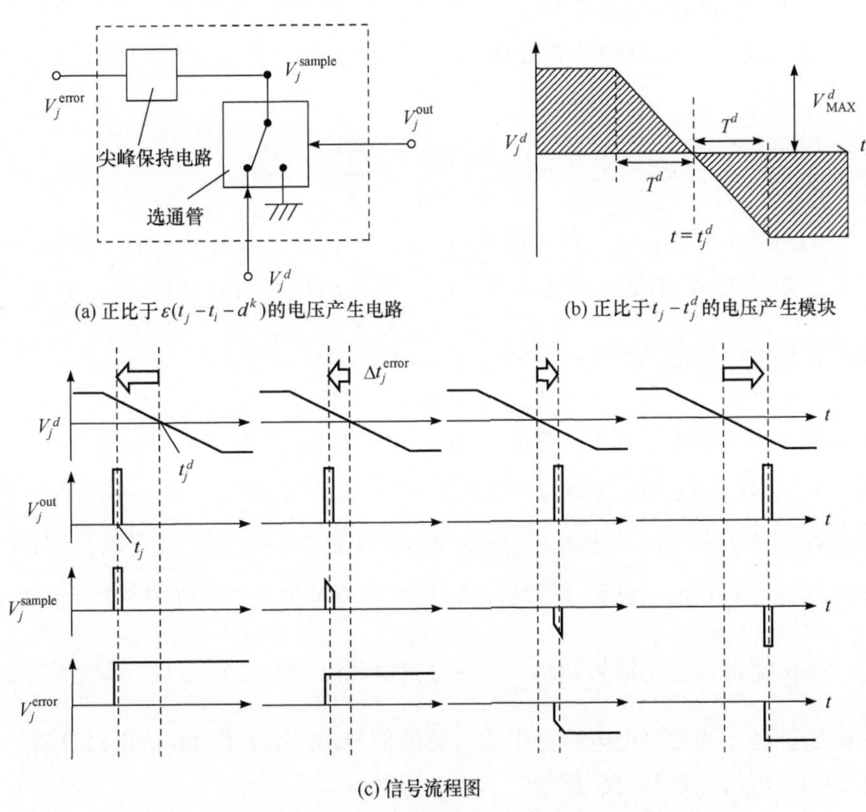

(a) 正比于 $\varepsilon(t_j - t_i - d^k)$ 的电压产生电路　　(b) 正比于 $t_j - t_j^d$ 的电压产生模块

(c) 信号流程图

图 5.4　输入-输出脉冲时间差的电压转换电路模块[3]

5.1.3　权重更新：输入层到隐藏层

下面讨论图 5.1 中从输入层到隐藏层的权重更新式及电路实现，即

$$\begin{aligned}\Delta w_{hi}^{k} &= -\eta \frac{\partial E}{\partial w_{hi}^{k}} \\ &= -\eta \frac{\partial E}{\partial t_i}\frac{\partial t_i}{\partial w_{hi}^{k}} \\ &= -\eta \sum_{j} \frac{\partial E}{\partial t_j}\frac{\partial t_j}{\partial t_i}\frac{\partial t_i}{\partial w_{hi}^{k}}\end{aligned} \tag{5-7}$$

与式(5-2)类似，式(5-7)的物理含义也是很清晰的，即当输入层第h个神经元到隐藏层第i个神经元之间的第k个突触发生权重变化Δw_{hi}^{k}时，它会引起后者的脉冲激发时刻变化Δt_i。从图 5.1 的神经网络结构可以看到，隐藏层第i个神经元脉冲发放时刻变化Δt_i会诱发与它连接的输出层的全部神经元脉冲发放时刻变化Δt_j，而Δt_j会引起误差变化ΔE。

经过与前一节类似的数学处理，可得输入层到隐藏层突触权重的更新表达式，即

$$\Delta w_{hi}^{k} = \eta'' \varepsilon(t_i - t_h - d^k)\sum_{j}(t_j - t_j^d) \tag{5-8}$$

它仍然是符合监督学习的一般法则，$\varepsilon(t_i - t_h - d^k)$描述作为后一级的隐藏层神经元感知(采样)到的输入电压大小，$(t_j - t_j^d)$是输出对期望值的偏差，求和$\sum_j$表示误差在传播中扩散的效果。

脉冲神经网络监督学习的电路实现如图 5.5 所示，展示了如何将式(5-8)用实际电路模块搭建出来。其中，突触和神经元模块的具体电路结构已经在图 5.2 中给出；V_j^E模块代表实际输出与期望输出脉冲时间差的电压幅度转换电路，其具体结构在图 5.4 中给出；全部V_j^E模块通过加法器电路累加，就可以得到式(5-8)要求的$\sum_j(t_j - t_j^d)$项。然后，反馈给隐藏层的所有神经元，通过图 5.2 所示神经元内部的乘法器得到输出信号$\varepsilon(t_i)\sum_j(t_j - t_j^d)$(即 Post-pulse 3)。最后，将此信号反馈给隐藏层神经元的突触栅电极，由输入脉冲信号$\varepsilon(t - t_h)$(即 Pre-pulse 2)采样，得到式(5-8)要求的完整写电压信号。

接下来，我们把隐藏层到输出层的突触权重更新电路一并画出。脉冲神经网络监督学习的电路实现如图 5.6 所示。

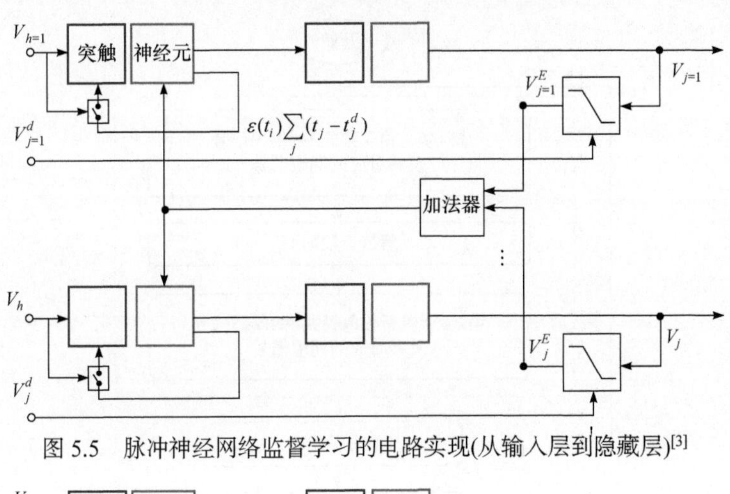

图 5.5　脉冲神经网络监督学习的电路实现(从输入层到隐藏层)[3]

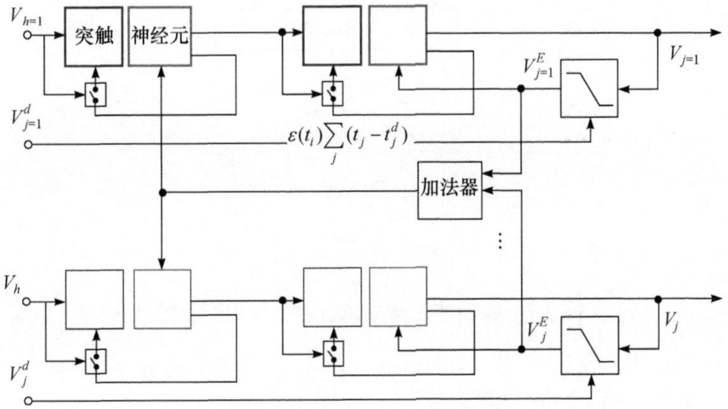

图 5.6　脉冲神经网络监督学习的电路实现(全景)[3]

可以看到，上述电路虽然相当复杂，但它是本书讲解的第一例由硬件电路实现的监督学习信号。在前述章节人工神经网络的监督学习的工作中，获得神经网络实际输出信号后，通常由外部计算资源解算出所需的权重更新量 Δw_{ij} ，以及相应的写电压 ΔV_{ij} 。

5.1.4　操作流程

脉冲神经网络执行监督学习流程如图 5.7 所示。脉冲神经网络执行监督学习的信号时序如图 5.8 所示。

如图 5.7 所示，首先输入模式 A 的编码信号，以及对应的输出期望信号；等一段时间，以便信号传播到最终输出；再次输入模式 A 的编码信号和输出期望信号。以上述方式逐个学习模式 B、C 等。学习完全部模式后，测试误差是否小于期望值。如果是，学习完成；否则，重复上述学习过程。

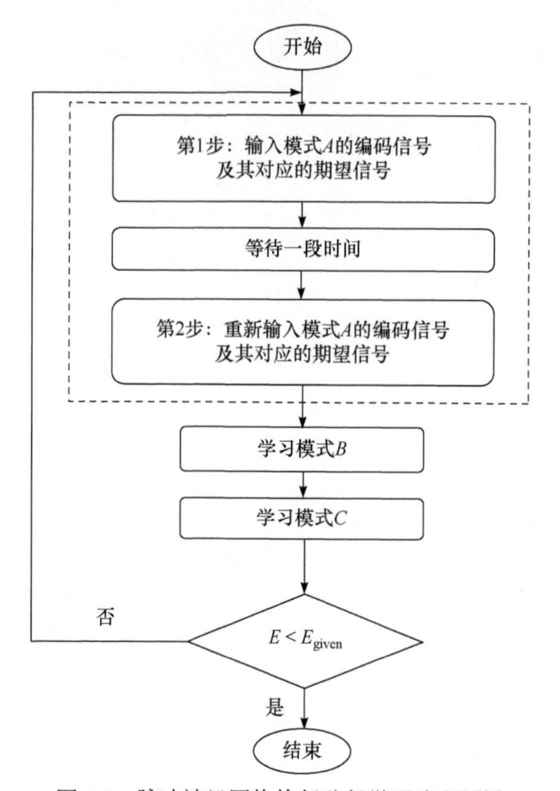

图 5.7　脉冲神经网络执行监督学习流程图[3]

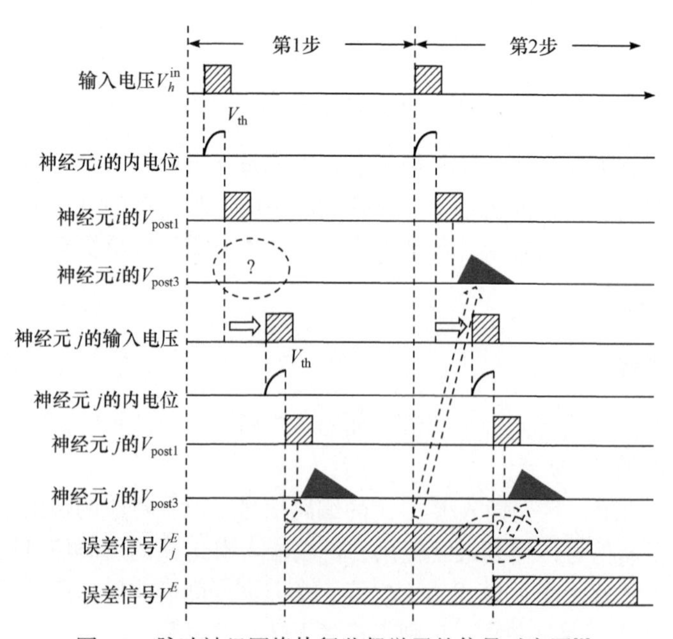

图 5.8　脉冲神经网络执行监督学习的信号时序图[3]

图 5.7 中特别值得注意的地方是，同样的输入信号先后输入了两遍。这样做的关键原因如图 5.8 中问号区域所示。在样本第一轮输入的前向传播过程中，隐藏层神经元 i 虽然已经激发了，可以产生输出信号 Post-pulse1，但由于还没有传播到最终输出层神经元，也就没有输出偏差信号 $t_j - t_j^d$，因此无法构建 Post-pulse3。缺失了关键的 Post-pulse3 信号，就无法获得针对输入到隐藏层突触权重更新的电压写信号。后果就是第一轮输入，无法执行对突触权重的调制。

相反，在样本第二轮输入的前向传播过程中，关键的输出误差信号 V_j^E 已经在上一轮最终输出后构建出来，因此隐藏层神经元的输出信号 Post-pulse3 可以构建。相应的隐藏层突触权重更新电压即可得到。

5.1.5　异或问题应用

从第 1 章的讨论可知，异或问题是一个典型的非线性分类问题，也是检验神经网络处理非线性问题的一个标准测试问题。本节讨论应用脉冲神经网络监督学习算法解决异或分类问题。

首先，Nishitani 等[3]建立了由 3 个输入神经元、5 个隐藏层神经元、1 个输出神经元构成的 2 层神经网络。此处，每对前后级神经元之间连有 16 个突触，并且每个突触都有独立可调的延迟时间 d^k (式(5-8))。异或问题的脉冲神经网络时滞编码如表 5.1 所示。

表 5.1　异或问题的脉冲神经网络时滞编码

t_1^{in} /ms	t_2^{in} /ms	t_3^{in} /ms	t_1^d /ms
6	6	0	16
6	0	0	10
0	6	0	10
0	0	0	16

在 3 个输入神经元中，第 3 个是参考神经元，它的脉冲发放时间定义了输入的开始，即 $t_3^{\text{in}} \equiv 0\,\text{ms}$。以此参考时间为 0 点，第一和第二神经元分别用第 0ms 与第 6ms 的脉冲发放编码 1 和 0。输出神经元的脉冲期望发放时间是第 10ms 与第 16ms，分别对应 1 和 0。

异或问题的脉冲神经网络监督学习仿真结果如图 5.9 所示。图 5.9(a)和图 5.9(b)分别是输出神经元的脉冲实际发放时间 t_1^{out} 和误差 $(t_{\text{out}} - t_{\text{out}}^d)^2$ 随训练次数的演化。根据异或逻辑，(0, 0)和(1, 1)的情况对应的输出归为一类，(1, 0)和(0, 1)的情况为另一类。可以看到，训练 2000 次左右，输出神经元的脉冲实际发放时间基本收敛到期望值；训练达到 4000 次左右，下降到 $10^{-1}\mu s$ 以下。

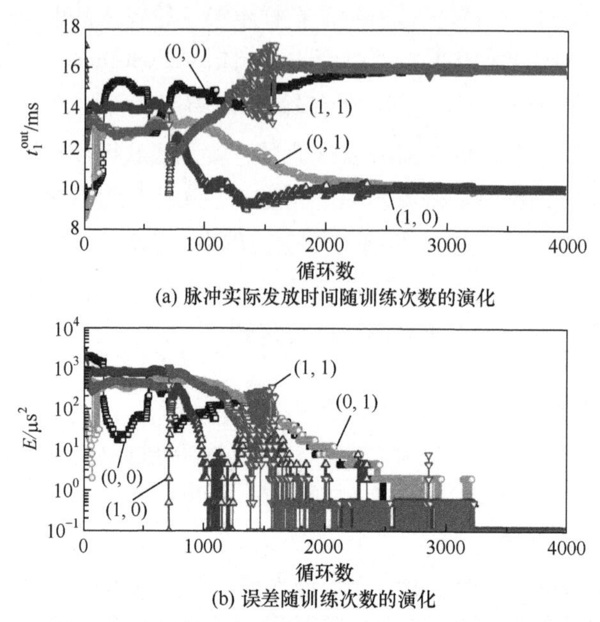

(a) 脉冲实际发放时间随训练次数的演化

(b) 误差随训练次数的演化

图 5.9　异或问题的脉冲神经网络监督学习仿真结果[3]

不难发现，即使是异或这样相对简单的非线性分类问题，相比模拟值编码神经网络，脉冲神经网络的监督学习收敛速度显著下降。这可能是脉冲神经网络中神经元非常复杂的动力学过程导致的。

5.1.6　问题与改进方案(1)

在实际应用中，研究人员发现脉冲传播(SpikeProp)方案只在处理异或这种相对简单的非线性问题时比较有效，对于需要多层神经网络的手写数字集(MNIST)，训练效果很差，识别率距离实用很远。

深入分析发现，对于多层神经网络，由于传播层数多、路径复杂，常常存在某些神经元没有激发的情况。数学上，就是式(5-5)中的神经元激发时刻 $t_j|_{V=V_{th}}$ 不存在，相应的导数 $\frac{\partial V_j}{\partial t}|_{V=V_{th}}$ 也不存在，因此对应的突触权重没有更新。原则上，脉冲传播要求神经元的激发时刻分布在 $[0,t_p]$，即最迟应该在设定每层神经元响应时间窗口的末时刻激发，而不是不激发。

为解决上述问题，张大友[4]引入一种巧妙的处理办法。强制激发神经元的膜电位如图 5.10 所示。

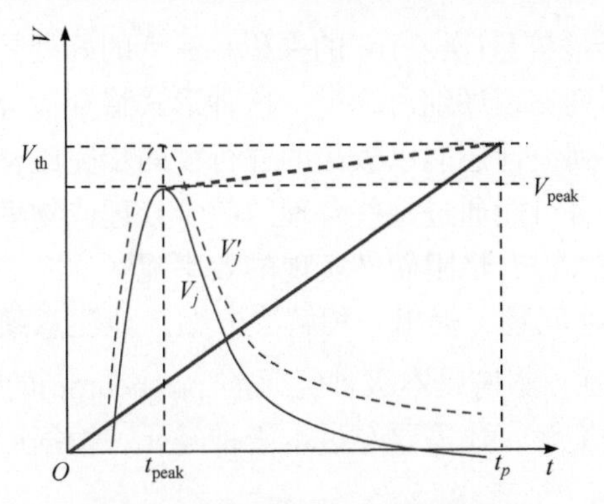

图 5.10　强制激发神经元的膜电位

图 5.10 中的细实线是未激发神经元的膜电位 V_j 随时间的演化图。它达到峰值电位 V_{peak} 的时间为 t_{peak}，本级神经元脉冲发放的关门时间为 t_p；细虚线是强制该神经元激发的膜电位 V_j'。强制该神经元在时间窗口允许的最后时刻激发，等效于在 $[t_{peak}, t_p]$，膜电位从 V_{peak} 上升到 t_{peak}，因此如图 5.10 中粗虚线所示。

$$\left.\frac{\partial V_j}{\partial t}\right|_{V=V_{th}} \approx \frac{V_{th}-V_{peak}}{t_p-t_{peak}} \tag{5-9}$$

神经网络仿真发现，应用上述近似可以将手写数字集的识别率从 70%左右提升到 95%，非常接近模拟神经网络监督学习的水平。

然而，上述方案执行时遇到的问题是，对每一个原本没有激发的神经元都必须按照式(5-9)计算它的等效膜电位变化率。出于压缩计算复杂度的考虑，张大友等继续改进了该方案，即

$$\left\langle \left.\frac{\partial V_j}{\partial t}\right|_{V=V_{th}} \approx \frac{V_{th}}{t_p} \right\rangle \tag{5-10}$$

即用≈右边的值估算所有强制激发神经元的均值，用该均值替代，也就是用图 5.10 中的粗实线替代全部粗虚线，而不是根据式(5-9)计算每一个强制激发神经元的等效膜电位变化率。

神经网络仿真发现，上述近似几乎不降低手写数字集的训练效果。与此同时，它将权重更新所需的计算代价大幅度降低了。

5.1.7　问题与改进方案(2)

仔细观察式(5-8)不难发现，它并不像模拟神经网络反向传播式(4-15)那么简洁，即可以将本层神经元的突触阵列权重更新 Δw_k 定义为一个前向传播矢量(输

入) x_{k-1} 与一个反向传播矢量(误差) δ_k 的乘积。后者的好处是，我们在前述章节反向传播的忆阻交叉阵列实现详细讨论过。这种形式特别适合用忆阻阵列来实现，通过巧妙的写脉冲序列设计还能以极高的并行度两步完成整个突触阵列的更新。

换句话说，有没有可能通过一些合理的数学处理或物理近似，将式(5-8)改写为上述形式，从而大大提升忆阻硬件实现的效率呢？

张大友[4]针对上述问题，提出一种解决方案。他注意到式(5-8)改写的主要障碍在于 $\varepsilon(t_i - t_h - d^k)$ 项。本应是本级神经元前(pre-neuron)的前向传播项 $\varepsilon(t_h)$ ，现在不仅需要经过本级突触，还需要经过本级神经元，根据后者的输出时间 t_i 来反馈采样。

因此，问题变为如何把一个 $h \times i$ 的矩阵 $\varepsilon(t_i - t_h - d^k)$ 降维成一个 h 维的向量，同时最大程度地保留有效信息？

一个很容易想到的思路是，把这个矩阵看作 i 维空间中 h 个点的坐标信息，那么把这 h 个点投影到其中某一个维度上，在形式上就是一个符合要求的降维操作。

具体往哪个维度上投影，才能最大程度保留有效信息呢？熟悉线性代数理论的读者很自然地会想到主成分分析方法。该方法对问题有效性的严格数学证明请参考文献[4]。这里提一个直观的理解，我们知道，主成分分析等效于将 h 个点投影到 i 维空间的主轴方向，而所谓主轴方向是指这 h 个点投影后，离散度最大的方向。换句话说，投影到这个方向，h 个点之间的差异总体最大。从神经网络应用的角度，来自前一级 h 个神经元的脉冲信息互相之间差异越大，对后续根据差异做分类操作的效果应该越好。

神经网络仿真结果也证实了该方法的有效性。针对手写数字集的训练与测试表明，基于上述方法改写后的脉冲传播权重更新式，神经网络训练的收敛速度与原方案没有明显差别，测试正确率也与原方案基本一致[4]。

如前所述，将权重更新式(5-8)改写为类似式(4-15)的形式，目的是大幅度提升硬件实现的效率。反向传播的忆阻交叉阵列实现展示了一种巧妙的设计，它仅需两步即可完成忆阻交叉阵列的全部电导更新。然而，对于精度要求更高(≥6bit)的突触权重，该方案的脉冲序列设计复杂度急剧增大，对器件的模拟值写入特性要求也大幅提升，因此可行性显著下降。鉴于此，美国 IBM(International Business Machines Corporation，国际商业机器公司)研究中心的 Gokman 等提出一种基于随机计算原理的突触阵列权重更新方案[5]。它的基本思想是，假如从阵列的字线某行输入比例为 P_j 的随机脉冲序列，而从阵列的位线某列输入比例为 P_i 的序列，那么被选中突触单元遇到双方刚好重合的脉冲比例为 $P_j P_i$ 。如果进一步将上述两列脉冲的幅值设置为写阈值 V_{write} 的±1/2，那么被选中的单元接收到的有效写脉冲比

例就是 P_jP_i。基于随机计算原理的突触阵列权重更新如图 5.11 所示。它以阻变处理单元(resistive processing unit，RPU)构建突触阵列，BL 表征脉冲序列比特流的长度(length of bit stream)。阵列字线按行输入比例为 P_j 的随机脉冲序列，位线按列输入比例为 P_i 的序列，字线和位线的电压脉冲幅值分别设计为器件写阈值 V_{write} 的 $\pm 1/2$，因此当且仅当字线与位线发放的脉冲刚好对准时，突触权重被擦写，产生一个单位的变化 $\Delta w_{\min}$。

该方案一个显而易见的优点是，P_j 和 P_i 分别用来编码反向传播式的 δ_k 和 x_{k-1}，只要随机脉冲序列足够长，原则上就可以达到较高的模拟值编码精度。

在硬件实现层面，图 5.11 所需的概率指定为 P_j 和 P_i 的随机脉冲序列， 原则上可以通过真随机数发生器(true random number generator，TRNG)来实现。具有指定概率的随机脉冲序列发生电路如图 5.12 所示。在忆阻交叉阵列的每行与每列配备一个 0～1 的真随机数发生器、一个参考值设定为 P_j 或 P_i 的比较器，以及一个控制单元。将一个周期性脉冲序列输入，由时钟上升沿激发随机数发生器工作，假如产生的随机数大于比较器参考值 P_j 或 P_i，则比较器输出为高电平，因此控制器允许当前时钟的输入脉冲通过。

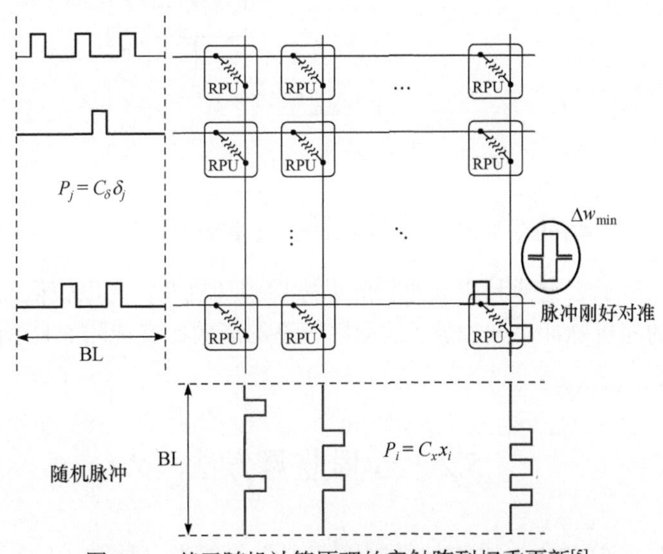

图 5.11　基于随机计算原理的突触阵列权重更新[5]

然而，上述方案的硬件代价显然不低。鉴于此，张大友[4]提出一种基于选通管随机性的电路实现方案。如图 4.22 所示，在直流电压往复扫描下，它会发生易失性的高低电阻转变，即阈值转换。图 4.22 同时显示，该器件的高低阻态切换具有一定的随机性。这种随机性由常见阈值转换材料的物理机制决定，并且从高阻到低阻的随机开启概率是由外加电压决定的①。因此，我们只需将图 5.12 中的真随机数发生器、比较器与控制模块替换为以选通管为核心的单元，将模拟值 δ_k 和 x_{k-1} 各自转换为对应器件两端的电压，控制选通管的随机打开概率，就可以获得具有指定概率的随机脉冲序列。

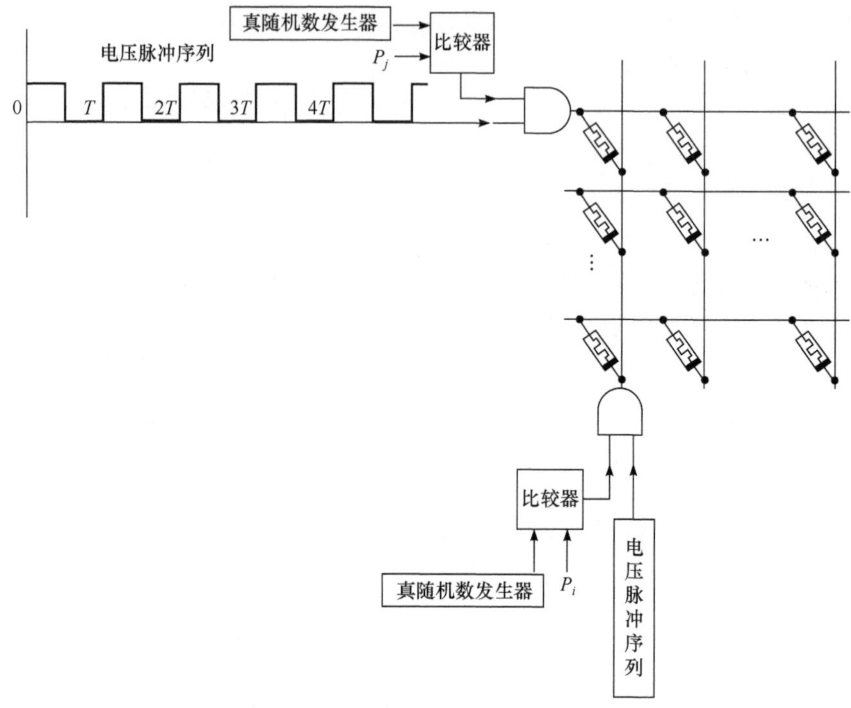

图 5.12 具有指定概率的随机脉冲序列发生电路(基于真随机数发生器)

上述讨论显示，充分利用选通管的易失性和随机性，能以较低的硬件代价实现指定概率的随机脉冲序列发放，从而以较高的能效比实现图 5.11 所示的突触权重矩阵更新。

5.2 远程监督方法

基于脉冲发放时序编码的神经网络监督学习的另一种常用的算法是远程监督方法(remote supervised method，ReSuMe)。这种方法原则上也是从误差定义出发(式(5-1))，采用梯度下降原理来极小化误差。它的严格数学推导见参考文献[6]。

① 关于选通管(即阈值转换器件)随机性的详细讨论，参见相关章节“基于 OTS 的随机突触”和“Ovonic 型”。图 10.10 显示，Ovonic 型阈值转换器件 $GeSe_x$ 开启的概率与它两端的电压幅值是近似的线性关系。

这里介绍一种更加形象的推导方法。

5.2.1　算法原理

ReSuMe 示意图如图 5.13 所示。前一级神经元在 t_{in} 时刻发放一个脉冲，紧接着后一级神经元在 t_{out} 时刻发放响应脉冲，而该脉冲的期望时刻是 t_{out}^d。

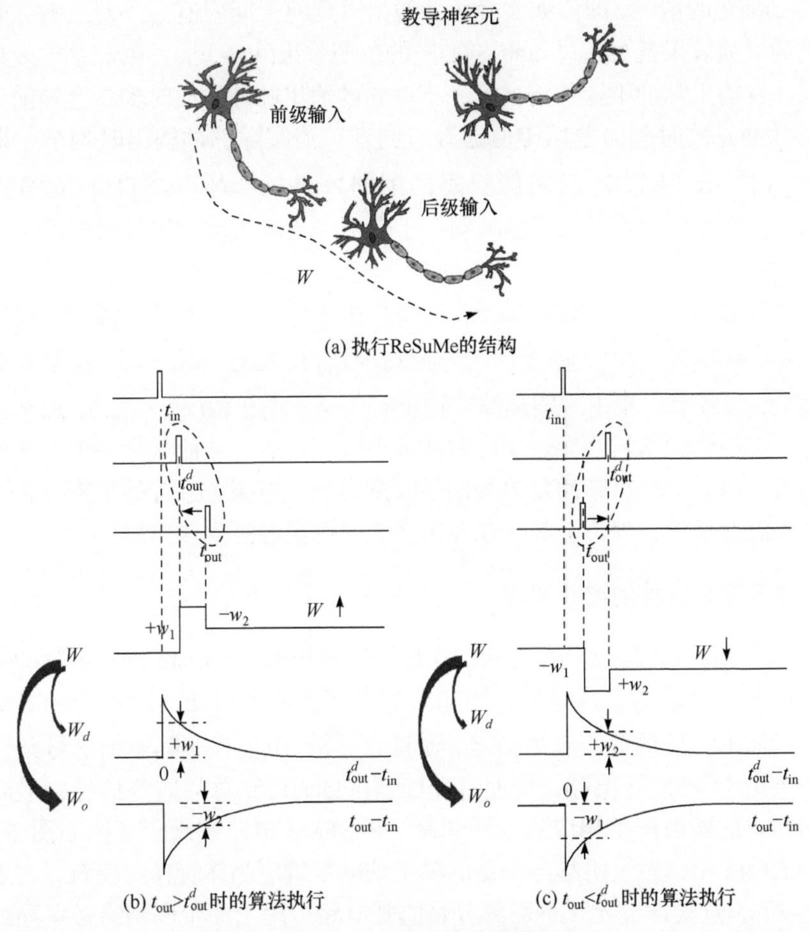

(a) 执行ReSuMe的结构

(b) $t_{\text{out}}>t_{\text{out}}^d$ 时的算法执行　(c) $t_{\text{out}}<t_{\text{out}}^d$ 时的算法执行

图 5.13　ReSuMe 示意图

图 5.13(a)显示，在 ReSuMe 中，除了前、后级的输入、输出神经元，还有一个教导神经元。图 5.13(b)指出，当实际脉冲发放比期望时刻来得晚时，说明前后级神经元之间的突触权重应该增大($\Delta w>0$)，以加强信号传递效率。如图 5.13(a)所示，这里引入教导神经元(teacher neuron)。顾名思义，它要教导输出神经元给出正确的输出时刻，所以它负责脉冲发放时刻的期望值 t_{out}^d。

接下来，理解 ReSuMe 的关键是输入神经元与教导神经元构成 STDP 对，而输入神经元与输出神经元构成 anti-STDP 对。

① STDP 对，随着 $t_{out}^d - t_{in}$ 增大，突触权重的增加量 w_1 指数缩小。

② anti-STDP 对，随着 $t_{out} - t_{in}$ 增大，突触权重的减小量 w_2 指数缩小。

当 STDP 对和 anti-STDP 对的衰减曲线高度对称时，就会出现图 5.13(b) 和图 5.13(c)描述的情况，即假如实际脉冲输出时刻晚于期望值 $t_{out} > t_{out}^d$，STDP 对突触权重的增强效果就会超过 anti-STDP 的削弱效果($w_1 > w_2$)，因此总的效果是突触增强。在输入脉冲不变的情况下，下一轮的输出脉冲发放时刻就会提前，意味着实际脉冲发放时刻向着期望值逼近。同理，当实际脉冲输出时刻早于期望值 $t_{out} < t_{out}^d$ 时，anti-STDP 对突触权重的削弱效果就会超过 STDP 的增强效果($w_1 < w_2$)，因此总的效果是突触减弱，于是下一轮输出脉冲发放时刻就会延后，也是逼近期望值。

值得注意的是，上述设计是一个类似谐振子的自稳定系统。假设未经训练的初始态是实际脉冲输出时刻晚于期望值($t_{out} > t_{out}^d$)，经过一轮学习，突触总的增强幅度过大，导致下一轮出现实际脉冲输出时刻早于期望值($t_{out} < t_{out}^d$)，那么根据上述设计，下一轮的学习会导致实际脉冲输出时刻延后，从而从另一个方向向期望时刻逼近。因此，输出脉冲发放的期望时刻类似于谐振子系统的平衡位置，无论系统初始态在哪里，理论上都会在经历多次振荡后静息到该位置。

5.2.2 基于互补器件的电路实现

针对 ReSuMe，比较容易想到的设计思路是仿照 Nishitani 等实现脉冲传播的办法，需要什么样的监督信号就用相应的电路模块来搭建。这里的关键是首先产生一对波形相反的电压衰减信号，通过教导信号 t_{out}^d 和实际输出信号 t_{out} 采样，采样结果用 D 触发器保存，再通过加法器(adder)得到总的监督信号，最后送给突触晶体管的栅极产生相应的电导调制。ReSuMe 电路实现示意图如图 5.14 所示。图 5.14(a)中，左上阴影部分是以单个铁电场效应晶体管作为突触，右上部分是漏电-积分-点火神经元，下面部分是监督电路，用于产生调制突触电导的写电压。在监督电路中，首先由突触前脉冲(Pre-pulse)激励 STDP 和 anti-STDP 的电压波形，然后由教导信号和突触后脉冲(Post-pulse 2)分别对 STDP 和 anti-STDP 采样，得到的结果由尖峰保持电路保存、输出，通过模拟值加法器生成监督信号电压，送往铁电突触晶体管的栅极。上述过程对应的信号流程如图 5.14(b)所示。可以看到，该方案的监督电路模块比较复杂。

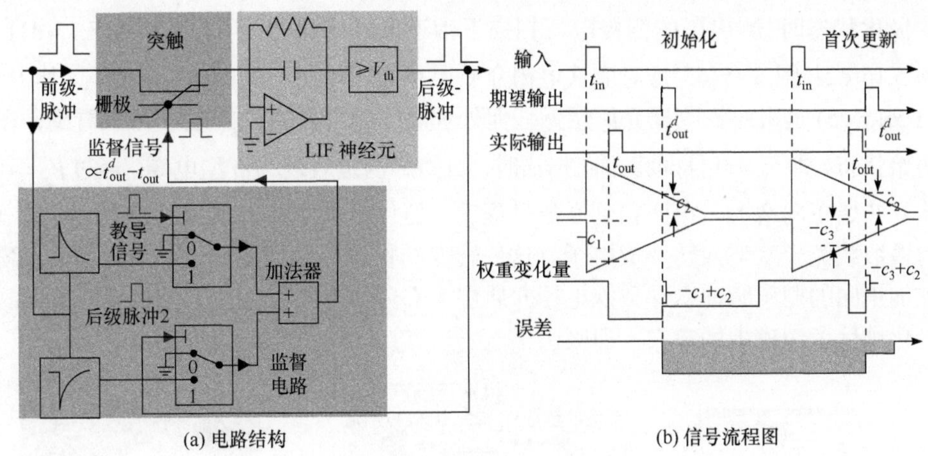

图 5.14　ReSuMe 电路实现(单器件方案)示意图

Zhou 等[7, 8]提出一种基于互补器件的硬件实现方案。该方案巧妙利用了互补器件特性与 ReSuMe 的吻合，从而简化电路实现的复杂度。本节从设计思想出发，推导这种方法，然后讨论它对器件特性的特殊要求，以及为了克服真实器件非理想效应所做的改进。

由算法原理可知，要用硬件高效地实现 ReSuMe，需要以下 3 条。

① 输入信号 t_{in} 和输出信号 t_{out} 在一个器件上实现 anti-STDP 法则。

② 输入信号 t_{in} 和教导信号 t_{out}^d 在另一个器件上实现 STDP 法则。

③ 这两个器件是并联关系，因此两者的权重更新是相加的。

另外，原则上脉冲神经网络的所有脉冲信号形状是一样的。这意味着，上述两个器件是在同样的脉冲信号作用下产生相反的电导调制行为。半导体器件物理告诉我们，假如用晶体管做突触，能够在相同栅电压下产生相反电导调制行为的是 n 型和 p 型构成的互补晶体管。

至此，能够高效实现 ReSuMe 的器件就呼之欲出了，即一对并联的互补晶体管，通过引入铁电栅介质等手段实现非易失的沟道电导调制。

石墨烯沟道-有机铁电栅介质晶体管及栅压调制特性如图 5.15 所示。该晶体管采用石墨烯作为沟道材料、有机铁电体(polyvinylidene fluoride，PVDF)作为栅介质材料，再淀积金属作为源漏电极。在图 5.15(b)中，晶体管的源、漏作为前、后级神经元的信号传输，栅极作为调制信号的引入端。这里之所以选择石墨烯作为沟道材料，是要充分利用其零带隙(zero bandgap) 特性，通过铁电栅介质的不同极化状态将其预置到 n 型或 p 型，从而在同样极性的栅压调制下使其载流子浓度增减相反，对应突触权重的增减方向相反，即增强型(potentiative)与减弱型(depressive)的互补突触特性。

图 5.15(d4)、图 5.15(d5)、图 5.15(d6)是将该器件的铁电栅介质层置于不同

的极化状态时，测出来的栅极电压扫描下沟道电导变化曲线 $G_{ds}(V_g)$。图 5.15(d1)、图 5.15(d2)、图 5.15(d3)是对应铁电栅介质层在栅压作用下的极化翻转情况。其中，图 5.15(d5) 是未对铁电栅介质层做任何处理时，测出来的 $G_{ds}(V_g)$。可以看到，在初始状态，即 $V_g=0$ 且即将正向扫描时，石墨烯沟道表现为 p 型电导。经过 $V_g=0$ 从 0 开始正向增大、再回扫到 0 的过程后，器件沟道电导表现为 n 型，说明沟道的多数载流子从空穴转变成电子。这一转变的物理机制如图 5.15(d2)所示。连续施加正向的栅压脉冲，导致铁电栅介质层大部分铁电畴发生向下的极化，这样的极化排斥了沟道中的空穴，而吸引了电子。

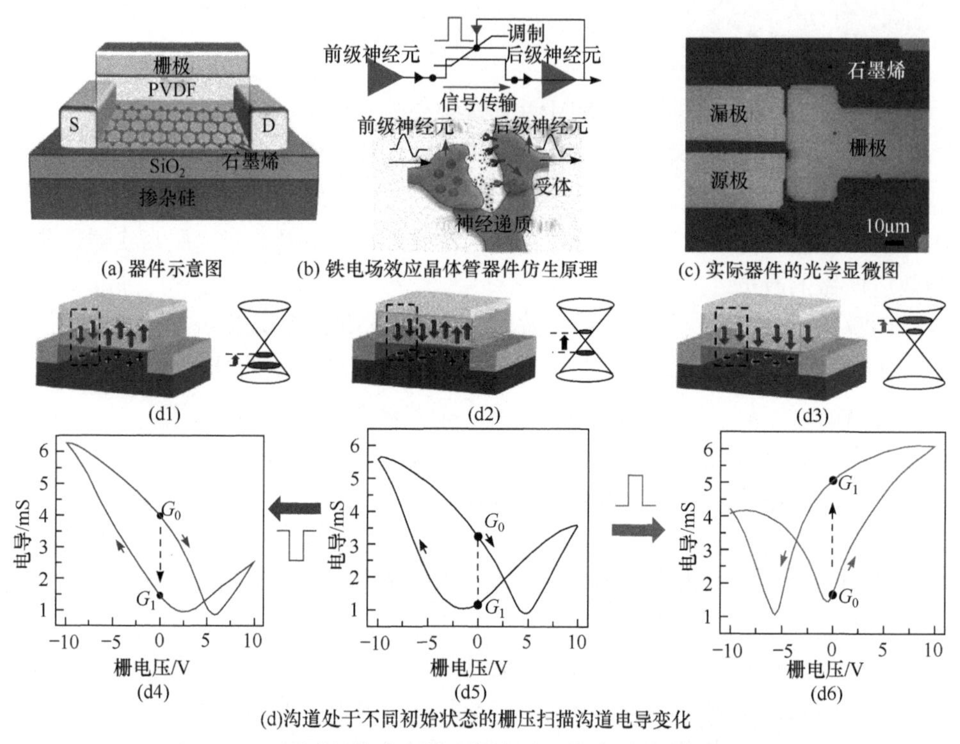

图 5.15　石墨烯沟道-有机铁电栅介质晶体管及栅压调制特性[7]

在实验中，对图 5.15(d2)状态下的晶体管施加若干负向栅压脉冲，重新测量栅压扫描下的 $G_{ds}(V_g)$，可以得到图 5.15(d4)所示的特性曲线。可以看到，器件的初始状态 G_0 表现为更强的 p 型电导，并且经过一轮正向栅压扫描后，其终态电导 G_1 表现为较弱的 p 型电导。对应的物理图景如图 5.15(d1)所示。初始处理导致铁电栅介质层的部分铁电畴发生向上翻转，因此铁电栅介质层整体表现为一定程度的向上极化。该极化导致晶体管的沟道空穴浓度增加，表现为增强的 p 型导电。正因为初始沟道电导的 p 型较强，一轮栅压正向扫描虽然将一部分铁电畴极化翻转为向下，但是总体翻转效果不够，仅能将沟道电导从强 p 型调制到弱 p 型。

另外，从图 5.15(d4)状态下的晶体管出发，施加若干个正向栅压脉冲，将栅介质层的大部分铁电畴极化方向翻转向下，因此对沟道的载流子产生强烈调制，原本的多子空穴被排斥成为少子，而电子被吸引至沟道成为多子，表现为图 5.15(d6)中的器件初始电导 G_0 为弱 n 型。经过一轮栅压正向扫描后，器件栅介质层中更多的铁电畴极化翻转为向下，因此终态电导 G_1 表现为较强的 n 型。

从上述分析可以看到，如果把正向栅压引起沟道电导增加的器件定义为增强型突触，反之为减弱型，则图 5.15(d6)状态的器件是前者，图 5.15(d4)状态的器件是后者。换句话说，通过对图 5.15(d5)器件的初始铁电栅介质层施加相反方向的极化，可以获得增强型和减弱型两种调制行为相反的突触，即互补突触。

铁电场效应晶体管突触的模拟权重更新特性如图 5.16 所示。图 5.16(a)和图 5.16(b)为制备的铁电栅介质-石墨烯沟道晶体管在初始被置为 p 型和 n 型的情况下，分别经历负的栅压脉冲序列和正的序列，测得的沟道电导调制情况。实验显示，按照前述定义，n 型晶体管可用作增强型突触，p 型则是减弱型突触。图 5.16(c)和图 5.16(d)是将铁电场效应晶体管沟道置为 p 型后，施加不同幅值、脉宽的栅压脉冲序列，引起的沟道电导调制情况。

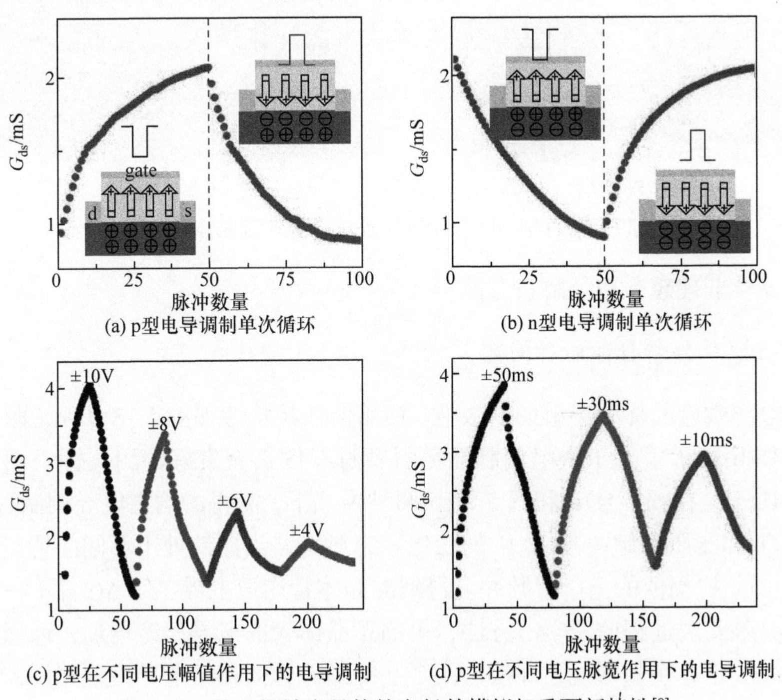

图 5.16　铁电场效应晶体管突触的模拟权重更新特性[8]

值得一提的是，由于单个铁电畴在阈值电压作用下的翻转具有概率性，而该实验制备的晶体管其铁电栅介质层具有多个铁电畴，因此在全同正负栅压脉冲序列作用下，铁电层的整体极化翻转表现出较好的连续性，对应的沟道电导增强/减弱连续性均较好，即相应的模拟权重调制特性较好。

ReSuMe 电路实现(互补铁电场效应晶体管方案)如图 5.17 所示。图 5.17(a)，左上方阴影部分是突触，将增强型(n 型)和减弱型(p 型)铁电场效应晶体管并联，构成突触；下方阴影部分是监督电路，以突触前脉冲(Pre-pulse)激发一个 STDP 信号，教导信号和突触后信号(Post-pulse 2)分别对 STDP 采样，采样所得电压各自送到增强型与减弱型晶体管的栅极，调制这两个晶体管的沟道电导。图 5.17(b)是对应的信号流程图。对比图 5.14 所示的基于单个器件的实现方案，可以看到监督电路模块被大大简化了。

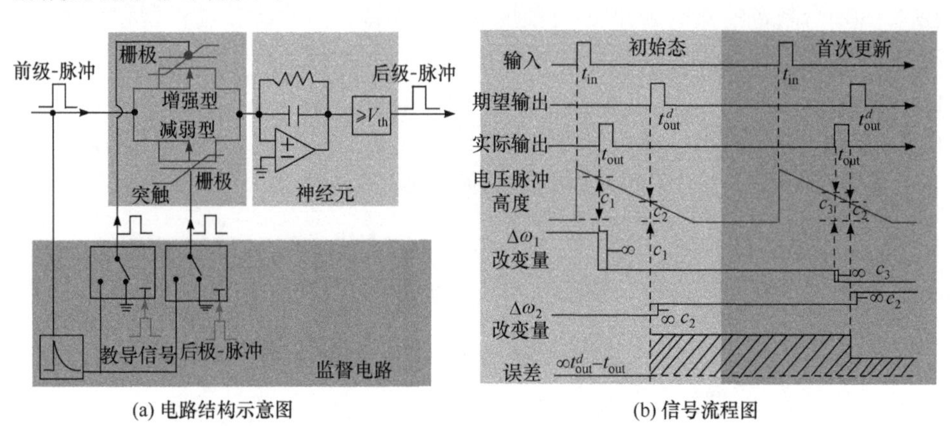

(a) 电路结构示意图　　(b) 信号流程图

图 5.17　ReSuMe 电路实现(互补铁电场效应晶体管方案)[7]

5.2.3　器件非理想效应及解决方案

1. 互补器件特性非对称问题

铁电场效应晶体管突触的耐久性、初始值依赖特性如图 5.18 所示。图 5.18(a)和图 5.18(b)显示了基于铁电调制的忆阻突触器件具有良好的耐久性。图 5.18(c)和图 5.18(d)是在图 5.18(a)和图 5.18(b)两种模式下，测得的沟道电导调制 ΔG 随初始电导 G_0 和栅压写脉冲幅值 V 的变化。它显示，当器件处于不同的初始电导态 G_0，施加同样幅值的栅压写脉冲，得到的晶体管沟道电导调制 ΔG 并不一样。根据互补突触实现远程监督学习方法，增强型晶体管的电导始终增加，而减弱型晶体管始终减小。换句话说，即使这两个互补晶体管的初始电导设置相同，经过若干轮栅压调制后，它们的工作点将变得高度不对称。如图 5.13 所示，输入神经元与教导神经元构成 STDP 对，以及输入神经元与输出神经元构成 anti-STDP 对，STDP 和 anti-STDP 曲线核心的要求就是完全对称。

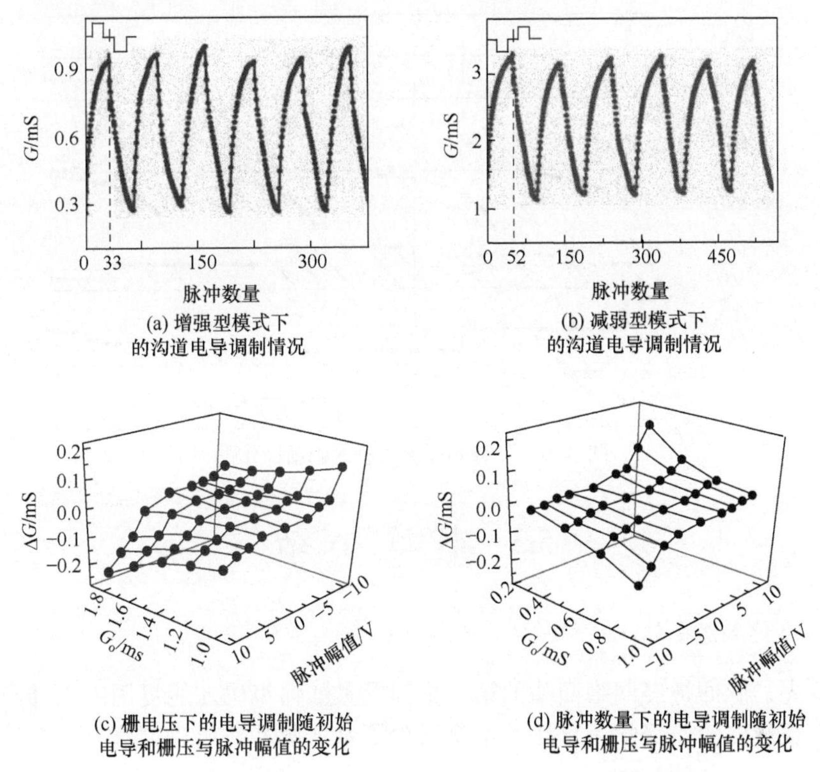

(a) 增强型模式下的沟道电导调制情况

(b) 减弱型模式下的沟道电导调制情况

(c) 栅电压下的电导调制随初始电导和栅压写脉冲幅值的变化

(d) 脉冲数量下的电导调制随初始电导和栅压写脉冲幅值的变化

图 5.18　铁电场效应晶体管突触的耐久性、初始值依赖特性[8]

因此，实际使用中存在的问题是，经过多轮学习，增强型晶体管的电导已趋向饱和，而减弱型的电导并没有。在这种情况下，即使输出神经元的实际脉冲发放时刻已经等于期望值，按照本算法电路设计，增强型晶体管与减弱型晶体管的写栅压幅值完全一样，然而实际增强型晶体管的电导改变量是小于减弱型的，因此实际突触权重仍然在被调制，而不是自动停止。这会导致训练错误。

2. 刷新操作

针对上述问题，Zhou 等[8,9]设计了一种巧妙的互补晶体管突触的刷新操作，如图 5.19 所示。通过周期性的对换增强型与减弱型晶体管的角色，可以避免其中某个晶体管的电导只能增大或减小而导致的饱和问题。

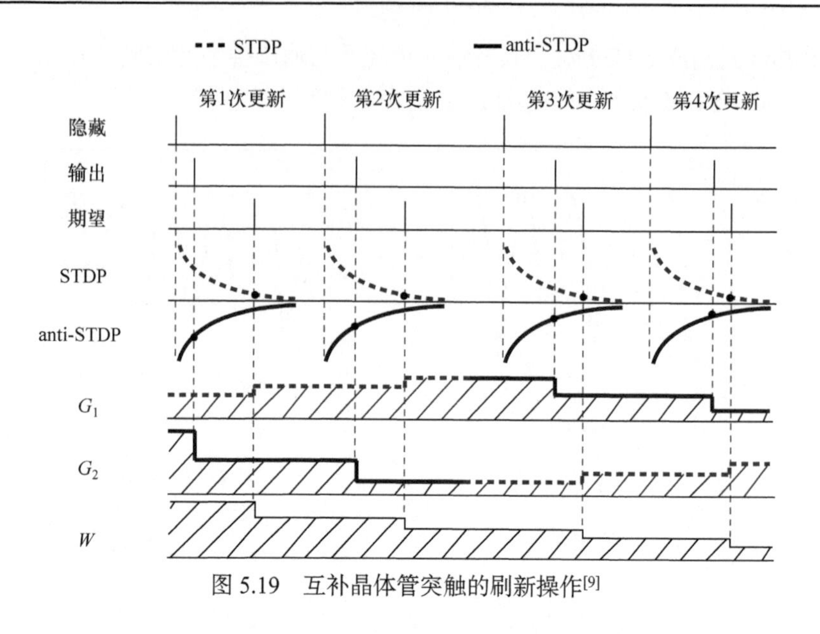

图 5.19　互补晶体管突触的刷新操作[9]

5.3　本 章 小 结

1. 设计思想小结

首先，脉冲神经网络面临的第一个问题是如何编码才能复用人工神经网络发展得很成熟的监督学习算法。本章讨论了基于脉冲发放时刻这个模拟值的编码方式。

然后，从数学上推导脉冲神经网络监督学习的模拟权重更新式，得到一个以时间差为自变量的权重变化表达式，即脉冲传播算法。从物理角度，权重表达式中的自变量是时间量纲，函数本身则是电导量纲。这意味着，要设计相应的电路，把时间差转化为电导变化。

进一步，考虑每层神经元脉冲发放的实时性，选择在线训练的方式，即设计硬件电路实时地将脉冲发放时刻包含的信息转化为突触电导的调制电压。作为对比，假如选择离线训练方式，就需要将每一层的每个神经元的脉冲发放时刻都记录、存储下来，然后通过模数转换电路、数模转换电路等一系列复杂操作，转换为突触电导的调制电压幅度。

采用脉冲传播算法的神经网络能够解决异或分类问题。然而，面对较复杂的应用，如手写数字识别，它的训练效果很差。本章讨论了若干算法与硬件实现层面的改进手段，解决上述问题。

此外，还介绍了一种基于脉冲的监督学习算法，即 ReSuMe。这种方法引入教导神经元，巧妙地借助 STDP 对和 anti-STDP 对，实现对输出神经元脉冲发放时刻的监督调制。从忆阻硬件实现层面，我们设计了互补型非易失晶体管(即记忆晶体管)，让它们分别承担 STDP 和 anti-STDP 法则的实现，从而高效率地实现 ReSuMe。

2. 忆阻器件与电路实现

采用脉冲发放时刻编码的脉冲神经网络，其训练算法涉及复杂的时序信号处理，因此对软硬件协同设计、忆阻器件和辅助电路提出新的要求。

以脉冲传播为例，它的权重更新式原始形式不是式(4-15)的形式，即没有写成突触权重更新矩阵等于一个列向量与一个行向量乘积的形式。因此，需要从算法层面优化，简化为硬件友好的形式。

另一种算法是远程监督学习，要求互补的两个晶体管在相同栅压调制下的电导变化始终大小相等、方向相反。这就对器件的 n 型和 p 型电导调制对称性提出较高的要求，需要在器件层面优化其性能，或者在电路层面做出补偿设计。

5.4 思 考 题

1. 对于图 5.1 和式(5-1)，为什么需要在前后级两个神经元中引入多个突触，并且每个突触的延迟不一样？

2. 原则上，输入输出脉冲时间差 $t_j - t_j^d$ 到电压的转换应该是全局线性的，而图 5.4 显示，仅在 $\left|t_j - t_j^d\right| \leqslant \tau^d$ 的时间差范围内可以实现时间差到电压幅度的线性转换。这样做的考虑是什么？是否合理？

3. 为什么图 5.2 所示的神经元电路模块设计需要输出三个信号 Pre-pulse 1/2/3？它们各自的功能是什么？

4. 回顾深度神经网络讲到的反向传播与权重更新式(4-15)，其突触阵列可以通过本层误差列矢量 δ_k 与前一层输出行矢量 x_{i-1}^{T} 相乘的方式一步完成更新，那么脉冲传播算法可以实现类似的形式吗？

5. 图 5.6 所示的脉冲神经网络监督学习系统[3]，相当于一个专用集成电路模块，对比调用外部计算资源，思考该方案的优势和缺点各是什么？

6. 图 5.7 对应的是两层神经网络(输入→一个隐藏层→输出)脉冲传播，需要把同一个样本重复输入一遍，那么假如层数加深，是不是相应地需要把样本输入多遍？

7. 从突触器件的角度，基于 STDP 与 anti-STDP 配对的 ReSuMe 设计方案在物理实现时的关键要求是什么？

参 考 文 献

[1] Hubel D H, Wiesel T N. Receptive fields and functional architecture in two nonstriate visual areas (18 and 19) of the cat. Journal of Neurophysiology, 1965, 28(2): 229-289.

[2] Gollisch T, Meister M. Rapid neural coding in the retina with relative spike latencies. Science, 2008, 319(5866): 1108-1111.

[3] Nishitani Y, Kaneko Y, Ueda M. Supervised learning using spike-timing-dependent plasticity of memristive synapses. IEEE Transactions on Neural Networks and Learning Systems, 2015, 26(12): 2999-3008.

[4] 张大友. 脉冲神经网络监督学习研究. 武汉: 华中科技大学, 2023.

[5] Gokmen T, Onen M, Haensch W. Training deep convolutional neural networks with resistive cross-point devices. Frontiers in Neuroscience, 2017, 11: 35-47.

[6] Sporea I, Grüning A. Supervised learning in multilayer spiking neural networks. Neural Computation, 2013, 25(2): 473-509.

[7] Chen Y, Zhou Y, Zhuge F, et al. Graphene-ferroelectric transistors as complementary synapses for supervised learning in spiking neural network. NPJ 2D Materials and Applications, 2019, 3(1): 31.

[8] Zhou Y, Xu N, Gao B, et al. Complementary graphene-ferroelectric transistors (C-GFTs) as synapses with modulatable plasticity for supervised learning//IEEE International Electron Devices Meeting, 2019: 651-654.

[9] Zhou Y, Xu N, Gao B, et al. Complementary memtransistor-based multilayer neural networks for online supervised learning through (anti-)spike-timing-dependent plasticity. IEEE Transactions on Neural Networks and Learning Systems, 2021, 8: 1-12.

第 6 章　人工神经网络的非监督学习

6.1　寻找隐藏的数据结构

顾名思义，非监督学习是基于不带标签的数据。既然数据没有标签，我们怎么训练呢？或者说，即使训练了，我们怎么知道结果是否正确呢？非监督学习(寻找隐藏数据结构)示意图如图 6.1 所示。

图 6.1　非监督学习(寻找隐藏数据结构)示意图

图 6.1 是一个著名的实验[1]，我们可以借助它来回答上述问题。假如现在有熊猫、猴子和香蕉，要求把它们划分成两类。实验发现，中国学生大部分会把猴子和香蕉划在一起，而把熊猫划为另一类；美国学生会把熊猫和猴子划在一起，香蕉划为另一类。

可以看到，两种划分方式都没有问题，它们只是遵循了不同的划分标准。对于大部分中国学生来说，也许是因为从小受的各种潜移默化，倾向于按照相互关系来划分。那么当他们看到美国学生的划分结果，第一反应是惊讶，原来还可以这样划分？接下来就会思考，这种新的划分方式反映这三个数据之间存在另一种结构，而这种结构自己先前可能没有注意过。

因此，对不带标签的数据，具有不同结构或者执行不同算法的神经网络，会给出不同的结果，尤其是意料之外的结果，它很可能揭示了我们从前不知道的数据结构。从这个意义上讲，非监督学习更有创造性，而对应的算法和神经网络设计也更有挑战性。

6.2 若干算法

6.2.1 竞争学习

竞争学习(competitive learning)是一种非监督的数据分类算法。竞争学习与神经网络实现示意图如图 6.2 所示。

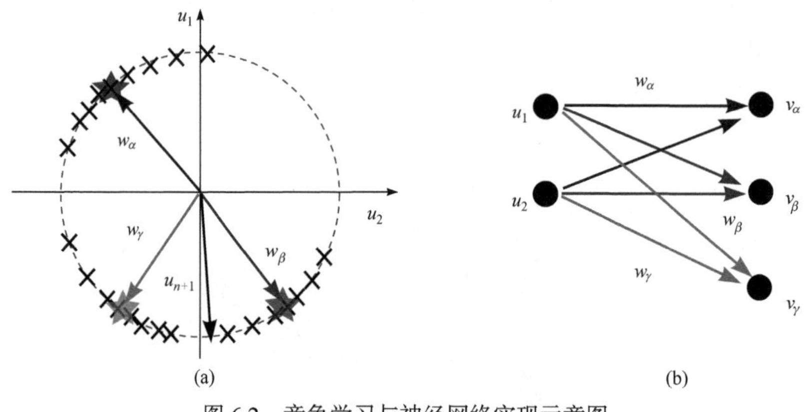

图 6.2　竞争学习与神经网络实现示意图

图 6.2(a)假定存在一系列的二维数据 u_i，将它们的长度归一化以后，分布在半径为 1 的圆周上。肉眼可以分辨出，它们大致属于三个群，定义各群的几何中心为

$$w_\alpha = \frac{1}{n}\sum_{i=1}^{n} u_i, \quad u_i \in \alpha \tag{6-1}$$

图 6.2(b)是该分类问题的神经网络方案。输入数据是二维的，输出结果分为三类，因此神经网络由 2 个输出神经元、3 个输出神经元构成。后者的突触矢量分别设置为 w_α、w_β、w_γ。

1. 神经网络前向运算

新来一条数据 u_{n+1}，通过神经网络的前向运算，可以得到它跟各个群几何中心的距离，即

$$v_\alpha = u_{n+1} \cdot w_\alpha \tag{6-2}$$

这是两个归一化的矢量点乘，因此结果是它们的夹角余弦。换句话说，新数

据与各群几何中心点乘的结果反映它到各群中心的距离。由此可以判断，新数据属于哪个群，即

$$\max(v_{\alpha}, v_{\beta}, v_{\gamma}) \tag{6-3}$$

2. 神经网络更新运算

每加一条新的数据，相应的群权重变为

$$w_{\alpha}(n+1) = (nw_{\alpha}(n) + u_{n+1}) / (n+1) \tag{6-4}$$

仔细观察图 6.2，可以看到上述做法存在若干不可忽视的问题。

① 一开始的群划分、种子数据选取都依赖人工干预。

以图 6.2 中的数据为例，首先需要肉眼判断大致分三个群，并为每个群选取至少一个种子数据。

② 假如初始的群划分、种子数据(实际上就是初猜值)没选好，这个方法就会失效。

例如，一开始将两个属于 α 群的数据 u_i 和 u_j 错误地设置为 α 和 β 两个群的种子数据，那么竞争学习算法处理完的结果是，把 α 群进一步细分为两个子群，真实的 β 群数据被强行归类到这两个子群或 γ 群中的一个。

③ 竞争学习是一种非此即彼的数据分类。

如图 6.2 所示，假如两个类的某些边缘数据距离比较近，这种情况下把边缘数据强行划分给某一类是比较牵强的。更合理的做法是，指出这些中间地带的数据属于两边群的概率。

6.2.2　期望-最大化

针对上述算法缺陷，一种更加合理的做法，即期望-最大化(expectation maximazation)被提出来。期望-最大化算法示意图如图 6.3 所示。

以肺炎的胸片诊断为例，假设各个医院均没有足够的物质条件、时间对疑似感染病人做准确的医学诊断，而只能依靠胸片做初步筛查和快速分类。换句话说，我们能拿到的大量胸片数据是没有标签的，但又必须仔细观察、分析这些没有标签的胸片数据，找出它们内在的数据结构，将它们合理分类。

假设我们知道导致肺炎这种症状的病因有三种，即细菌感染、普通病毒感染、新冠病毒感染。这三种感染导致的若干张肺炎胸片数据做特征提取或者主成分分析以后①，在二维空间中的分布如图 6.3(a)所示。它的数学含义是，在二维数据空间中存在很多个样本，它们是 v_{α}、v_{β}、v_{γ} 三种原因导致的，用条件概率来描述

① 原始胸片大约是 2048×2048 像素，因此需要做降维处理，同时保留其关键特征。

是 $p(u|v)$ 。

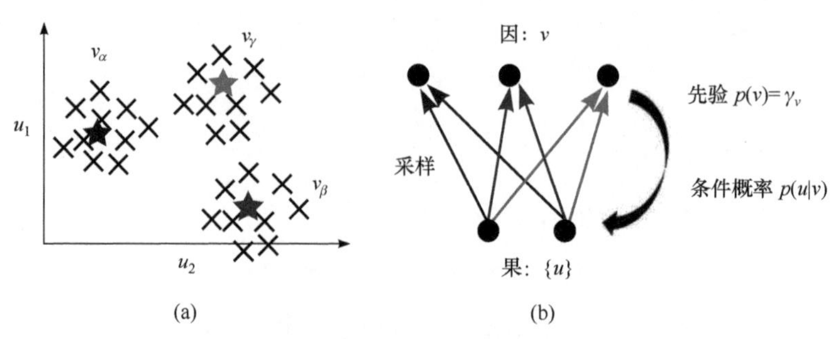

图 6.3　期望-最大化算法示意图

图 6.3(b)是神经网络方案。它把数据用输入神经元编码，原因用输出神经元编码。从输出到输入是执行条件概率运算，而从输入到输出是执行后验概率运算。前者是从因到果的期望，后者是以果溯因的最大化。换句话说，从神经网络的角度看，输出神经元代表的是(病)因(cause)，输入神经元编码的是(肺炎胸片结)果(effect)。不同的输出神经元代表不同因的先验因子(prior)，从输出到输入是从因到果的条件概率。

在实际问题中，我们要求的是后验概率 $p(v|u)$ ，即给定作为表现形式的数据 u ，经过神经网络的前向运算，得知它属于某个先验原因 v 的概率。因此，这里的神经网络前向运算就是一次由果溯因的采样。

由贝叶斯定理可以从条件概率 $p(u|v)$ ，以及先验因子 $p(v)$ 推导出后验概率 $p(v|u)$ ，即

$$p(v|u)=\frac{p(u|v)p(v)}{p(u)}=\frac{p(u|v)p(v)}{\sum_{v}p(u|v)p(v)} \tag{6-5}$$

可见，问题的关键在于针对相关问题构建的神经网络在数学上拟合了怎样的条件概率 $p(u|v)$ 和先验因子 $p(v)$ 。很显然，神经网络的结构与参数不同，对应的 $p(u|v)$ 和 $p(v)$ 就不同，因此做出的判断，即该胸片属于新冠肺炎感染的概率就会不同。

那么如何通过无标签数据的训练，调整神经网络参数，获得最“合理”的条件概率和先验因子呢?

这里的“合理”是一个需要特别推敲、理解的一个问题。既然输入数据没有标签，那么以肺炎胸片分类问题为例，所谓的“合理”显然是按照数据之间相互距离的“远近”来确定各自的亲疏关系。

下面以高斯分布为例，展示神经网络如何执行期望-最大化算法来获得合理的无标签数据结构。

1. 期望

假设从因到果的条件概率可以用高斯分布描述为

$$p(u|v)=\mathcal{N}(u|\mu_v,\sigma_v)$$
$$=\frac{1}{\sqrt{2\pi}\sigma_v}\exp\left(-\frac{u-\mu_v{}^2}{2\sigma_v^2}\right) \tag{6-6}$$

可以看到，给定条件概率的函数形式，只需要以下参数，即

$$G=(\mu_v,\sigma_v,\gamma_v)$$

即各个类的均值、方差、先验因子，就可以由式(6-5)求出某张胸片数据 u_i 属于新冠病毒感染 v_α 的概率 $p(v_\alpha|u_i)$。这一步叫期望，顾名思义，给定模型的参数，我们通过贝叶斯定理做后验推断(posterior inference)的期望值。反映在神经网络层面，就是给定对应的神经网络参数，通过采样得到所需量的期望值。

2. 最大化

根据均值、方差、先验因子的定义，通过后验概率 $p(v|u)$ 更新它们的值，即

$$\mu_v=\frac{\sum_i p(v|u_i)u_i}{\sum_i p(v|u_i)}$$
$$\sigma_v=\frac{\sum_i p(v|u_i)u_i-\mu_v}{\sum_i p(v|u_i)} \tag{6-7}$$
$$\gamma_v=\frac{\sum_i p(v|u_i)}{\sum_v\sum_i p(v|u_i)}=\frac{\sum_i p(v|u_i)}{N_u}$$

注意，式(6-7)的推导做了一点数学处理并用到概率守恒条件，即 $\sum_v\sum_i p(v|u_i)=\sum_i\sum_v p(v|u_i)=\sum_i 1=N_u$。

可以看到，通过期望-最大化的反复迭代，可以获得符合高斯分布的理想数据分类。对比竞争学习算法，期望-最大化方法有明显的优势。

① 不需要对数据做归一化的预处理。

② 原则上不需要很准确的初猜值(initial guess)。

③ 给出的不再是非此即彼的确定性分类，而是概率性分类，即不确定度量化。

对于最后一条，神经形态计算领域的权威专家认为，发展能够执行不确定度

量化的神经网络将是深度学习之后的下一次浪潮[2, 3]。

6.3 本章小结

非监督学习由于没有数据标签，也没有对学习结果的客观评价标准，因此有效的算法设计和结果判读都很困难。

非监督学习目前一个常用的领域是聚类(clustering)。这里要特别注意聚类和分类(classification)的区别。从本章展示的竞争学习、期望-最大化算法例子可以看到，聚类是一个很形象的动词，代表数据空间中若干样本按照某种内在联系和规律，自发地抱团聚集，最后形成一个个的团簇，是自下而上的过程，有点类似于化学领域的自组织形核生长。分类是监督学习的概念，在监督学习中，样本本身已经被(某种外部力量)指定了标签，也就是指定了属于哪个输出神经元的群。神经网络的不断更新，相当于不断地监督、修正样本在神经网络中的运动路线，督促它最后达到指定的位置。对比聚类，分类更像一个自上而下的过程。

基于忆阻器的人工神经网络非监督学习，目前的报道不多。原因可能是缺少能够有效处理当前各类标准数据集的算法，即通用性较低，因此相应的硬件研发价值有待挖掘。

6.4 思考题

1. 比较“期望-最大化”与“竞争学习”两种算法的区别，哪一种更具普适性?

2. 以肺炎胸片诊断为例，由于胸片诊断本身的局限性，细菌、普通病毒、新冠病毒感染引发的肺炎，它们对应的胸片在数据空间有相当的重叠。思考此种情况下，非监督学习与监督学习各自的优劣。

参考文献

[1] Nisbett R E. The Geography of Thought: How Asians and Westerners Think Differently and Why. London: Free Press, 2003.

[2] Ghahramani Z. Probabilistic machine learning and artificial intelligence. Nature, 2015, 521(7553): 452-459.

[3] Begoli E, Bhattacharya T, Kusnezov D. The need for uncertainty quantification in machine-assisted medical decision making. Nature Machine Intelligence, 2019, 1(1): 20-23.

第 7 章　脉冲神经网络的非监督学习

7.1　赫 布 法 则

赫布法则，通俗地讲是一个“老铁法则”，它指出如果两个前后连接的神经元经常一起激发，那么它们之间的连接就会增强。用数学语言描述，表达式为

$$\frac{\partial w_{ij}}{\partial t}=\eta x_i y_j \tag{7-1}$$

其中，x_i 和 y_j 为前一层的第 i 个神经元和后一层第 j 个神经元各自的激发强度；w_{ij} 是它俩的连接强度也就是突触权重。

生物突触可塑性的赫布法则示意图如图 7.1 所示。该表达式的物理含义很清楚，即两个神经元的连接强度变化是正比于两者的联合激发强度。

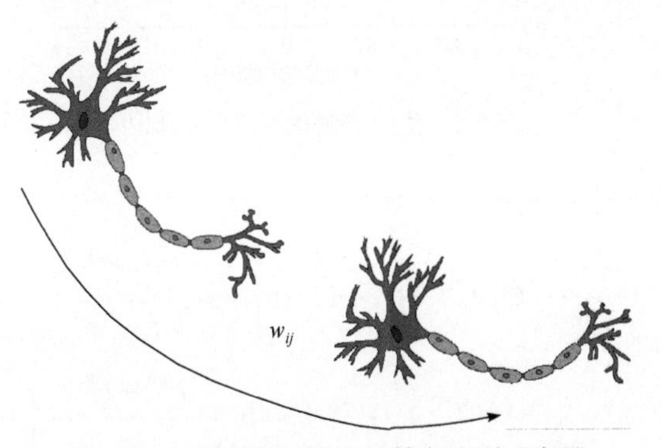

图 7.1　生物突触可塑性的赫布法则示意图

这里要特别注意，突触权重变化没有受到任何监督信号的指导，纯粹是它根据相关神经元的激发强度自发地调整。因此，赫布法则是一种非监督学习法则。

进一步分析发现，式(7-1)描述的突触权重既无法收敛，也不能减小。这显然是不符合真实情况的。因此，若干更复杂的突触权重更新法则被提出来，即[1]

$$\frac{\mathrm{d}w_{ij}}{\mathrm{d}t}=\eta_1(1-w_{ij})x_i y_j-\eta_0 w_{ij} \tag{7-2}$$

通过引入饱和因子 $(1-w_{ij})$ 和弛豫项 $(-\eta_0 w_{ij})$ 可以为突触权重饱和问题和减小问

题给出一种解决方案。

另一种常见的处理方案是 Oja[2]提出的法则，我们将在后续相关章节详细讨论它的形式和应用。更多的赫布法则推广方案可参考文献[1]。

STDP 法则是在赫布法则的基础上，神经生物学家进一步提炼并在实验中观测到神经突触非监督学习法则。生物突触的 STDP 法则如图 7.2 所示，是当时的实验结果。该图横坐标是前后两级神经元发放脉冲的时间差 Δt，纵坐标是突触强度的相对变化率。当突触后神经元的脉冲发放时刻晚于突触前的脉冲发放时刻，即 $\Delta t > 0$，突触强度变化为正，并且随 Δt 幅值的增大而指数下降；反之，突触强度变化为负，变化幅值也是随 Δt 幅值的增大而指数下降。值得一提的是，Poo 等[3]对此有重大贡献。

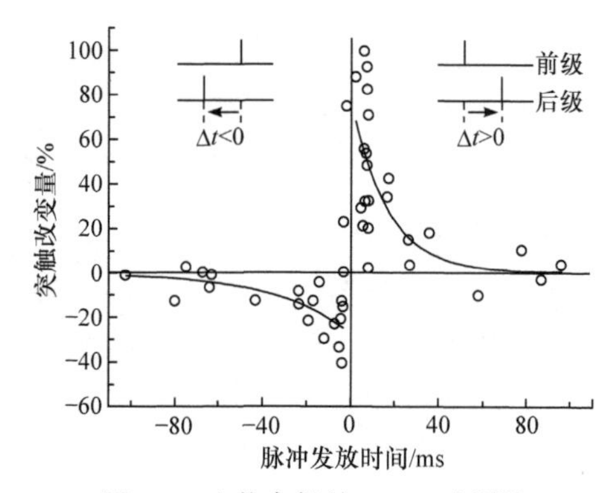

图 7.2　生物突触的 STDP 法则[3]

STDP 法则的数学描述如下，即

$$\frac{\partial w_{ij}}{\partial t} = \Theta(t_j^{\text{post}} - t_i^{\text{pre}}) A_+ \exp\left(-\frac{|t_i^{\text{pre}} - t_j^{\text{post}}|}{\tau_+} \right) - \Theta(t_i^{\text{pre}} - t_j^{\text{post}}) A_- \exp\left(-\frac{|t_i^{\text{pre}} - t_j^{\text{post}}|}{\tau_-} \right) \tag{7-3}$$

其中，t_j^{post} 和 t_i^{pre} 为突触后(Post-synaptic)第 j 号神经元和突触前(Pre-synaptic)第 i 号神经元的脉冲发放时间；A_+ 和 A_- 为突触强度增加和减小的系数；τ_+和 τ_-为 STDP 规则的时间窗口。

由图 7.2 可见，假如前后级神经元脉冲发放时间差大于这个窗口，突触强度变化将迅速衰减。

式(7-3)的物理图景是很清晰的，连接前后两个神经元的突触，其权重变化的方向和大小取决于两个因素。首先是变化方向，假如前一级神经元的脉冲激发在先，后一级的在后，即 $t_i^{\text{pre}} < t_j^{\text{post}}$，则它们的连接强度会增强，反之减弱。其次是变化大小，两个神经元的激发时间越近，突触增强/减弱的幅度越大，反之亦然。

基于忆阻器实现 STDP 的脉冲信号设计如图 7.3 所示[4](▶表示神经元)。脉冲波形首先被设计为三角波，当它达到阈值 V_θ 时，立即重置到 V_{re}，随后以另一个三角波的形式恢复到静息电位。图 7.3(a)是突触增强的实现。突触前神经元发放脉冲在前，即 $t_{\text{pre}} < t_{\text{post}}$，则 $V_{\text{post}} - V_{\text{pre}}$ 会在突触前神经元脉冲波形的重置点(reset)出现一个正的大电压，当它超过忆阻突触器件的置态阈值 V_{th}^+，就会增大忆阻突触器件的电导。并且，脉冲时间间隔 $t_{\text{post}} - t_{\text{pre}}$ 越近，这部分置态波形超出阈值越多，也就是置态电压的幅值越大，那么原则上就会引起忆阻器电导越大的增幅。图 7.3(b)是突触减弱的实现。突触前神经元发放脉冲在后，即 $t_{\text{pre}} > t_{\text{post}}$，对应的 $V_{\text{post}} - V_{\text{pre}}$ 会在突触后神经元脉冲波形的重置点出现一个负的大电压，当它超过忆阻突触器件的重置阈值 V_{th}^- 时，就会减小忆阻突触器件的电导。同理，在 t_{pre} 晚于 t_{post} 的情况下，电压脉冲波形叠加会产生对忆阻器电导的重置效果，并且脉冲时间差越小，重置波形的幅度就越大。换句话说，无论是增强还是减弱，$\left|V_{\text{post}} - V_{\text{pre}}\right|$ 都是随 $\left|t_{\text{pre}} - t_{\text{post}}\right|$ 的减小而增大，对应的电导调制幅度也将增大。

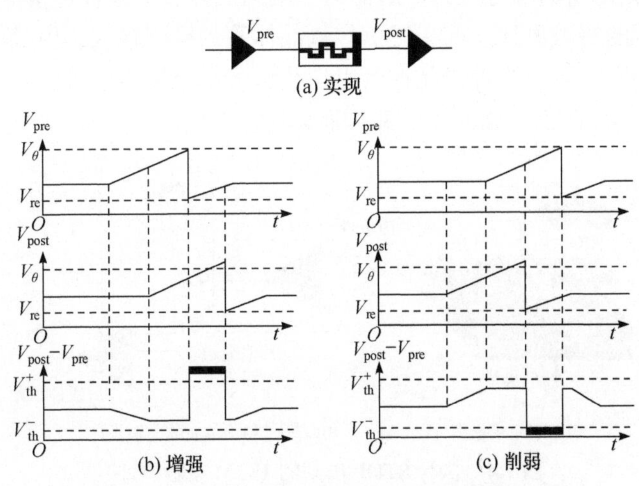

图 7.3　基于忆阻器实现 STDP 的脉冲信号设计[5]

Zhong 等[6]率先展开基于忆阻器的仿生突触研究，最早基于硫系化合物的忆阻器件成功实现了仿生 STDP 学习法则。

7.2　STDP 变种 1

图 7.2 显示的生物突触 STDP 功能要求突触权重是一个理想的连续变量。基于忆阻器的仿生突触，其电导状态数是有限、离散的。因此，在设计基于忆阻器的人工突触及相应的学习法则时，研究人员通常是设计 STDP 的若干变种形式，在降低硬件实现难度的同时，构建该 STDP 变种在神经网络层面的非监督学习应用。

下面讲述近期这方面的若干代表工作，一个是 Ambrogio 等基于 1T1M 提出的忆阻突触器件。他们通过巧妙的脉冲信号设计实现了一种 STDP 变种形式，并验证了执行该 STDP 学习法则的脉冲神经网络能够完成对手写数字测试集(MNIST)的非监督学习[7]；还有一个是法国系统与技术集成实验室的 Bichler 等基于相变突触器件提出的另一种 STDP 学习法则，结合一种新型的动态视觉传感器(dynamic vision sensor，DVS)作为输入，验证对应的脉冲神经网络能够有效学习和识别运动轨迹[8]。

7.2.1　忆阻突触实现

执行 STDP 法则的 1T1M 突触设计如图 7.4 所示[9]。图 7.4(a)是单元示意图，其中 HfO_x 是忆阻器的功能层，忆阻器的一端与晶体管的漏极连接。图 7.4(b)是基于 1T1M 单元的突触设计。前一级信号从晶体管的栅极输入，由晶体管的源极送给下一级神经元。下一级神经元在给出送往更下一级输出信号的同时，也送出一个反馈信号(V_{TE})给忆阻器的另一端，即顶电极。

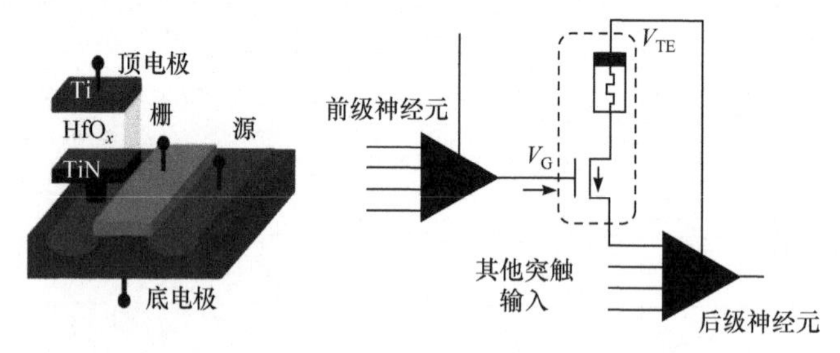

(a) 1T1M单元示意图　　(b) 基于1T1M单元的突触设计

图 7.4　执行 STDP 法则的 1T1M 突触设计[9]

基于 1T1M 突触的 STDP 信号设计流程图如图 7.5 所示。首先，从突触前神经元传输过来、施加到晶体管栅极的电压 V_G 是以 20ms 为周期、占空比 50%的脉冲信号。假如突触后神经元发放了脉冲，则该神经元同时通过反馈回路向忆阻器的顶电极发放 V_{TE} 脉冲。其特点是周期也是 20ms，但是在前半和后半周期各有一个尖峰，分别对应忆阻器的置态和重置电压。

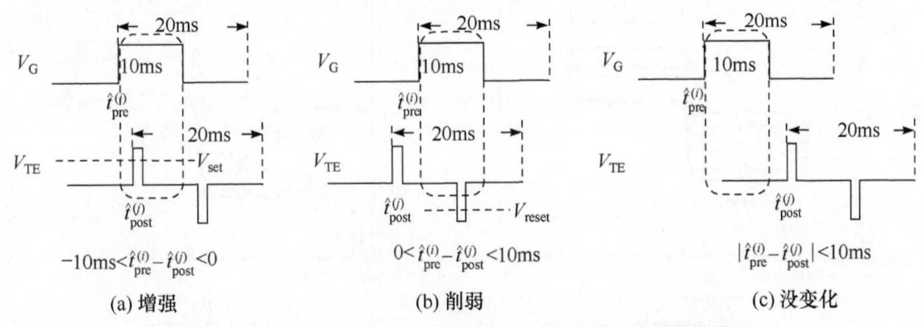

图 7.5　基于 1T1M 突触的 STDP 信号设计流程图[9]

图 7.5(a)显示，当突触后神经元的脉冲发放时刻 $t_{post}^{(f)}$ 晚于突触前神经元的 $t_{pre}^{(f)}$，两者的时间差小于 10ms 时，晶体管在 20ms 的前半周期处于导通状态。这意味着，忆阻器的底电极电平被下拉到底，同时忆阻器的顶电极在此期间被施加了高于置态电压阈值的写电压脉冲，因此忆阻器的电导被置态脉冲提升了，对应突触权重的增强。

图 7.5(b)显示，当突触后神经元的脉冲发放时刻 $t_{post}^{(f)}$ 早于突触前神经元的 $t_{pre}^{(f)}$，两者的时间差小于 10ms 时，则晶体管在 20ms 的前半周期处于导通状态，而忆阻器的顶电极在此期间被施加了比重置电压阈值还要小的写电压脉冲，因此忆阻器的电导被重置脉冲降低了，对应突触权重的减弱。

图 7.5(c)显示，当突触后神经元的脉冲发放时刻 $t_{post}^{(f)}$ 与突触前神经元的 $t_{pre}^{(f)}$ 相差超过 10ms 时，忆阻器电导将不会被改变。原因是，晶体管栅压导通时段与忆阻器顶电极写电压时段的错位。当晶体管栅极有电压脉冲时，忆阻器的底电极被下拉到地，此时它的顶电极没有写电压信号；当忆阻器的顶电极有写电压信号时，晶体管栅极无信号，因此晶体管不导通，导致忆阻器的底电极电位悬空，无法实现有效的写电势差。

按照信号波形设计，基于 1T1M 的 STDP 实现示意图如图 7.6 所示。图中不同颜色的曲线代表忆阻器处于不同的初始阻态。初始电阻越高，增强的幅度越大($\Delta t>0$ 部分的 $R_0/R\uparrow$)，减弱的幅度越小($\Delta t<0$ 部分的 $R_0/R\downarrow$)，反之亦然。这反映了忆阻器电导调制的饱和效应。

可以看到，STDP 设计与实现有两个基本特征。首先，当突触前与突触后神经元脉冲信号的先后顺序不同时，忆阻突触的电导会被增强或减弱。这符合 STDP 规则遵循的因果律的。其次，存在一个时间窗口 10ms，当突触前后神经元的脉冲发放时间差在这个窗口内时，忆阻突触电导会被改变，否则不变。基于这两个特征，可以认为 1T1M 忆阻突触的学习法则是生物学 STDP 的一个合理变种。

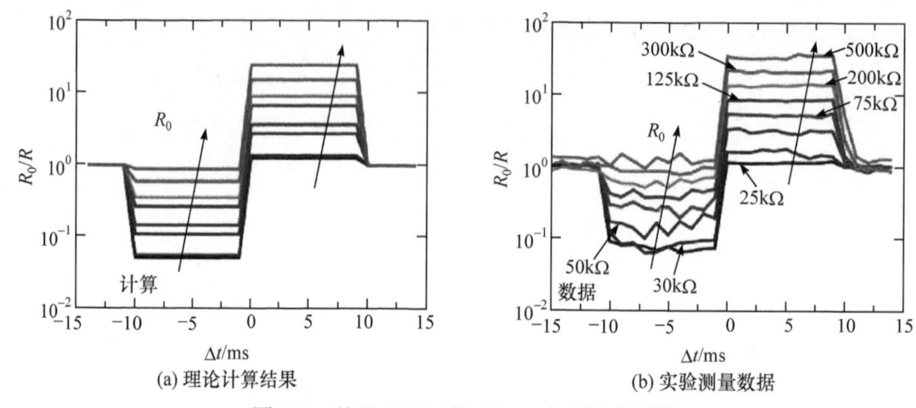

(a) 理论计算结果　　(b) 实验测量数据

图 7.6　基于 1T1M 的 STDP 实现示意图[9]

7.2.2　神经网络应用：图像识别

1. 输入编码

基于 STDP 法则，Ielmini 等进一步设计了一种执行该法则的单层脉冲神经网络，展示了其对手写数字集(MNIST)的学习效果。本节介绍该脉冲神经网络设计与训练、测试。

手写数字集的二值编码如图 7.7 所示。图 7.7(a)采用二值编码来处理手写数字集的图片，将图片划分为 28×28 个像素点，每个像素点根据其灰度值二值化。图 7.7(b)是相同规格的噪声图片。图 7.7(c)用有、无脉冲发放编码“1”和“0”。图 7.7(d)是基于前述 1T1M 突触单元构建的单层神经网络，总计 784 个输入神经元，每个输出神经元将反馈电压 V_{TE} 送给它 784 个忆阻突触单元各自的顶电极端。

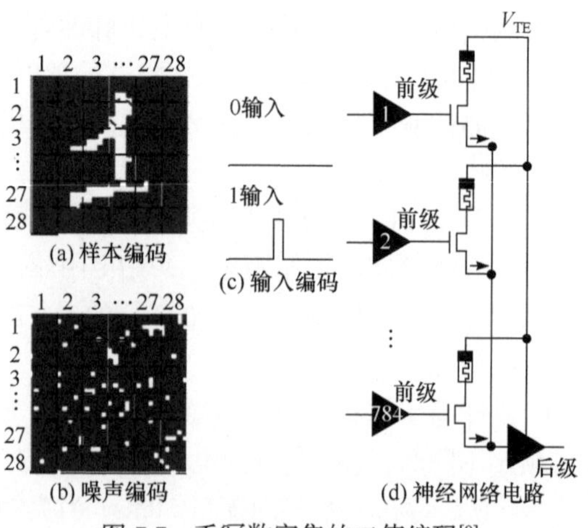

(a) 样本编码　(b) 噪声编码　(c) 输入编码　(d) 神经网络电路

图 7.7　手写数字集的二值编码[9]

2. 图像/噪声交替输入设计

下面讨论神经网络层级的突触学习与更新。这里的核心问题是，基于 STDP 法则，如何通过网络层级的信号与电路设计，让每个输出神经元的 784 个突触权重分布能够精确复刻输入图形的特征？如图 7.7 所示，每个输出神经元的 784 个突触可以排成图 7.7(a)所示的矩阵。以手写数字“1”为例，凡是灰度值二值化为“1”的输入神经元格点对应突触的权重是一个高值，而灰度值二值化为“0”的格点对应的突触是一个低值。

另外，从通常的时序逻辑出发，突触后神经元的脉冲响应时间应该在突触前神经元的脉冲发放时间之后，按照图 7.6 所示的忆阻突触器件 STDP 法则，连接前后级神经元的突触，其权重就只能单向增大了。也就是说，突触权重高值可以直接实现，而低值的实现就必须在信号设计上动脑筋了。

Ielmini 等提出一种将样本/噪声半周期轮流输入的设计方案。样本/噪声交替输入设计如图 7.8 所示，将样本/噪声间隔 10ms 交替输入，对应的输入、输出神经元脉冲发放情况。假设第 0ms 是样本输入，该样本对应的输入编码情况是 1 号输入神经元有脉冲，2 号神经元无脉冲，则输出神经元经过一定的时间延迟，t_{post} 膜电位达到阈值产生激发，既给出输出脉冲，也给出反馈脉冲 V_{TE}。可以看到，V_{TE} 的正脉冲部分会引起 1 号输入神经元与输出神经元的突触权重增大，V_{TE} 的负脉冲部分会引起 2 号输入神经元与输出神经元的突触权重减小。

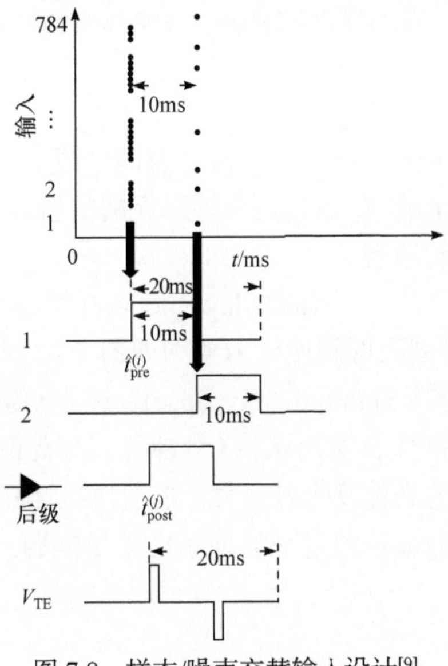

图 7.8　样本/噪声交替输入设计[9]

换句话说，这种样本/噪声半周期的交替输入，会获得图案部分对应的连接权重被增强，而整体连接被减弱的效果。

样本/噪声交替输入下的突触权重矩阵演化如图 7.9 所示。图 7.9(b)对应输出神经元 784 个突触权重演化图，左方是突触阵列的初始电导分布，是完全随机的。随着手写数字图片“1”(模式)与噪声的多轮交替输入，对应“1”的图形部分的突触电导不断上升，而背景部分对应的突触电导不断下降，最终形成右方的鲜明图案。

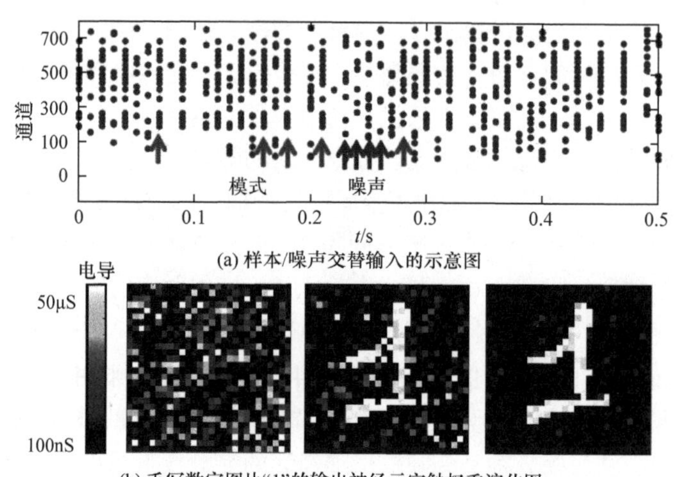

(a) 样本/噪声交替输入的示意图

(b) 手写数字图片“1”的输出神经元突触权重演化图

图 7.9 样本/噪声交替输入下的突触权重矩阵演化[9]

3. 侧向抑制

在存在多个输出神经元的情况下，假如有两个或者两个以上的输出神经元先后对同一个输入样本产生响应，那么输出神经元的突触阵列将学习到同一个样本。这显然会造成硬件资源的浪费。

如何解决这个问题呢？层内(inter-layer)侧向抑制(lateral inhibition)方案被提出来。STDP 神经网络的侧向抑制设计示意图如图 7.10 所示。输出层的 10 个神经元两两之间存在抑制型突触(inhibitory synapse)。以手写数字“1”图案输入为例，假定由于初始权重的随机性，输出层第 i 号神经元首先激发，则它在激发的同时会传递脉冲信号给层内的其他 9 个神经元。由于这些连接是抑制型突触($w<0$)，其他 9 个神经元的膜电位会被传递过来的抑制性信号削弱，从而无法激发。

4. 神经元不应期

基于 STDP 法则的手写数字识别电路设计如图 7.11 所示。电路执行 STDP 非

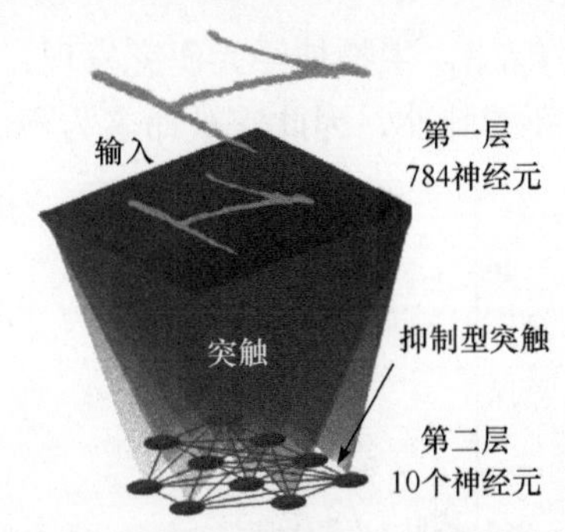

图 7.10　STDP 神经网络的侧向抑制设计示意图[9]

监督学习时，遇到的另一个重要问题是，如何阻止同一个神经元连续学习多个不同的样本。

在实际训练中，我们需要对图 7.11 所示的神经网络持续输入多张不同的手写数字图片，例如第一张是“1”，而第二张是“7”，那么可能出现什么问题呢？

假设输出神经元甲已经率先学习完第一张图片“1”，这意味着它的突触权重矩阵已经变成图 7.9(b)右方所示的情况。其他神经元可能的响应被侧向抑制了，因此它们的突触权重没有变化。当输入图片“7”时，由于“7”和“1”在形状上的相似性，神经元甲接收的电流会更大，因此比其他神经元更容易激发。如果不做任何处理，后果就是该神经元会继续学习图片“7”。依此类推，形象地看，神经元甲的表现就像猴王掰玉米，它首开记录后，会不停地抢到下一根玉米、丢弃前一根，而其他试图掰玉米的猴子都抢不过猴王，这就造成资源和效率的双重损失。

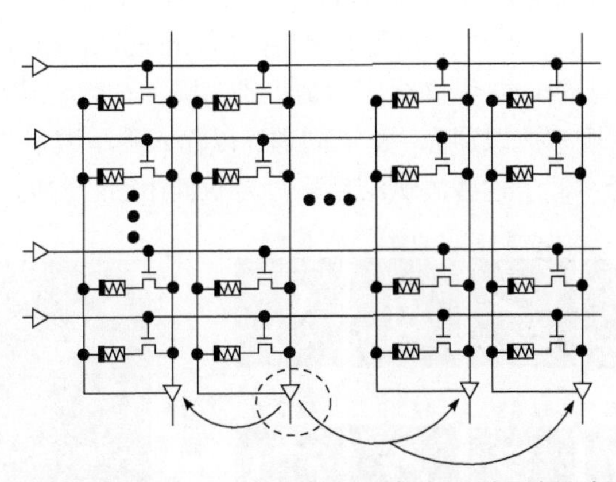

图 7.11　基于 STDP 法则的手写数字识别电路设计

解决这个问题可以借鉴生物神经元的不应期现象。包含不应期的神经元脉冲如图 7.12 所示。生物神经元在发放脉冲后，膜电位会迅速跌落到重置电位 V_{RESET}，然后缓慢回复到静息电位 V_{REST}。生物神经元研究发现，从 V_{RESET} 到 V_{REST} 这段时间几乎不可能再激发一个新的脉冲，因此它被命名为不应期。

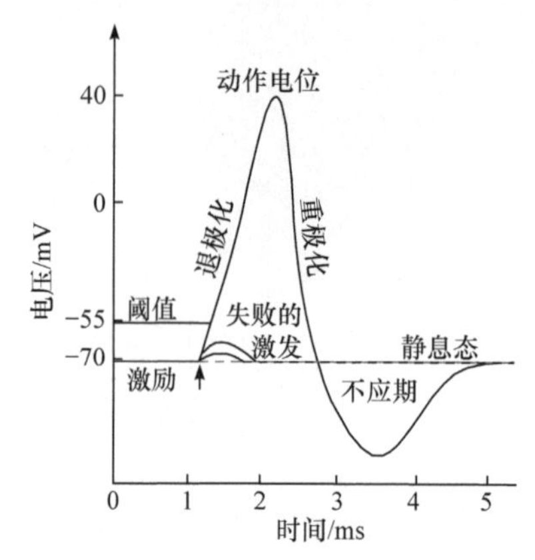

图 7.12　包含不应期的神经元脉冲

不应期现象指出，生物神经元的激发存在一个上限频率。这在生物学上是一种自我保护机制，可以避免过度频繁地激发加速神经元细胞的损耗。这一现象启发我们，假如把待训练样本的输入频率设置为大于神经元的响应频率上限，那么同一个神经元就无法连续学习不同的输入样本。

5. 训练效果讨论

执行广义 STDP 法则的神经网络对手写数字识别效果如图 7.13 所示。图 7.13(a)是训练完成后，输出层 10 个神经元各自的突触权重矩阵。这里的单位是电导，范围与图 7.9 显示的一致。图 7.13(b)是混淆矩阵(confusion matrix)。横坐标表示输入的 10 个手写数字测试样本，纵坐标表示被识别为哪一个数字。以输入手写数字“9”为例，它有一定的概率被识别为“8”。同理，以输入手写数字“5”为例，也有一定的概率被识别为“8”。这些测试结果是符合我们生活经验的。

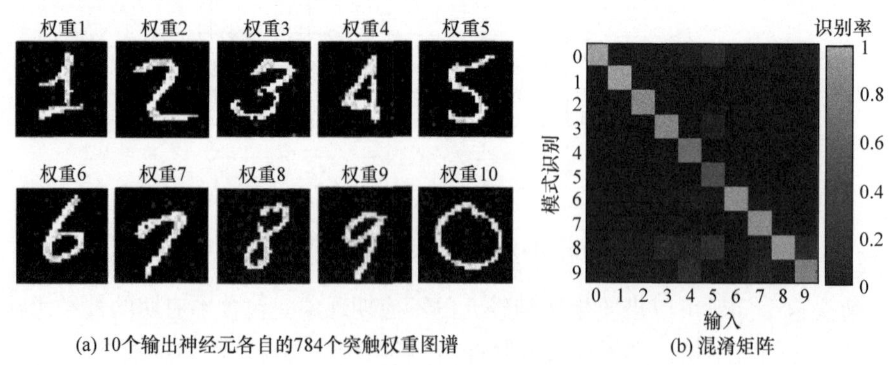

(a) 10个输出神经元各自的784个突触权重图谱　　(b) 混淆矩阵

图 7.13　执行广义 STDP 法则的神经网络对手写数字识别效果[9]

7.3　STDP 变种 2

STDP 变种形式 2 的示意图如图 7.14 所示。该图横坐标是突触前/后神经元发放脉冲的时间差 $\Delta t = t_{\mathrm{pre}} - t_{\mathrm{post}}$，纵坐标是突触权重的变化 Δw。仅在 $t_{\mathrm{LTP}} < t_{\mathrm{pre}} - t_{\mathrm{post}} < 0$ 的时间窗口内，突触权重增大，其他情况全部是减小。换句话说，它的基本思想是，当且仅当前后级神经元的脉冲发放时间符合因果逻辑，并且差值在一定的时间窗口内，则连接这两个神经元的突触强度增大，否则一律削弱。

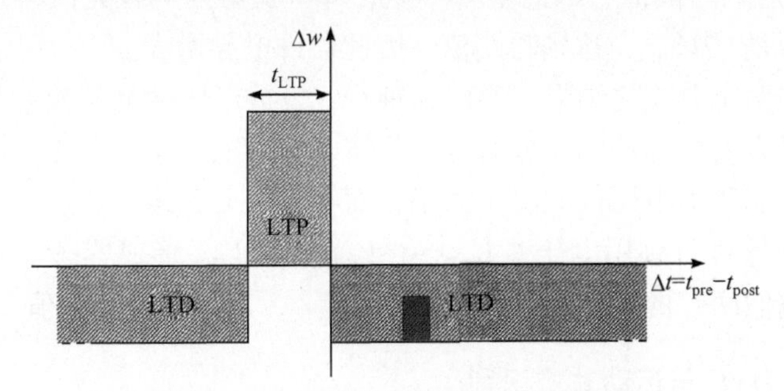

图 7.14　STDP 变种形式 2 的示意图[10]

7.3.1　忆阻突触实现

以基于 1 晶体管 1 相变器件(1 transistor 1 memristor PCM，1T1PCM)单元的相变差分对突触阵列为例，其相变差分对突触阵列的写操作如图 7.15 所示。

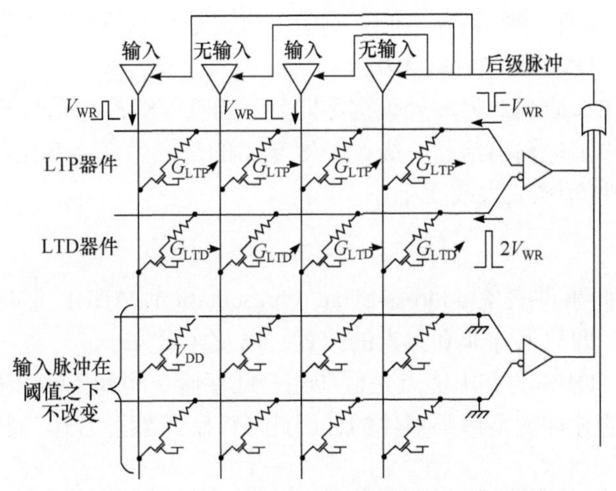

图 7.15　1T1PCM 相变差分对突触阵列的写操作[10]

图 7.15 中的 $G_{\mathrm{LTP}\nearrow}$ 是需要增强的差分对突触，$G_{\mathrm{LTD}\nearrow}$ 是需要减弱的，分别通

过增强被减数和减数器件的电导来实现。在操作层面，对于前向运算时发放了脉冲的那些输入神经元，在相变突触更新时，它们将发放一个写脉冲信号V_{WR}。假如输出神经元产生脉冲响应，将从该神经元的两个输入端分别反馈电压脉冲$-V_{WR}$和$2V_{WR}$给相变差分对突触的两个分支。如图 7.15 第 2 行所示，对于差分对的被减数分支，若突触前神经元发放脉冲V_{WR}，则该器件两端的电压是$2V_{WR}$，达到写阈值，因此将该器件电导提升；那些突触前神经元没有发放脉冲的器件，两端电压是$-V_{WR}$，没有达到写阈值，因此电导不变。如图 7.15 第 3 行所示，对于差分对的减数分支，凡是突触前神经元发放脉冲V_{WR}，则该器件两端的电压是$-V_{WR}$，没有达到写阈值，因此电导不变；那些突触前神经元没有发放脉冲的器件，两端电压是$-2V_{WR}$，达到写阈值，因此器件电导增大。

综合上述两个分支的结果，突触前神经元发放了脉冲的相变差分对，整体电导增大了；没有发放脉冲的差分对，其整体电导则减小了。上述设计充分利用了相变器件的置态阈值电压仅取决于大小，而与方向无关这一特点，对需要增强的被减数、减数器件分别用电压差$V_{WR}-(-V_{WR})$、$2V_{WR}$形成置态电压。对于未选中的器件，它们两端的电压不是V_{WR}就是$-V_{WR}$，未达到置态阈值。

7.3.2　应用：DVS 与运动轨迹识别

上述 STDP 变种形式的一个很有新意的应用是运动轨迹识别。在具体介绍该应用之前，先简单介绍一种新型摄像头 DVS。

传统摄像头的每个像素点感应的是光强的大小，而 DVS 感应的是光强的变化。也就是说，假如该点的光强没有变化，或者严格地说，该点的光强变化率小于 DVS 设定的阈值，则 DVS 不产生响应。这正是动态传感的意思，即感知对象如果处于静态，DVS 无响应就无功耗。

与传统摄像头原理的另一处关键不同是，当 DVS 产生信号时，它并不是把整帧信号一帧一帧地输出给后一级，DVS 输出的是发生光强变化事件的地点、时间戳和事件极性(光强变大或变小)，即

$$\{x_1, y_1, t_1, \uparrow\}, \{x_2, y_2, t_2, \downarrow\}, \cdots$$

这就是地址-事件表象(address-event representation，AER)。它的原理与稀疏矩阵的存储类似，即只保存非 0 元素的位置，以及元素大小。

可以看出，DVS 的突出优点是低功耗、低存储空间和传输带宽占用。另外，脉冲神经网络的脉冲就是编码事件的，因此 DVS 天然适合作为脉冲神经网络的输入。

在轨迹识别方面，基于 DVS 的单层脉冲神经网络如图 7.16 所示。图 7.16 上部的黑框是 DVS 镜头，其分辨率为16×16。假设一个圆球在图中区域运动，其可

能的方向有 8 个。图 7.16 左下部是对应的单层脉冲神经网络。DVS 的 256 像素点构成神经网络输入层，而 48 个神经元构成输出层，并且输出层神经元之间存在侧向抑制。这里要特别注意，每个输入神经元与输出神经元之间连接两个突触，一个负责传递光强增加的信号，另一个负责光强减弱的信号。也就是说，每个输出层神经元有两套16×16 的突触阵列，其中一套的权重负责表征光强增大的地址，另一套负责光强减小的地址。前者的高值权重用浅色表示，低值权重用黑色表示；后者的高值权重用深色表示，低值仍用黑色。将两套权重阵列重合在一起，就是图 7.16 右下方所示的情况。以输出层某个神经元为例，将它的两张16×16 突触图谱重叠在一起展示出来，则合成的突触图谱不仅清晰地标识物体在摄像头视界中的位置，还指出该物体是向东北方向运动，即物体运动的头部处光线被遮挡而强度减弱，而尾部因“重见天日”而强度增强。

在神经网络层面能够实现上述功能，依靠的器件级关键功能就是 STDP 变种形式学习法则。由输入神经元编码的没有事件发生的那些地址，对应的突触权重被削弱到最小(黑色)。相比之下，有事件发生的那些地点对应的突触权重最大(深色或浅色)，两者形成对比。从神经网络功能层面看，则是增强该特定运动轨迹的可识别度。

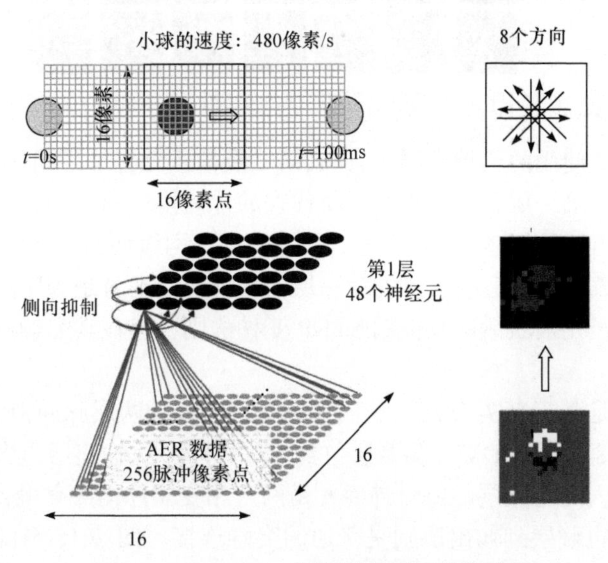

图 7.16　基于 DVS 的单层脉冲神经网络[11]

轨迹识别结果的突触权重分布如图 7.17 所示。48 个输出神经元各自的 2 张重合在一起形成16×16 突触权重阵列。由于输出层的层间抑制，各个神经元学习到了不同的运动模式，将 48 张突触权重图谱首先按照 8 个运动方向分类，然后对每个运动方向按照运动轨迹顺序排列这些图谱。经过整理，以图 7.17 中的第一行为例，其中 4 个输出神经元分别表征物体向右运动路线的 4 个片段。另外，可以观察到，对角线的路线对应的输出神经元个数较多，即表征出来的片段比较多。这是因为测试的小球向各个方向运动速度的大小是相同的，因此在对角线上运动时间较长，按照同样的采样频率获得的片段较多。

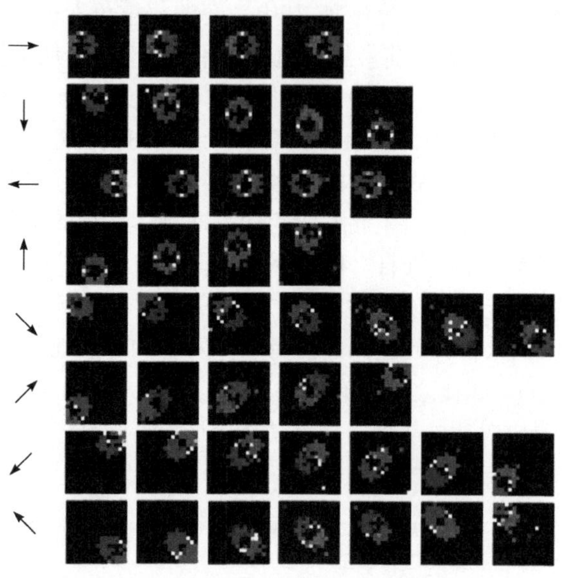

图 7.17　轨迹识别结果的突触权重分布[11]

假如进一步使用两层神经网络，那么第二层神经元会学习到什么呢？答案是，它会学到一个由第一层若干个神经元所代表的片段拼接而成的、更长的运动轨迹片段。对于车道监控，基于 DVS 的 2 层脉冲神经网络如图 7.18 所示。以小球向右运动为例，表征这一运动轨迹的第一层 4 个神经元本身是顺序激发的，因此第二层对应的神经元被激活后，根据 STDP 变种法则，会在其突触权重阵列中记录该激发序列。

图 7.18(a)是基于真实 DVS、面向实际车道监控的两层脉冲神经网络示意图。输入为128×128像素的 DVS，隐藏层包含 60 个神经元，输出层包含 10 个神经元。注意，DVS 输入到隐藏层的每对神经元是两个相变器件构成突触，分别传送两种极性信号，而隐藏层到输出层则是普通的突触连接。图 7.18(b)自下而上分别是 DVS 拍摄到的车道监控信息、隐藏层某个神经元的突触图谱、输出层某个神经元的等效突触图谱。

以上分析表明，针对运动轨迹识别的深度脉冲神经网络，层数越深，该层神经元表征的运动轨迹就越长。其原理与搭积木类似，如果说第一层神经元提取的是各个砖块的信息，那么第二层则是各面墙，第三层变成不同的房间，更深层则是不同形状的房屋。依此类推，层越往深，其代表的轨迹复杂度越高①。

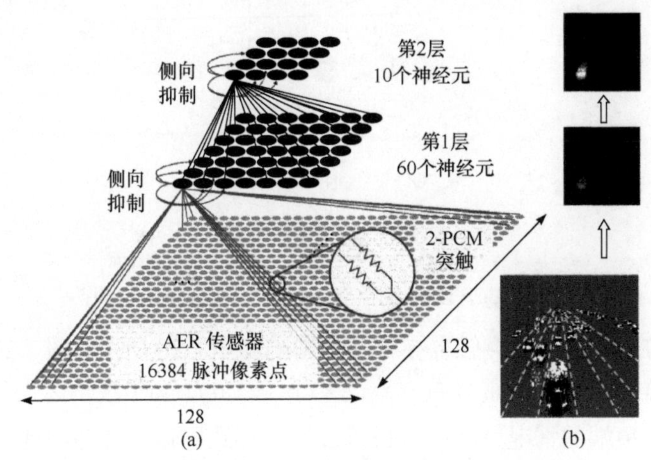

图 7.18　基于 DVS 的 2 层脉冲神经网络(车道监控)[12]

可以看到，手写数字识别应用本质上还是一种静态图像识别，而脉冲神经网络的脉冲发放本身包含了丰富的时序信息。换句话说，模拟神经网络擅长的静态图像识别，对脉冲神经网络而言是大材小用了。从这个角度理解，本节介绍的运动轨迹识别初步体现了脉冲神经网络独特的优势。

7.3.3　忆阻突触电导方差对网络性能影响

回到硬件实现层面，从忆阻突触器件特性出发，重新评估神经网络的学习过程会发现一个重要问题，即同一层的某两个神经元对应同一条运动轨迹上的那些突触。假如它们的权重初始值相差很小，那么侧向抑制有可能无法阻止这两个神经元在该轨迹输入时同时激发。原因是，实际硬件电路中的侧向抑制信号需要传播时间，并且该时间随着神经网络规模的增大而增大。在实际电路中，假如物理距离较远的两个神经元对同一输入模式的脉冲响应时间相差过短，那么侧向抑制是无法生效的。

换句话，对同一个运动轨迹的重复学习在实际硬件电路中是有可能的，并且这种重复度依赖忆阻突触器件初始态的分布情况。

我们结合实际忆阻器件特性，系统讨论了这个问题[13]。对于航迹识别，基于 DVS 的单层脉冲神经网络如图 7.19 所示。输入是 128×128 像素的 DVS，输出层为 12 个神经元。图中的 ON/OFF 脉冲分别标识飞机影像进入/离开某像素点，沿不同的突触网络传播到输出层。

① 实际上，深度脉冲神经网络的学习内容随着层数增多而搭积木式地变复杂，与卷积神经网络在原理上高度类似。只是前者是时间域的，后者是空间域的。

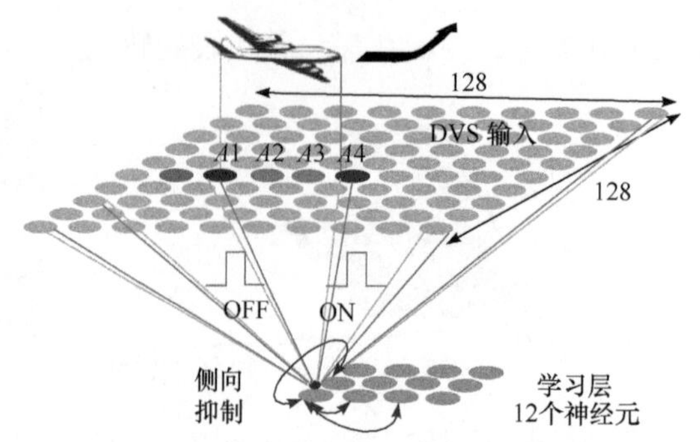

图 7.19　基于 DVS 的单层脉冲神经网络(航迹识别)[13]

对于航迹识别，忆阻突触电导方差的影响如图 7.20 所示。图 7.20(a)指出，假如忆阻突触器件的初始权重分布方差过大($\sigma_g=1.0$)，会出现学习失败的问题。一种是处于分布顶端的情况，即突触权重过大，导致原输入脉冲序列还没顺序发放完毕，输出神经元就已经激发。这种激发造成的后果就是运动轨迹学习不全，如

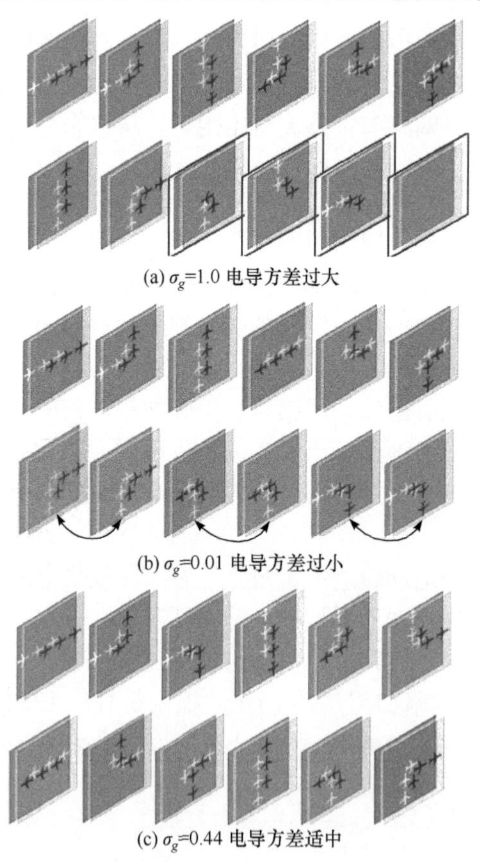

(a) σ_g=1.0 电导方差过大

(b) σ_g=0.01 电导方差过小

(c) σ_g=0.44 电导方差适中

图 7.20　忆阻突触电导方差的影响(航迹识别)[13]

图 7.20(a)的深色方框所示。另一种是处于分布底端的情况，即突触权重过小，导致输入脉冲序列发放完毕，输出神经元仍不能激发，后果就是什么也学不到，如图 7.20(a)的浅色方框所示。

图 7.20(b)指出，假如忆阻突触器件的初始权重分布方差过小($\sigma_g = 0.01$)，则会有 3 对神经元各自学习到同样的航迹，出现较为严重的重复学习问题。

当且仅当忆阻突触器件的初始权重分布方差适中($\sigma_g = 0.44$)，输出层各个神经元能够学习到不同的模式。从硬件层面，不做任何预处理，大部分种类的忆阻突触器件的初始电导分布较为广泛。成型电压对 $LiSiO_x$ 忆阻器电导方差的影响如图 7.21 所示。图 7.21(a)与图 7.21(c)是未施加成型电压的测量结果。图 7.21(b)与图 7.21(d)是施加 6V 成型电压的结果。可以看到，忆阻器的初始电导分布跨越了 3 个数量级。当施加一定幅值的成型电压后，该忆阻器件的电导分布被收缩到一个数量级，可以较好地满足神经网络层面 STDP 非监督学习的要求。

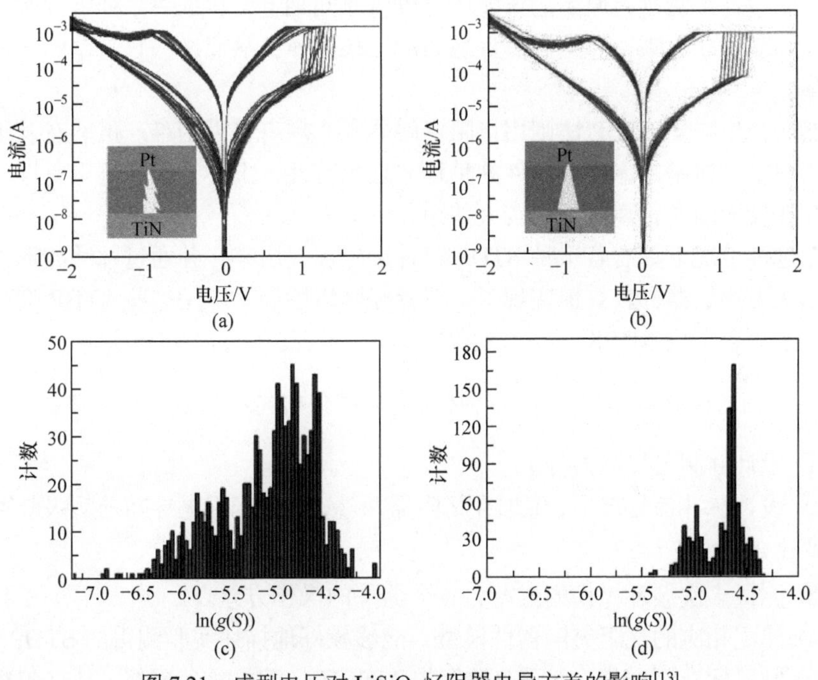

图 7.21　成型电压对 $LiSiO_x$ 忆阻器电导方差的影响[13]

7.4 本 章 小 结

1. 面向非监督学习的脉冲神经网络设计

以本章展示的静态图像与运动轨迹识别为例，非监督学习型神经网络设计的核心问题有两个。

① 如何保证每一个输出神经元学习到一类图案，而不是两类或者更多。

② 如何保证每一类输入图案被一个输出神经元学习，而不是被多个神经元学习。

因为没有监督信号来教神经元如何修改自己的突触权重，所以我们需要在神经形态器件和网络层面引入一些特殊的机制让它们自己解决上述问题。从本章的讨论可见，第一个问题可以通过神经元的不应期来抑制同一个神经元继续对新的输入样本响应，第二个问题可以通过胜者通吃法则(winner-take-all)，即首先响应的神经元侧向抑制其他未响应的神经元来实现。

2. STDP 法则及忆阻突触实现

STDP 法则是在脑科学研究中发现的，是自然选择下进化出来的一个因果律武器。通过这个法则，原始的智能体可以将时间轴上发生的一系列事件按照相互的时间间隔关联起来，总结出事件之间的因果规律，从而增强自身基因传递下去的概率。

然而，生物学 STDP 法则用忆阻突触器件实现有较大困难。虽然有若干工作声称实现了，但是考虑忆阻器件的种种非理想特性，上述工作的可重复性、可靠性都存在较大问题，离实用有较大差距。

在这种情况下，有若干种 STDP 变种形式被提出来，并通过脉冲波形设计等手段用忆阻突触器件较好地实现了。在神经网络层面，应用这些 STDP 变种形式可以对手写数字集(MNIST)、运动模式等任务实现较好的学习效果。

3. 面向 STDP 与非监督学习的忆阻突触器件研究一般方法与流程

① 设计并制备忆阻器件。

② 设计脉冲信号波形，施加在忆阻器两端，测量忆阻电导随前后级脉冲时间差的变化 $\Delta G(t_{\rm pre}-t_{\rm post})$。

③ 测量多次循环操作的方差，各个器件的操作方差。

④ 建立相应的忆阻突触器件模型，能够较好地描述实验测得的 STDP 行为。

⑤ 针对标准测试集，如手写数字集(MNIST)，建立神经网络，将忆阻突触模型代入，进行神经网络仿真。

7.5 思考题

1. 既然后一级神经元始终是由前一级神经元激发的，那为什么会出现后一级神经元发放脉冲的时刻比前一级神经元还早一些呢？

提示：读者可以试着用英文把这个问题复述一遍，从英文关键单词的单复数用法中可以直接看到问题所在。

2. 图 7.6 显示的忆阻突触 STDP 特性，与神经生物学实验观察到的 STDP (图 7.2)存在显著差异，如何理解前者是后者的一个有效近似？

3. 仔细观察图 7.8 不难发现，方案可行的关键在于 t_{post} 要小于 10ms，否则就会引起错误动作。这一点在硬件层面是如何保证实现的呢？

4. 假如不采用图 7.9 所示的样本/噪声半周期轮流输入设计，而是直接多轮输入同一个样本，那么该样本图案背景部分对应的那些突触的权重原则上将不会变化。对应的最终学习效果与图 7.9(b)相比，有哪些变化？对后续的测试会有怎样的影响？

提示：考虑测试时输入的样本是手写数字“2”，在上述两种情况下，哪一种的识别准确率会更高？

5. 图 7.9 的噪声像素点如果密度过高，会有什么问题？过低的话呢？

6. 基于图 7.6 所示的 STDP 变种形式，我们为了削弱代表手写数字背景部分的那些突触权重，设计了较复杂的多轮样本/噪声半周期交替输入，从脉冲神经网络层面实现手写数字识别。能否基于图 7.14 的 STDP 变种形式设计类似的突触权重削弱任务？

7. 若图 7.17 所示的小球运动方向不变，但是速度增大或者减小，对应脉冲神经网络的第一层和第二层神经元能识别出来吗？从这个角度看，该脉冲神经网络的功能是不是很强大？

参考文献

[1] Gerstner W, Kistler W M, Naud R, et al. Neuronal Dynamics: From Single Neurons to Networks and Models of Cognition. Cambridge: Cambridge University Press, 2014.

[2] Oja E. Simplified neuron model as a principal component analyzer. Journal of Mathematical Biology, 1982, 15(3): 267-273.

[3] Bi G Q, Poo M M. Synaptic modifications in cultured hippocampal neurons: Dependence on spike timing, synaptic strength, and postsynaptic cell type. The Journal of Neuroscience: The Official Journal of The Society for Neuroscience, 1998, 18: 10464-10472.

[4] Serb A, Bill J, Khiat A, et al. Unsupervised learning in probabilistic neural networks with multi-state metal-oxide memristive synapses. Nature Communications, 2016, 7(1): 12611.

[5] Hamdioui S, Kvatinsky S, Cauwenberghs G, et al. Memristor for computing: Myth or reality// Design, Automation & Test in Europe Conference & Exhibition, 2017: 722-731.

[6] Zhong Y, Li Y, Xu L, et al. Simple square pulses for implementing spike-timing-dependent plasticity in phase-change memory. Physica Status Solidi (RRL)-Rapid Research Letters, 2015, 9(7):

414-419.

[7] Ambrogio S, Balatti S, Milo V, et al. Novel RRAM-enabled 1T1R synapse capable of low-power STDP via burst-mode communication and real-time unsupervised machine learning//IEEE Symposium on VLSI Technology, 2016: 1-2.

[8] Bichler O, Querlioz D, Thorpe S J, et al. Extraction of temporally correlated features from dynamic vision sensors with spike-timing-dependent plasticity. Neural Networks, 2012, 32: 339-348.

[9] Ambrogio S, Balatti S, Milo V, et al. Novel RRAM-enabled 1T1R synapse capable of low-power STDP via burst-mode communication and real-time unsupervised machine learning//IEEE Symposium on VLSI Technology, 2016: 2158-2182.

[10] Bichler O, Suri M, Querlioz D, et al. Visual pattern extraction using energy-efficient "2-PCM synapse" neuromorphic architecture. IEEE Transactions on Electron Devices, 2012, 59(8): 2206-2214.

[11] Bichler O, Querlioz D, Thorpe S J, et al. Unsupervised features extraction from asynchronous silicon retina through spike-timing-dependent plasticity//The 2011 International Joint Conference on Neural Networks,2011: 859-866.

[12] Zeiler M D, Fergus R. Visualizing and Understanding Convolutional Networks: Computer Vision. Cham: Springer, 2014.

[13] Chen B, Yang H, Zhuge F, et al. Optimal tuning of memristor conductance variation in spiking neural networks for online unsupervised learning. IEEE Transactions on Electron Devices, 2019, 66(6): 2844-2849.

第 8 章　深度强化学习

8.1　强化学习简介

强化学习也叫基于奖励的学习(reward-based learning)。强化学习中主体与环境的互动示意图如图 8.1 所示。在主体与环境的互动中，主体从环境中观测到信号 O_t，神经网络据此计算，然后产生输出指令，对环境执行一个动作 A_t，最后由环境对主体的输出结果进行判定 R_t，正确受到奖励(positive reward)，错误接受惩罚(negative reward)，通过这种赏罚分明的奖惩机制“诱导”神经网络自我调整，让输出结果变得正确，从而获取更多的奖励。

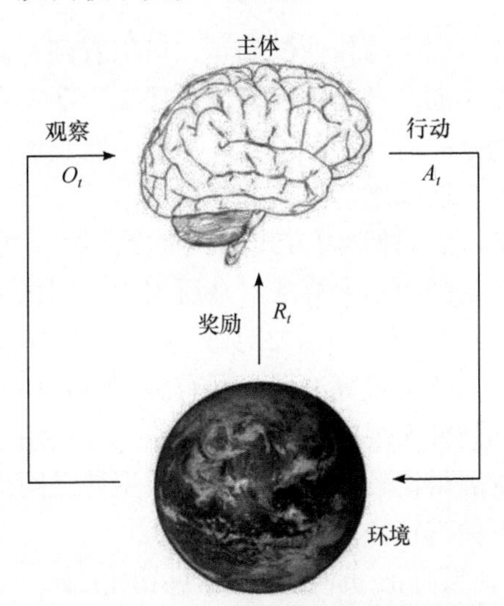

图 8.1　强化学习中主体与环境的互动示意图

这种算法乍一听，就像小朋友在家长的督促下写作业，结果正确就奖励一颗糖，错误则挨一顿揍。读者很自然会想到一个问题，即强化学习与监督学习的区别在哪里呢?

图 8.2 所示的老鼠走迷宫这个经典案例可以较好地回答这个问题。从老鼠所在的位置到出口，实际上存在多条路线。对于监督学习算法，是预先指定其中一条，在老鼠探索的过程中，任何偏离该指定路线的行为都会被纠正。对于强化学习算法，只要老鼠最后能走出迷宫即可，路线任其探索。

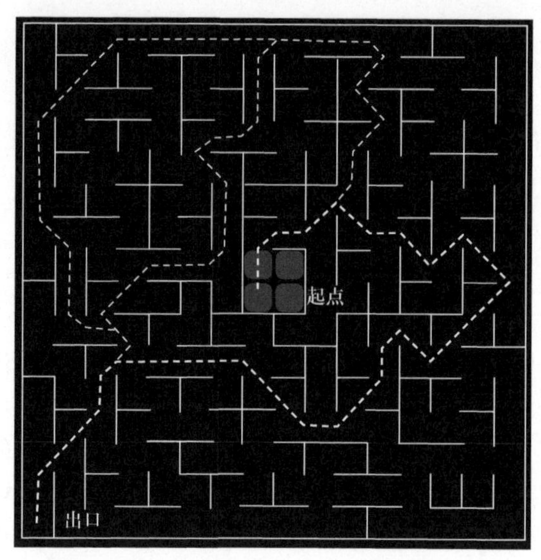

图 8.2 老鼠走迷宫(强化学习与监督学习对比)

回到小朋友在家长督促下写作业的问题，可以看到，监督学习对应的是一个专制的家长，他不仅要小朋友做出正确答案，还要小朋友必须按照规定的解法做出来；强化学习对应的是一个开明的家长，只要小朋友最后做出正确答案即可，用哪种解法不做限制，自己探索。

生活常识告诉我们，后一种学习方式更鼓励创造性。这也是为什么像 AlphaGo 这样的实际应用采用的是强化学习算法。众所周知，围棋可能的走法组合几乎是天文数字。在这种情况下，监督学习需要对每一种走法贴标签，事实上是做不到的。

另外，监督学习与强化学习算法层面既有区别也有相似之处。这意味着，我们在对强化学习算法和硬件实现的讨论中，应该充分利用它们在形式上的某些相似性，从而复用已经发展得比较成熟的监督学习型神经网络的软硬件成果。

强化学习具有如下关键特征。

① 没有监督信号，只有正/负回馈(奖励/惩罚)信号。

② 当前行动导致的奖惩反馈信号不是即时的，而是延迟给出的。

③ 输入数据是时变的，并且当前步骤采取的行动不同，下个步骤对应的输入会不一样，即输入数据不是独立同分布(independent identically distribution，IID)的。

8.2 基于模拟值的深度 Q 值网络

8.2.1 吃还是不吃？这是个问题

我们以一个简单的游戏来理解强化学习是怎么定义和处理问题的。“吃还是不吃”的强化学习示例如图 8.3 所示。假设智能体处在“饱”、“饿”、“饿死”三个状态之一，从“吃”或者“不吃”两种行动中选择一个。以处在“饿”这个状态为例，假如选择“吃”这个行动，有 $p = 90\%$的概率变“饱”了，意味着获得了 $r = +1$ 的收益，但还有 $p = 10\%$的概率仍然饿着，于是获得 $r = -1$ 的收益；假如选择“不吃”，有 $p = 90\%$的概率仍然“饿”着，对应地获得 $r = -1$ 的收益，还有 $p = 10\%$的概率直接“饿死”了，对应 $r = -10$ 的收益。

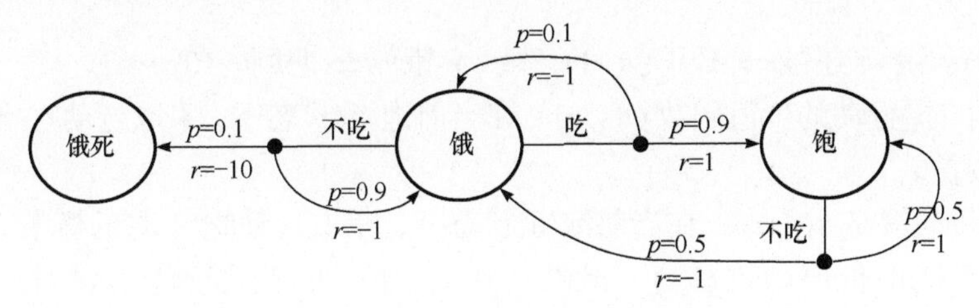

图 8.3　“吃还是不吃”的强化学习示例

依此类推，我们稍加计算就可以列出下面这张表(表 8.1)，统计各种状态下采取各种行动的直接收益。

表 8.1　吃-不吃的直接收益表

所处状态	执行动作	直接收益
饿	吃	0.8
饿	不吃	-1.9
饱	吃	0
饱	不吃	0
饿死	吃/不吃	—

注意上述示例做了高度简化，例如不存在“饱”的状态下继续“吃”于是“撑”了的选项，“饿死”对应游戏的终结。

现在要解决的问题是，当智能体处在“饿”这个状态时，选择哪种行动策略的收益最大？我们可以描述为

$$\max_{\text{行动}}\{\text{预期收益(状态,行动)}\} \tag{8-1}$$

即要根据一个预定的策略选择一种行动，使预期收益最大化。

8.2.2　Bellman 方程

从上面的例子可以看到，当我们试图用强化学习处理问题时，通常需要以下定义。

① 智能体可能处在的状态集合$\{s\}$：饱、饿、饿死。

② 智能体可能采取的动作集合$\{a\}$：吃、不吃。

③ 状态之间通过动作实现转换的概率表$\{P_{ss'}^{a}\}$：饿$\xrightarrow{\text{吃}}$(可能)饱了、饿$\xrightarrow{\text{吃}}$(可能)还饿、饿$\xrightarrow{\text{不吃}}$(可能)继续饿、饿$\xrightarrow{\text{不吃}}$(可能)饿死……。

④ 每一次动作导致状态切换而获得的当前直接收益表$\{R_{ss'}^{a}\}$：饿$\xrightarrow{\text{吃}}$饱了$\Rightarrow$开心(+1)、饿$\xrightarrow{\text{吃}}$还饿$\Rightarrow$不开心(−1)、饿$\xrightarrow{\text{不吃}}$饿死$\Rightarrow$悲剧(−10)……。

⑤ 状态-行动的价值函数$Q(s,a)$：在当前饱/饿状态下，采取行动吃/不吃，对应的总收益。

⑥ 行动策略$\pi(s,a)$：在当前饱/饿状态下，采取行动吃/不吃的概率。

⑦ 状态的价值函数$Q(s)$：既然在状态s下采取不同行动a/a'对应的价值$Q(s,a/a')$不同，那么状态本身的价值$Q(s)$就是该状态下所有行动对应的价值$Q(s,a)$做加权叠加$Q(s)=\sum_{a}w(a)Q(s,a)$，其中权重因子$w(a)$代表采取行动a的概率。显然，采取高价值行动的可能性(权重因子)越大，该状态的价值就越高。

从前述例子可以看到，所谓强化学习，就是寻找最优的行动策略$\pi^{*}(s,a)$，使对应状态s的总体收益$Q(s)$最大，即

$$\pi^{*}(s,a)\Rightarrow \max Q(s) \tag{8-2}$$

可以看到，总收益应该是每一步行动收益的叠加，即

$$Q(s,a)=R_{ss'}^{a}+R_{s's''}^{a'}+R_{s''s'''}^{a''}+\cdots \tag{8-3}$$

显然，我们需要首先推导出状态-行动价值函数$Q(s,a)$的表达式，即Bellman方程。

1. 直观推导

Bellman 方程的物理含义是非常清晰的。事实上，只要清晰理解它的逻辑，不需要复杂的推导就可以直接写出来。

首先，假设智能体在当前状态s采取行动a，会跳转到状态s'，即$s\xrightarrow{a}s'$，那么描述未来总收益的状态-行动价值函数$Q(s,a)$就可以写为

$$Q(s,a)=R_{ss'}^{a}+\gamma Q(s')$$

这是一个递归表达式，首先是当前状态下这个动作本身的收益$R_{ss'}^{a}$，以及通过这个动作进入下一个状态s'后的价值函数$Q(s')$。另外，该表达式对未来收益引入了一个折扣因子γ，即对于遥远未来的收益，在当下考虑每一种选择的总收益时

需要打折计入。

从价值函数 $Q(s')$ 的定义可以知道，一个状态的价值 $Q(s')$ 其实是当前状态下，可能采取的各种不同行动 $\{a'\}$ 所得的行动-价值函数 $\{Q(s',a')\}$ 做一个加权平均。权重因子就是采取不同行动 $\{a'\}$ 的概率 $\pi(s',a')$，即

$$Q^{\pi}(s')=\sum_{a}\pi(s',a')Q^{\pi}(s',a')$$

其中，$\pi(s',a')$ 为 s' 状态下采取 a' 行动的概率，它满足总概率归一化条件，即 $\sum_{a'}\pi(s',a')=1$。

处在状态 s 采用不同策略后的状态跳转与收益如图 8.4 所示。智能体处在 s 状态，分别以 $\pi(s,a')$、$\pi(s',a'')$、$\pi(s',a''')$ 的概率执行动作 a'、a''、a'''，达到 s'、s''、s''' 新状态，同时获得这一步的收获 $R_{ss'}^{a'}$、$R_{ss''}^{a''}$、$R_{ss'''}^{a'''}$。

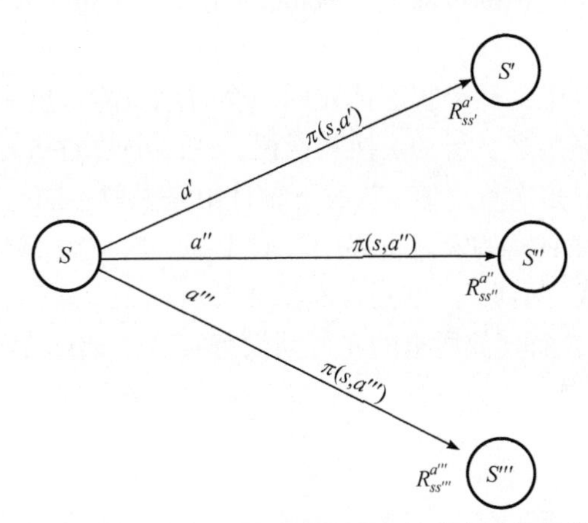

图 8.4 处在状态 s 采用不同策略后的状态跳转与收益

根据讨论，我们得到的表达式为

$$Q^{\pi}(s,a)=R_{ss'}^{a}+\gamma\sum_{a'}\pi(s',a')Q^{\pi}(s',a')$$

进一步，从“饿/饱/吃/不吃”的简单示例中不难发现，在当前状态 s 下，采取行动 a，到达的状态 s' 可能不止一种，处在当前状态 s 并采用动作 a，可能跳转到不同状态并取得不同收益，如图 8.5 所示。用数学语言来描述就是需要定义 $P_{ss'}^{a}$ 描述 $s\xrightarrow{a}s'$ 的概率，并且满足 $\sum_{s'}P_{ss'}^{a}=1$。相应地，考虑不同的末态可能，需要考虑加权平均，可以得到 Bellman 方程完整表达式，即

$$Q^{\pi}(s,a)=\sum_{s'}P_{ss'}^{a}\left(R_{ss'}^{a}+\sum_{a'}\pi(s',a')\gamma Q^{\pi}(s',a')\right) \tag{8-4}$$

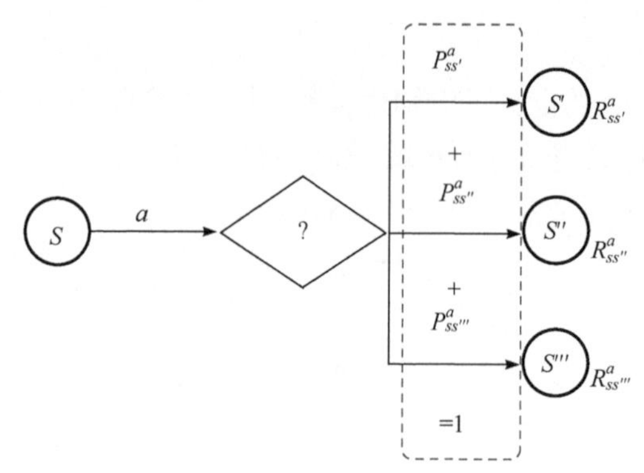

图 8.5 处在当前状态 s 并采用动作 a 取得的收益

2. 现实简化

在一个经典且决定论的世界里，Bellman 方程可以进一步简化。

1) 经典世界

在宏观经典世界中，一个智能体在同一个时刻只能做出一个行动，而不可能以不同的概率同时做出多个行动。换句话说，式(8-4)中的 $\pi(s,a)$ 是统计学意义上的，其他条件不变，多次重复该 s 状态下统计出来采取不同行动 a 、 a' 、 a'' 等的概率。形象地说，在真实的宏观世界中，对于某一次“饿/饱/吃/不吃”实验，只能决定采取“吃”或“不吃”。也就是说，对于 $\pi(s,a)$ ，只有某个 a 对应的行动被采取了， $\pi(s,a)=1$ ，而其他所有的 $\overline{a}$ 行动没有实行， $\pi(s,\overline{a})=0$ ，即

$$\pi(s,a)=\begin{cases}1\\0\end{cases} \tag{8-5}$$

2) 决定论世界

18 世纪，伴随着近代物理学的爆发，出现一种机械唯物论，认为给定了系统当前的状态和外加的力，系统的未来演化就完全确定了，或者说，只要给定的状态和力的精度足够,理论上是可以根据牛顿力学定理准确计算出状态的未来演化。

对该机械唯物论谬误的讨论超出了本书范围，但是我们假设在一些严格限定的简单日常生活情况下，上述决定论是适用的。这意味着，Bellman 方程中的状态转换概率 $P_{ss'}^a$ 只能是非零即一的，即

$$P_{ss'}^a=\begin{cases}1\\0\end{cases} \tag{8-6}$$

考虑上述两个条件，Bellman 方程描述的现实最佳策略 $\pi^*(s,a)$ 为

$$Q(s,a)=R_{ss'}^a+\gamma\max_{a'}Q(s',a') \tag{8-7}$$

3. 关键特征

从上述讨论可以看到，Bellman 方程描述的系统演化在形式上高度类似数字逻辑中的有限状态机，即系统处在有限状态中的某一个，通过不同的行动(状态机的输入)跳转到不同的状态，同时获得这一步跳转的回馈(状态机的输出)。

我们总结 Bellman 方程具有以下关键特征，即定义 5 个量 $\{s,a,P_{ss'}^a,R_{ss'}^a,\gamma\}$。

① 有限数目的状态 $\{s\}$，智能体在任意时刻必定处在其中一个。

② 有限数目的行动 $\{a\}$，智能体在任意状态下总是从中选取一个。

③ 行动 a 导致从状态 s 到状态 s' 的跳转概率 $P_{ss'}^a$。

④ 即时收益为 $\{R_{ss'}^a\}$。

⑤ 折扣因子为 γ。

Bellman 方程适用于马尔可夫过程，当前状态仅取决于前一个状态，即

$$P(s_{t+1} \mid s_t) = P(s_{t+1} \mid s_1, s_2, \cdots, s_t)$$

Bellman 方程是个递归表达式，意味着可以通过迭代求解。

8.2.3 Bellman 方程求解

1. Q 值表更新

Q 值表如表 8.2 所示。状态-行动的价值函数 $Q(s,a)$是一个二维矩阵，也称 Q 值表。强化学习要做的，就是根据指定的行动策略，不停更新 Q 值表，直到下一轮更新引起的 Q 值表变化可以忽略，即 Q 值表收敛，就认为学习完成。

表 8.2　Q 值表

当前状态	a_1 对应 Q 值	a_2 对应 Q 值	a_j 对应 Q 值	a_n 对应 Q 值
s_1	—	—	—	—
s_2	—	—	—	—
s_i	—	—	$Q(i,j) = Q(s_i,a_j)$	—
s_m	—	—	$P(i,j) = s_i \xrightarrow{a_j} s_{i'}$	—

注意，在式(8-7)描述的简化情况下，我们用如下两张表来描述系统状态，一张是状态转换表 $P_{ss'}^a$ (表 8.3)，注意其元素是非零即一的；另一张是状态转换直接收益表 $R_{ss'}^a$ (表 8.4)。

表 8.3　状态转换表

当前状态	a_1 下一状态	a_2 下一状态	a_j 下一状态	a_n 下一状态
s_1	—	—	—	—
s_2	—	—	—	—
s_i	—	—	$P(i,j)=s_i \xrightarrow{a_j} s_{i'}$	—
s_m	—	—	—	—

表 8.4　状态转换直接收益表

当前状态	a_1 收益	a_2 收益	a_j 收益	a_n 收益
s_1	—	—	—	—
s_2	—	—	—	—
s_i	—	—	$R(i,j)=R_{s_i,s_{i'}}^{a_j}$	—
s_m	—	—	—	—

这两张表从哪里来的呢？以老鼠走迷宫为例，在初始情况下，老鼠没有探索过迷宫，因此这两张表的大部分元素对它而言是未知的。当它在各个状态 $\{s\}$ 下不停地采取各种行动 $\{a\}$ 时，环境会反馈给它对应的状态转换 $P_{ss'}^a$ ，以及直接收益 $R_{ss'}^a$ 。换言之，当我们采取某种“上帝视角”看图 8.1，把“环境”看作一种具有虚拟人格的存在，那么当“智能体”对“环境”采取动作时，“环境”就查阅表 8.3 和表 8.4，给予“智能体”反馈。其中，一个是“智能体”本次动作的“收益”，另一个是“智能体”采取“行动”后转移到的下一个“状态”。

Q 值表更新的伪代码如图 8.6 所示。

Q 值表更新流程(基础版)如下。

① 列出 $m \times n$ 维的 Q 值表，并初始化为全零矩阵。其中，m 是状态数目，n 是动作数目。

② 假设系统给出若干个可能的初始态，选择其中一种状态 s_i 作为初始态，根据预定的行动策略开始动作，一步步转换状态，同时更新相应的 Q 值。以基于式(8-7)的操作为例。

第一，在状态 s_i 下拟采取的行动就是挑选表 8.2 中 s_i 这一行最大值 $Q(i,j)=\max Q(i,:)$ 对应的那个行动 a_j 。

第二，查找两张表。一张是状态转换表 8.3 的元素 $P(i,j)$ ，从中找到下一个

状态 $s_{i'}$。另一张是状态转换收益表 8.4 的元素 $R(i,j)$，可知这一步行动的直接收益 r。

任意初始化 $Q(s,a)$
重复(对于每一轮操作):
初始化 s
重复(对于每轮操作中的每一步):
在 s 下按照 Q 值表的法则则选择 a，如 $\max_a Q(s,a)$
采取动作 a，观察 $r' s'$
$Q(s,a)Q \leftarrow (s,a)+a[r+\gamma \max_{a'} Q(s',a')-Q(s,a)]$
$s \leftarrow s'$
直到 s 达到最终状态

图 8.6　Q 值表更新的伪代码

第三，查找 Q 值表中新状态 $s_{i'}$ 所在的行，找到最大值 $Q(i',j') = \max Q(i',:)$，然后更新 Q 值表，即

$$Q(i,j) \leftarrow Q(i,j) + \alpha(r + \gamma \max Q(i',:) - Q(i,j)) \tag{8-8}$$

第四，进入下一个状态 $s_{i'}$，重复上述步骤，继续更新 Q 值表，直到系统设定的末态或者其他终止条件。

③ 遍历系统其他可能的初始态，重复上述 Q 值学习、更新。

2. ε-贪婪算法

由式(8-7)，在 Q 值表的每一行找最大值对应的行动。这实际上非常容易掉进局域最优，而非全局最优的陷阱。

假设当事人处在高中毕业这个状态，需要决定是读大学，还是去工作。这里假设 Q 值表仅评估经济收益，不包比如更高等的教育带给人的精神提升等不便量化的收益。

显然，如果读大学，接下来四年的个人财务收益通常为很大的负值，而直接工作带来的收益为正。然而，稍微看远一步就知道，正常情况下受过更高等的教育后，能够承担更专业、门槛更高的工作，因此四年后再工作的收入应该很快能够补回先前的经济损失。换句话说，这个案例的全局最优决策通常是选择读大学。然而，直接按照式(8-7)决策，就会掉进“高中毕业后工作”这个眼前利益的陷阱。

造成这一困境的原因显然是智能体没有把眼光放得更长远，只考虑“看得见”的当前最大收益。因此，一种对应的纠错策略——ε-贪婪(ε-greedy)算法被发展出来。它通过引入随机性，跳过局域最优的陷阱。

ε演化(从探索到利用)示意图如图 8.7 所示。智能体在每一步行动决策时，掷一下骰子，产生一个[0,1]的随机数R。如果$R>\varepsilon$，就按式(8-7)行动；如果$R<\varepsilon$，则随机选择一个行动。在 Q 值表刚开始更新阶段，设置较大的ε值，使很大比例的行动是随机的，目的是绕开眼前利益的陷阱，尝试其他路径找到潜在的更大收益。随着 Q 值表更新的轮数越来越多，更多的路径探索结果已经反映在相关的 Q 值元素中，因此逐步减小ε，使越来越多的行动是以获取目前已知的最大 Q 值为目的。从效果来看，前一种做法是探索(exploration)环境，后一种是直接利用(exploitation)环境获得收益。

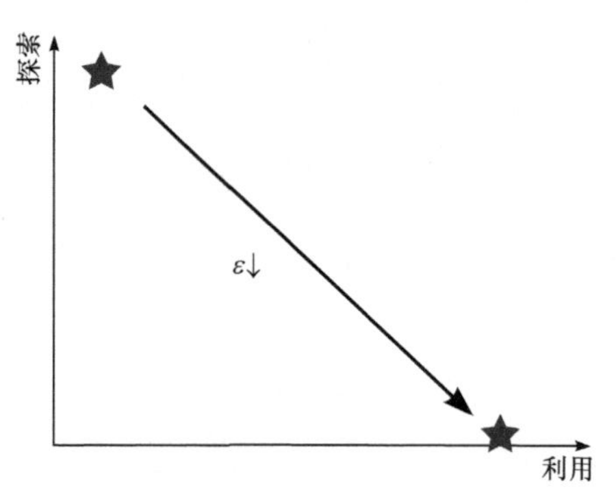

图 8.7 ε演化(从探索到利用)示意图

3. 在线还是离线策略

引入探索或者利用的随机性以后，如果仍然采取式(8-7)的形式，就可能在执行层面出现“脑臀分离”现象，即在$R<\varepsilon$的探索决策下，明明屁股的实际行动是随机选取了一个动作a_R，但是脑子里的 Q 值更新仍然是取$\max\limits_a Q(s,a)$。为了解决这个明显的不一致，SARSA(state-action-reward-state-action)算法被提出，即 Q 值更新按照实际采取的行动来计算，而不是不加区分地使用式(8-7)。

Q 值表更新流程(SARSA 版)如下。

① 列出$m\times n$维的 Q 值表，并初始化为全零矩阵，其中m是状态数目，n是动作数目。

② 假设系统给出若干个可能的初始态，选择其中一种状态s_i作为初始态，根据预定的行动策略开始动作，一步步转换状态，同时更新相应的 Q 值。

第一，在状态s_i下，首先产生一个[0,1]的随机数R，如果$R\geqslant\varepsilon$，拟采取的行动是挑选表 8.2 中s_i这一行最大值$Q(i,j)=\max Q(i,:)$对应的那个行动a_j；如果$R<\varepsilon$，拟采取的行动是在表 8.2 中s_i这一行随机挑选一个行动a_r。

第二，查找两张表。一张是状态转换表 8.3 的元素$P(i,j/r)$，从中找到下一个状态是$s_{i'}$。另一张是状态转换收益表 8.4 的元素$R(i,j/r)$，得知这一步行动的

直接收益 r 。

第三，查找 Q 值表新状态 $s_{i'}$ 所在的行，采取与 s_i 状态处理的类似办法，确定对应的行动 $a_{j'}$ ，更新 Q 值表，即

$$Q(i,j) \leftarrow Q(i,j) + \alpha[r + \gamma Q(i',j') - Q(i,j)] \tag{8-9}$$

第四，进入下一个状态 $s_{i'}$ ，重复上述步骤，继续更新 Q 值表，直到系统设定的末态或者其他终止条件。

③ 遍历系统其他可能的初始态，重复 Q 值学习、更新，并且逐步减小 ε 的设定值。

8.2.4　深度 Q 值网络

在实际应用中，Q 值表更新法并不经济，有时甚至不可行。以下围棋为例，围棋可能的状态数几乎是天文数字，对应的 Q 值表是一个远超现实计算机内存容量的矩阵。这种情况下 Q 值表的访问和更新效率会变得异常低下。

研究人员是怎么想到用神经网络的形式来更新 Q 值表的呢？具体来说，Q 值表更新式(8-8)或者它的优化版本式(8-9)求解是如何跟神经网络联系的呢？

这里的关键点是，数学形式上 Bellman 方程是递归表达式，意味着它可以通过多轮迭代求解。在求解中，可以定义迭代前后的误差，既然能定义每一轮的误差，那么我们马上就能联想到前述章节定义的误差极小化办法，即梯度下降。

以强化学习的典型案例“倒立摆保持平衡”(cart-pole)为例，倒立摆问题的深度 Q 值网络如图 8.8 所示。采用小车位置、小车速度、悬杆角度、悬杆顶端线速度作为神经网络的输入 s ，输出层使用两个神经元分别代表向左、向右的作用力。在训练中，输出神经元编码相应的状态-价值函数 $Q(s,\leftarrow)$ 、 $Q(s,\rightarrow)$ 。

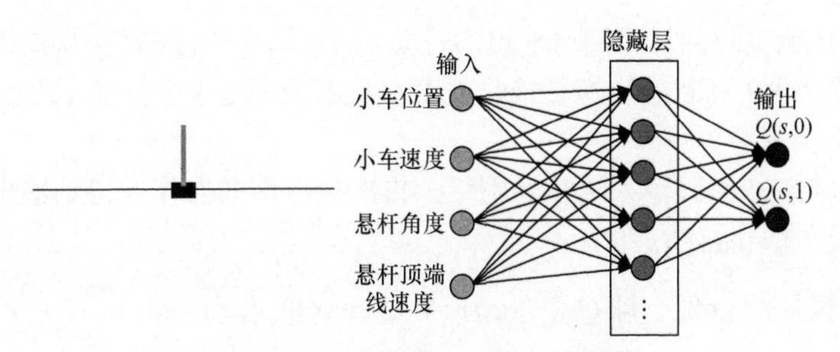

图 8.8　倒立摆问题的深度 Q 值网络

定义损失函数为

$$L(w) = E[(r + \gamma \max_{a'} Q(s',a',w) - Q(s,a,w))^2] \tag{8-10}$$

其中，$r+\gamma\max_{a'}Q(s',a',w)$ 为状态-动作价值函数 $Q(s,a)$的期望值。

可以看到，该损失函数的定义在数学形式上与误差函数定义式(4-3)是一致的[①]。因此，我们可以套用梯度下降法来更新突触权重，达到误差极小化的目的，即

$$\Delta w=-\alpha[r+\gamma\max_{a'}Q(s',a',w)-Q(s,a,w)]\nabla_w Q(s,a,w) \tag{8-11}$$

深度 Q 值网络的训练操作流程图(基础版)如图 8.9 所示。

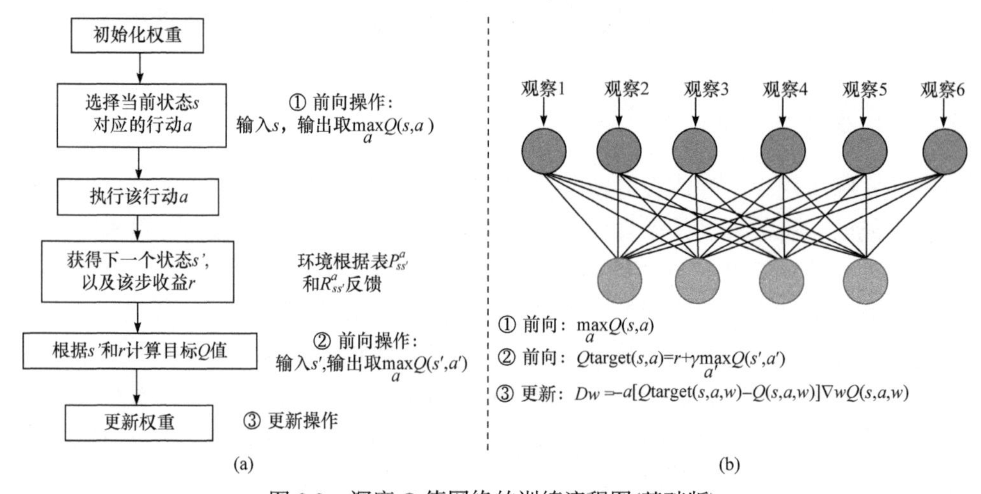

图 8.9　深度 Q 值网络的训练流程图(基础版)

① 建立神经网络，初始化权重。

② 对当前状态 s 选择行动 a，将状态编码输入给神经网络，执行前向操作，得到输出，从中选择最大输出值 $\max_a Q(s,a)$，以及该输出神经元对应的行动 a。

③ 当环境接收到神经网络输出的行动 a 后，结合神经网络的输入状态 s，查找状态转换表 8.3 和状态转换直接收益表 8.4，找到状态 s 下行动 a 的直接收益 r，以及下一个状态 s'。

④ 将状态 s' 编码输入给神经网络，再次执行前向操作，得到输出，并选择输出值最大，即 $\max_{a'}Q(s',a')$。

⑤ 计算目标 Q 值，即 $Q_{\text{target}}(s,a)=r+\gamma\max_{a'}Q(s',a')$。

⑥ 根据式(8-11)计算神经网络权重的变化，并更新它们。

可以看到，深度 Q 值网络一次训练需要两次前向和一次更新操作，即

---

① 需要注意，两者存在一个关键不同，即监督学习算法里的目标或者期望值是不变的，而 Q 值学习的期望值显然是在随着训练进行而动态调整的。后续讲解将指出这一关键不同带来的问题，以及相应的解决方案。

前向 → 前向 → 更新

值得指出的是，从 Q 值表到深度 Q 值网络是一次状态泛化能力的飞跃。如表 8.2 所示，Q 值表能处理的状态数是有限的，对应在状态空间是有限个离散的点，对于状态空间那些没有训练到的点，Q 值表无法给出行动策略。这意味着，Q 值表是不具备泛化能力的。

深度Q值网络采用若干个输入神经元来编码状态，由于神经元可以连续取值，原则上深度 Q 值网络能够处理状态空间连续的点，也就是说深度 Q 值网络具有状态空间的泛化能力。

8.2.5　若干优化技术

1. 目标 Q 值网络

式(8-10)显示，深度 Q 值网络的 Q_{target} 本身是不停变化的，只要神经网络权重更新了，那么计算出来的 Q_{target} 就不一样了，相当于网络学习的目标本身在不断变化。这对网络训练的快速收敛是十分不利的。为什么要引入目标 Q 值网络如图 8.10 所示。假如不做特殊处理，深度 Q 值网络就像一只在追咬自己尾巴的狗。

图 8.10　为什么要引入目标 Q 值网络

为了解决这个问题，人们发展出目标 Q 值网络技术。如何使用目标 Q 值网络如图 8.11 所示。其中一个是目标 Q 值网络，另一个是预期 Q 值网络，分别对应式(8-10)中的两项。在实际操作中，每次输入都同时赋值给两张网络，分别做 forward 计算，然后将各自结果放在一起相减来计算损失函数，据此得出 Q 值网络的权重更新情况。要注意，目标 Q 值网络和预期 Q 值网络的关键区别就在后者每一次操作都会被更新连接权重，而前者则保持相对不变，每 N 次才更新一次权重。

通过这种办法，目标 Q 值在保持相对稳定和动态更新之间可以取得一定的平衡。

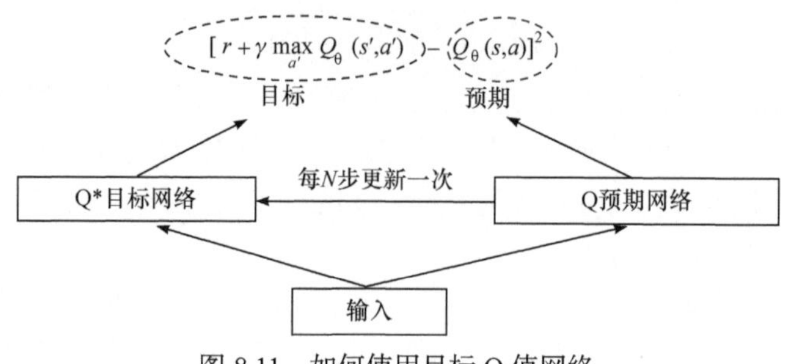

图 8.11　如何使用目标 Q 值网络

2. 经验回放

从深度 Q 值网络的定义可以看到，它与人工神经网络的监督学习存在若干重大区别，不仅是前者目标值本身在不停演化，还有一个关键区别，即深度 Q 值网络的输入不再是独立同分布的。相反，它的输入流在时间上有直接的逻辑关联，即

$$s \xrightarrow{a} s' \xrightarrow{a'} s'' \xrightarrow{a''} s''' \xrightarrow{\cdots} \cdots \tag{8-12}$$

在人工神经网络的监督学习中，对于实际应用中很大规模的测试集(如人脸识别)，通常是随机选取它的一个真子集，并且在训练中将该真子集的数据随机排序输入给神经网络，然后通过梯度下降最小化误差，即随机梯度下降。深度 Q 值网络的输入数据集通常也是状态全集一个很小的真子集。以图 8.8 所示的倒立摆问题为例，对于任意一个初始状态输入{小车位置，小车速度，悬杆偏移角度，悬杆顶端线速度}，随着时间演化，它既不可能也无必要遍历所有状态，即状态的 4 个分量全部可能的组合。换句话说，对于深度 Q 值网络，实际训练也是选取所有输入状态的一个很小真子集。

在监督学习算法中，将训练数据随机排序输入给神经网络，有利于避开局域极小值的“陷阱”。因此，既然深度 Q 值网络无论是算法(梯度下降以最小化损失函数)，还是输入处理(取全部可能状态的一个真子集)，都是在形式上高度雷同人工神经网络监督学习的随机梯度下降算法。对深度 Q 值网络的输入流做随机处理，使之更加吻合后者，从而直接利用发展得很成熟的后者处理流程，是比较合理的。

这是引入经验回放(experience replay)技术的一个考虑。经验回放示意图如图 8.12 所示。另一个考虑如“经验回放”这个名称所示，鉴于每一轮训练都在修改 Q 值表，而 Q 值表任一元素的更新都有可能引发后续训练中状态的不同走向，进而产生链式反应。因此，经常性地把前期训练结果重新代入，有可能避免当下某一步更新引起的“暴走”。

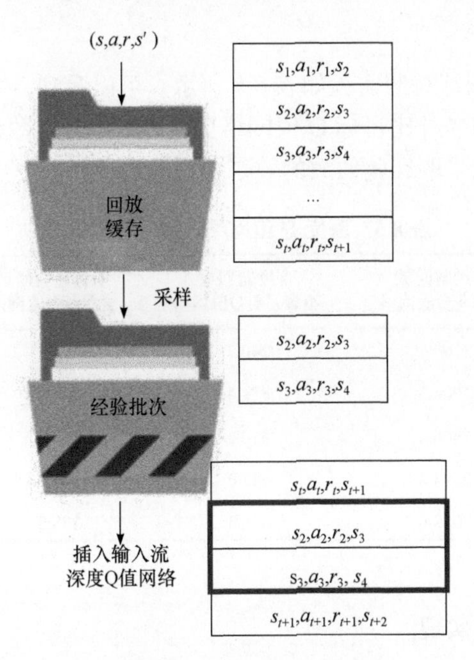

图 8.12　经验回放示意图

3. 深度 Q 值网络训练(高级版)

深度 Q 值网络训练的伪代码(含目标 Q 值、经验回放技术)如图 8.13 所示。

在容量N中初始化回放记忆D
用随机权重θ初始化动作-价值函数$\hat{Q}$
对于 episode=1,M，进行如下操作
　初始化序列 $s_1=\{x_1\}$并预处理序列 $\phi_1=\phi(s_1)$
　对于 $t=1,T$，进行如下操作
　　在概率ε的情况下选择随机动作 a_t
　　否则,选择 $a_t=\underset{a}{\operatorname{argmax}}Q(\phi(s_t),a;\theta)$
　　在仿真器中执行a_t,并观察奖励 r_t 和图像 x_{t+1}
　　使$s_{t+1}=s_t,a_t,r_t,\phi_{t+1}$并预处理 $\phi_{t+1}=\phi(s_{t+1})$　　经验回放
　　将转换(s_t,a_t,r_t,ϕ_{t+1}) 存储在D中
　　从D中随机抽样最小批次的转换(s_j,a_j,r_j,ϕ_{j+1})
　　使 $y_j=\begin{cases} r_j \\ r_j+\gamma\max_{a'}\hat{Q}(\phi_{j+1},a';\theta^-) \end{cases}$　如果操作停止在j+1步其他情况下
　　参照网络参数θ进行一次梯度下降步骤$(y_j-Q(\phi_j,a_j;\theta))^2$
　　每C个步骤重置 $\hat{Q}=Q$ ——→ 设置目标Q值网络
　结束循环
结束循环

图 8.13　深度 Q 值网络训练的伪代码(含目标 Q 值、经验回放技术)

4. 训练结果讨论

深度 Q 值网络训练对照实验如表 8.5 所示。可以看到，对于多数游戏测试，经验回放对总收益的提升比目标 Q 值网络更显著，差距在数倍到几十倍，而两种技术的综合又比单独采取经验回放的效果要提升数倍。

表 8.5 深度 Q 值网络训练对照实验[1]

游戏	含经验回放 含目标Q值网络	含经验回放 不含目标Q值网络	不含经验回放 含目标Q值网络	不含经验回放 不含目标Q值网络
Breakout	316.8	240.7	10.2	3.2
Enduro	1006.3	831.4	141.9	29.1
River Raid	7446.6	4102.8	2867.7	1453.0
Seaquest	2894.4	822.6	1003.0	275.8
Space Invaders	1088.9	826.3	373.2	302.0

8.2.6 忆阻突触阵列实现

Wang 等[2]提出一种基于忆阻突触阵列的深度 Q 值网络实现方案。基于 1T1M 单元的忆阻突触阵列及编程操作如图 8.14 所示。其基本单元是 1T1M，阵列规模是128×64，根据深度 Q 值网络的大小，将其划分为 3 个区域，分别对应 3 层神经网络的突触矩阵。

在器件操作层面，该工作使用一种新的忆阻突触权重更新方法。如图 8.14(b) 所示，在置态时，从位线对忆阻器的底电极端施加一个统一幅值的置态电压脉冲，从字线对晶体管栅极施加一个正电压脉冲。该栅极电压脉冲幅值不同，对忆阻器置态时的限流效果不同，导致忆阻器的末态电导不同。

在重置时，首先从位线对忆阻器施加一个较大的重置电压，将忆阻器的电导态置到最低，然后重复前述置态过程，将其电导提升到期望值。

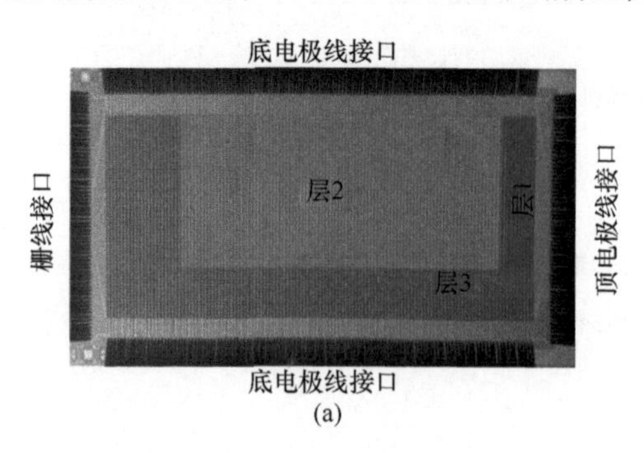

(a)

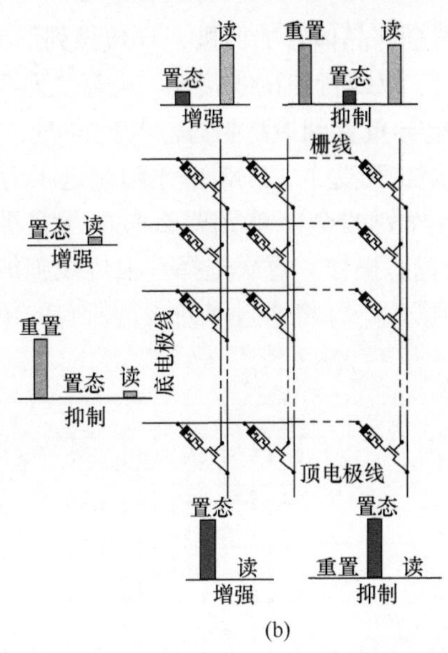

(b)

图 8.14　基于 1T1M 单元的忆阻突触阵列及编程操作[2]

1T1M 单元在栅压幅值控制下的电导更新示意图如图 8.15 所示。可以看到，无论是单个器件的多次电导调制一致性，还是多个器件的电导调制一致性，都表现出较小的方差，能够满足神经网络层面的突触权重调制要求。这里需要特别注意，只要忆阻突触器件的长时程增强特性足够好，就可以从器件的长时程增强特性曲线直接将需要的电导改变Δg 转换为所需的栅极电压幅值。

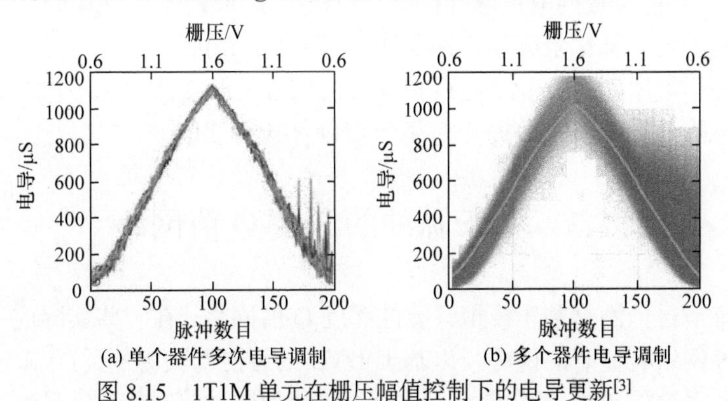

(a) 单个器件多次电导调制　　(b) 多个器件电导调制

图 8.15　1T1M 单元在栅压幅值控制下的电导更新[3]

1T1M 忆阻突触阵列的前向、重置与更新操作如图 8.16 所示。图 8.16(a)显示，执行神经网络前向运算时，是采用电压幅值 V_{in} 编码输入的，同时全部字线均输入高电平 V_{dd} 保证所有 1T1M 单元均被打开，由底部的源线收集作为矢量矩阵乘法(vector matrix multiplication)结果的电流 i_{out} 。图 8.16(b)中第一行、第三行、第四行的第二列这三个 1T1M 单元是需要被重置的。对应做法是在第二列字线输入

高电平 V_{dd}，施加到该列全部晶体管的栅极，导致该列所有 1T1M 单元被打开。然后，将第一行、第三行、第四行的位线接地，从第二列源线施加重置电压 V_{reset}，将上述三个目标单元的电导重置到最高阻态。与此同时，第二行位线被施加重置电压 V_{reset}，导致第二行第二列这个 1T1M 单元两端电压为 0，没有被重置。

重置完成后，忆阻阵列的全部单元要么是电导需要增强，要么是不变。图 8.16(c)给出了对应的置态操作。每次选择一根位线施加置态脉冲 V_{set}，在每根字线施加不同幅值的电压 $V_{gate,i}$，将忆阻阵列该行所有的单元均置态到期望值。

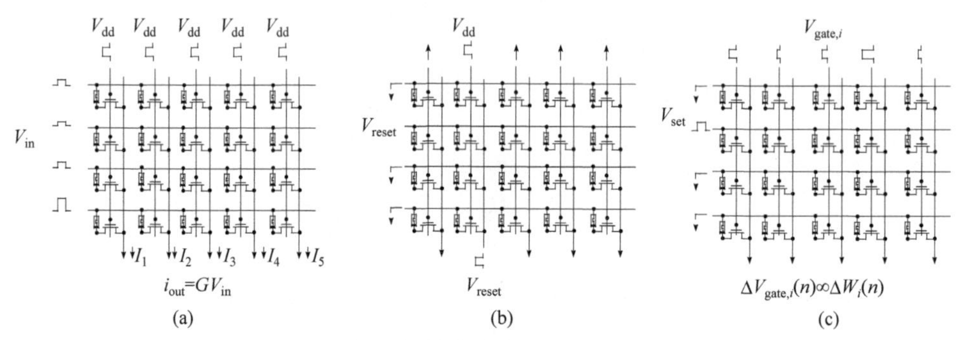

图 8.16 1T1M 忆阻突触阵列的前向、重置与更新操作[3]

分析上述方案，我们可以看到两个特点。

① 根据 $Pd/HfO_2/Ta$ 忆阻突触器件的长时程增强较好、减弱特性较差这一特点，充分利用置态的连续性，从而规避重置的突变性。

② 配合其他位线的电压脉冲设计，可以一次更新图 8.14(d)的一行，也就是一整根位线上的全部忆阻突触器件电导，如图 8.16(c)所示。

在神经网络层面，由于深度 Q 值学习的核心是两次前向和一次更新操作，因此忆阻突触阵列能够极大地提升 Q 值学习硬件执行效能。

8.3 基于脉冲的深度 Q 值网络

前述章节讨论的是基于模拟计算的深度 Q 值网络。在一些实际应用中，基于脉冲的神经网络有显著的优势。以基于 DVS 的智能驾驶为例，DVS 输送给神经网络的是一系列的地址-事件信息，适合直接使用脉冲信号编码。显然，这种情况下使用脉冲神经网络处理更加方便。相反，假如沿用基于模拟计算的深度 Q 值网络处理，那么需要先把 DVS 输入的信号翻译成一帧一帧的模拟值图像，再输入神经网络。这种处理方式就完全失去了使用 DVS 的意义。

那么如何从基于模拟计算的深度 Q 值网络，转换到基于脉冲的深度 Q 值网络呢？目前主要有两种思路，一种是仿照脉冲神经网络监督学习方法，如脉冲传播，直接训练脉冲形式的深度 Q 值网络，即脉冲 Q 值学习；另一种是首先训练基于模拟计算的深度 Q 值网络，即传统人工神经网络形式的深度 Q 值网络，然后将训练好的网络权重归一化转移到脉冲形式的深度 Q 值网络，即策略迁移(policy transfer)。

8.3.1　脉冲 Q 值学习

借鉴脉冲传播，使用脉冲发放时间定义状态-行动价值函数 $Q(s,a)$，然后采用梯度下降法极小化 $Q(s,a)$ 前后迭代的差值。

该方案在执行中遇到的问题也与脉冲传播算法类似，在处理多层神经网络时，经常会收敛较慢，甚至不能收敛。一种改进的方法是引入类似“问题与改进方案(1)”，对未激发神经元做强制激发处理。

基于脉冲 Q 值网络的车道保持示意图如图 8.17 所示。付嘉炜等以类脑智能驾驶应用场景车道保持为例，以 DVS 的脉冲信号为输入，构建执行 Q 值学习的脉冲神经网络，并在训练中引入上述强制激发等策略，在车道保持任务中取得了较好的训练效果。图 8.17(a)是基于 CoppeliaSim 机器人仿真平台搭建的车道保持任务虚拟系统，包含赛道、安装 DVS 的小车。图 8.17(b)是脉冲深度 Q 值网络示意图。输入直接来自 DVS，两个输出神经元分别控制小车的左右轮速。图 8.17(c)是 DVS 拍摄的实时车道情况。图 8.17(d)是小车每轮训练能保持的步数随训练次数的演化情况。可以看到，随着强化学习训练轮数增加，车道保持效果越来越优，直到完全实现绕赛道一周。

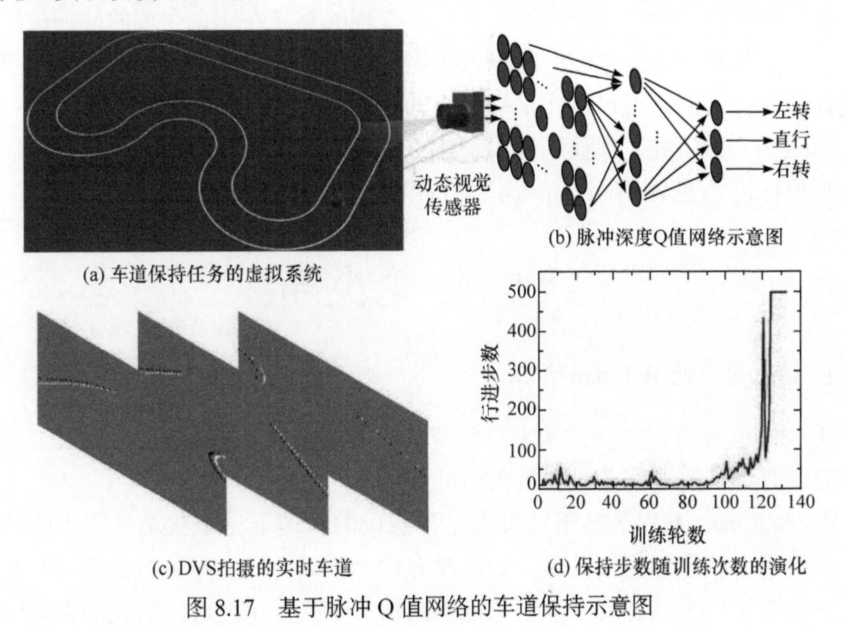

图 8.17　基于脉冲 Q 值网络的车道保持示意图

神经网络训练与推断结果显示，上述方法能够有效提升脉冲 Q 值学习的训练收敛率，以及测试通过率[4]。

8.3.2 策略迁移

基于脉冲的深度 Q 值网络(策略迁移)如图 8.18 所示。首先，采用基于模拟计算的深度 Q 值网络训练，训练成功后会得到一组带标签的数据 $\{(s,a)\}$。然后，将这组带标签的存储数据乱序化，也就是随机化。最后，建立一个新的模拟神经网络，以 $\{s\}$ 为输入，$\{a\}$ 为输出，根据前述标签采用标准的监督学习算法训练，得到与第一步深度 Q 值网络完全一致的结果。至此，我们可以说，第一步的深度 Q 值网络与第二步的监督学习型模拟神经网络是等效的，因为给定相同的输入，它们会给出相同的输出。这就是所谓的策略迁移。

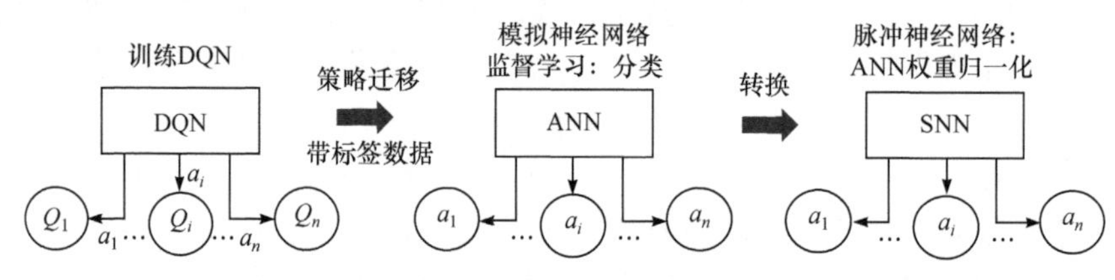

图 8.18　基于脉冲的深度 Q 值网络(策略迁移)[5]

第三步需要将第二步的模拟神经网络转换成脉冲神经网络。关于这一形式转换，已经发展出若干方法。其基本思想是将第二步训练成功的模拟神经网络权重归一化，再赋值给脉冲神经网络。这一步处理的意义在于，生成的脉冲神经网络现在可以直接处理来自 DVS 的输入数据，如果进一步做到神经网络输出直接对接主体的动作控制，就可以实现端到端的计算。

Bing 等[5]的研究工作显示，用上述方法处理车道保持应用场景时，可以达到与模拟值深度 Q 值网络同等的车道保持效果。

8.4 本章小结

1. 强化学习的 Bellman 方程

① Bellman 方程是描述未来总收益的，因此是一个迭代方程。求解全局最大值的要害是如何避开当前收益极大值的陷阱。

② Bellman 方程是基于马可夫过程假设的，即下一个状态只跟当前状态有关，跟更远的状态无直接关系。如果没有这个假设，则意味着过去全部时刻的各个状态均对下一个状态有贡献，只是不同的贡献有一个随时间演化的衰减因子。

换句话说，Bellman 方程是一个时域卷积形式的方程，求解极其困难。

2. 从 Q 值表到深度 Q 值网络再到深度确定策略梯度

① Q 值表以智能体的状态、动作为表的行、列坐标，也就是说它的状态、动作都是离散的。这意味着，假如在测试中出现一个 Q 值表中没有的新状态，Q 值表方案将无法处理。因此，Q 值表方案适合处理只具有有限个状态、有限个动作的智能体。

② 深度 Q 值网络则是以若干个输入神经元编码状态，用不同的输出神经元代表不同的动作。我们知道，输入神经元的赋值是可以连续的。这意味着，它们不仅可以编码训练集中的有限个状态，还可以编码训练集中不存在的任意状态。换句话说，从 Q 值表到深度 Q 值网络，出现状态泛化的飞跃。

③ 深度确定性策略梯度(deep deterministic policy gradient，DDPG)方案在此基础上更进一步，通过动作子网将智能体的动作编码也连续化了，从而实现动作处理的泛化，因此能够处理由连续状态、连续动作构成的实际智能体系统。

3. 脉冲编码 Q 值学习

① 当前主要有两种方案,一种方案是利用深度强化学习与监督学习的数学形式相似性，仿照脉冲传播方案，采用脉冲发放时间编码；另一种方案是策略迁移，先在模拟域训练好深度 Q 值网络，获得带标签的“状态-动作”数据集，然后构建深度神经网络，采用监督学习方法训练数据集，最后通过突触权重归一化处理等方案，将模拟域训练完成的神经网络转化为脉冲神经网络。

② 脉冲编码Q值学习的优势是能够直接处理来自传感器的脉冲式输入信号。这些传感信号通常是“事件型”，即有事件发生时才会有脉冲传感信号，这就大大提升了神经网络处理信息的能效比。

③ 研究人员发展脉冲神经网络的本意是希望用来处理时序问题,而不是模拟神经网络已经处理得很好的静态图像学习问题。时序问题也分为时序信号识别与行为决策等不同种类。前者如语音、视频识别，特点是用来训练和测试的时序信号本身不会变化；后者的信号序列实际上是动态变化的。随着当前神经网络输出决策的不同，后续输入也不同。显而易见，后者的挑战更大，应用价值也更高。脉冲 Q 值网络有望成为处理后者的利器。

4. 忆阻突触阵列实现

① 如果只看权重更新式，深度 Q 值学习与模拟值神经网络的监督学习并无显著区别。从硬件角度，考虑前者每轮迭代需要两次前向、一次更新，基于忆阻突触阵列的硬件实现方案更充分地利用了矢量矩阵相乘实现前向运算的操作优

势，因此能效比是显著优于其他方案的。

② 与监督学习不同，深度Q值学习没有固定标签(期望值)。它必须自己来猜测、尝试当前设定的目标是不是全局最优的期望值。因此，在实际执行中需要引入一系列策略，如探索-利用、双网络不同步更新等。

如何充分利用忆阻器自身特性，高效率实现这些策略是值得深入研究的方向。例如，探索-利用需要对输出神经元引入随机开关，且这个随机开关的概率是随着训练次数增加而缓慢衰减的。相比构建复杂的辅助电路模块来实现它，是否可以利用忆阻器内禀的随机性，以及这种随机开关的总体概率是受电压控制这些特性来高效实现“探索-利用”策略呢?

8.5 思考题

1. 如何理解折扣因子γ？它是生活中“远水不解近渴”的意思吗?

2. 针对式(8-6)中决定论近似，图8.3所示的实验似乎是一个反例：在当前“饿”的情况下，吃了一个馒头，可能饱了，也可能仍然饿着？在这种情况下，如何理解决定论世界?

3. 为什么Q值表更新不直接采用$Q(i,j) \leftarrow r + \gamma \max Q(i',:)$，而是采用式(8-8)的形式?

4. 采用策略迁移方案，第一步的模拟值深度Q值网络与第二步的模拟值深度监督学习神经网络，它们真的是完全等价的吗，还是说只对训练集等价？对于最重要的泛化结果，两者完全相同吗？如果是，请给出数学证明；如果不是，会导致什么后果?

参考文献

[1] Mnih V, Kavukcuoglu K, Silver D, et al. Human-level control through deep reinforcement learning. Nature, 2015, 518(7540): 529-533.

[2] Wang Z, Li C, Song W, et al. Reinforcement learning with analogue memristor arrays. Nature Electronics, 2019, 2(3): 115-124.

[3] Li C, Belkin D, Li Y, et al. Efficient and self-adaptive in-situ learning in multilayer memristor neural networks. Nature Communications, 2018, 9(1): 2385.

[4] 张大友. 脉冲神经网络监督学习研究. 武汉: 华中科技大学, 2023.

[5] Bing Z, Meschede C, Chen G, et al. Indirect and direct training of spiking neural networks for end-to-end control of a lane-keeping vehicle. Neural Networks, 2020, 121: 21-36.

第 9 章　卷积神经网络

虽然神经网络实例执行的算法或者训练方式各不相同，但是从结构上都是全连接的。以神经网络应用——图像识别为例，对于结构最简单的单层神经网络，训练获得的突触权重图谱代表什么可以直观地显示出来(图 7.9)。然而，像 7.3.2 节展示的多层神经网络，除了紧随输入层的第一隐藏层，其突触权重图谱有比较清晰的物理解释，越靠近输出层，神经元对前面若干层运算的综合程度就越高，因此突触权重含义的直观性、可解释性越差。换句话说，多层全连接神经网络有显著的黑箱特性，即使训练成功，结果也很难诠释。这对一些安全性、可理解性要求很高的应用场合显然是不可接受的。

本章介绍一种特殊结构的神经网络，即卷积神经网络。如图 9.1 所示，相比全连接型，它的结构设计是比较清晰的。首先，划分为特征提取(feature extraction)与分类(classification)两部分。特征提取采取类似堆积木的做法，首先从输入样本中提取简单的小特征，然后把小特征组合成更复杂的大特征。这里的小特征、大特征对应的是越来越复杂的卷积核。用卷积核在样本或者样本经过前一层卷积处理得到的特征图上扫描，寻找符合卷积核特征的区域。由于卷积核是通过训练得到的，这意味着小特征、大特征并不是像通常图像处理算法那样事先指定滤波器种类，如方向梯度直方图(histogram of oriented gradients，HOG)，而是根据训练样本集自身的特点，由神经网络自我摸索出来的。

具体而言，卷积神经网络示意图如图 9.1 所示。输入是一张 28×28 像素的手写数字图片，第一次卷积操作用 6 个 2×2 的卷积核分别与原始图片卷积，通过边缘补 0，获得 6 张 28×28 的特征图，即图中的 C1 层；接下来执行 2×2 的池化操作，获得 6 张 14×14 的特征图，即图中的 S2 层。第二次卷积操作是用 16 个 5×5×6 的卷积核分别与 S2 层卷积。注意，这里的卷积核是三维的，可以看作 6 个 5×5 的二维卷积核合成一个三维卷积核，其中每个 5×5 二维分量与 S2 层的一张特征图对应卷积，得到 6 个卷积结果再求和，即图中的 C3 层；紧接着池化为 16 个 5×5 的特征图，即图中的 S4 层。经过特征提取，将 C3 层的全部神经元拍平(flatten)，以全连接的方式依次经过含 120 个神经元的 F5 层、84 个神经元的 F6 层、10 个神经元的输出层，实现不同手写数字的分类。

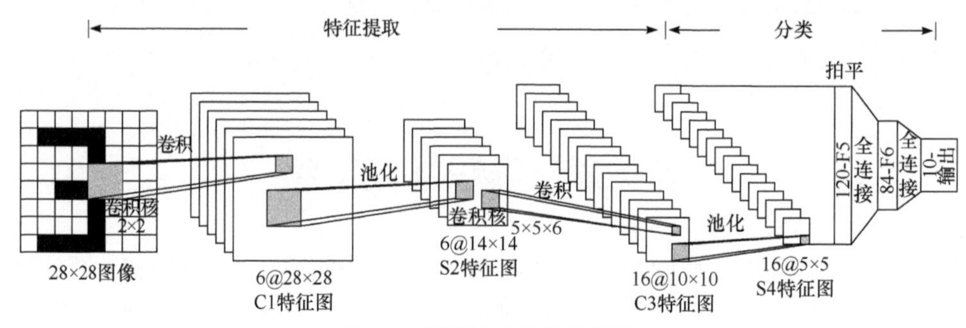

图 9.1　卷积神经网络示意图

原则上，卷积核和样本通过卷积核后生成的特征图是可以可视化(visualize)的[1]，因此卷积神经网络可以有较好的可解释性。不同于全连接型神经网络，同一个卷积核会扫过输入样本的各个子区域，相当于突触连接被复用，因此节省了大量的突触。这既可以大幅度降低硬件成本，也可以极大地减少训练参数。

由于上述优势，卷积神经网络是目前应用落地最成功的一类神经网络，尤其是在图像识别领域。本章首先讲解卷积神经网络的一般工作原理，然后讲述基于二维忆阻交叉阵列的实现方案，最后介绍最新的三维堆叠忆阻阵列实现方案。

9.1　基 本 原 理

9.1.1　特征提取：第一层卷积核

第一层卷积核也叫感受野(receptive field)。每一个卷积核代表一种特征。这种特征可以是各种具体的形状，也可以是某种滤波器。用于边缘检测的卷积核如图 9.2 所示。图 9.2(a)是来自视频某帧的原始图像。两个 3×3 的卷积核 $f1$ 和 $f2$ 分别用来检测水平和垂直方向的图像变化(图 9.2(b))。$f1$.out 和 $f2$.out 分别是经过 $f1$ 和 $f2$ 处理后的图像(图 9.2(c))。两者的叠加效果就是对原始图像的边缘检测(图 9.2(d))。

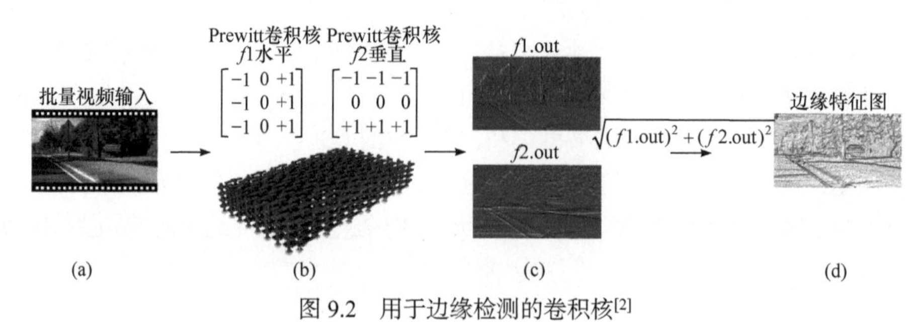

图 9.2　用于边缘检测的卷积核[2]

当用卷积核逐行、逐列扫描原始图像时，就是在原始图像上找与卷积核图案最相似的局部图案。C1 特征图的每个元素大小可以反映原始图像对应的局部区域与卷积核图案相似度。这就是基于卷积操作的特征提取。

9.1.2　特征提取：池化

池化操作的目的是降低特征图的尺度，减小计算代价。从操作上可分为最大池化(maximum pooling)与平均池化(average pooling)。

以图 9.1 为例，经过第一次卷积操作后，可以得到 C1 层的 6 张 28×28 像素特征图。采用 2×2 的最大/平均池化操作，即把原始图像按照 2×2 像素的大小分成 14×14 份，每一份取该 2×2 像素模块 4 个元素的最大/平均值，即 S2 层的池化结果。

分析上述操作，可以看到池化的作用有两个，即降低计算的硬件与时间代价；防止过拟合。第一个作用是显而易见的，这里重点解释第二个作用。

以人脸识别为例，人的呼气和吸气会导致脸部轮廓出现微小的差别。假设卷积神经网络的训练样本是呼气时的人脸照片，而测试样本是吸气时的人脸照片，如果没有池化处理，那么卷积核训练得到的是呼气时的精确轮廓线。当测试样本是吸气的轮廓线时，它与卷积核的运算结果就会低于期望值。换句话说，对吸气时的人脸测试样本就识别不出来。究其原因，在训练阶段，对样本细节提取要求过高出现了过拟合现象。

相比之下，池化处理就是模糊化，只要轮廓线出现在池化区域内就可以了。

9.1.3　特征提取：后续层卷积核

由图 9.1 可知，从第二层卷积运算开始，卷积核变成三维了。这是卷积神经网络如何把小特征拼成大特征的关键步骤。

三维卷积核应用效果示例如图 9.3 所示。我们通过两层卷积识别数字 8 和 9。首先，粗略把 8、9 分别拆分为两个“O”、一个“O”和一个“/”的组合。因此，第一层卷积设置两个二维的卷积核。通过训练，它们能识别出原始图像中的“O”和“/”。如图 9.3(a)所示，第一层卷积以后得到的两个特征图指出了“O”和“/”在原始图像 8 中是否存在，以及如果存在，位置在哪里。

对于 8 来说，第二层卷积只需要一个卷积核，它作用在第一层卷积得到的第一张特征图上，就可以把两个不同位置的“O”拼在一起，于是图案“8”及其位置就被识别出来了。

然而，对于“9”来说，需要把第一层卷积得到的第一张特征图的“O”和第二张特征图的“/”拼在一起，才能得到“9”，因此需要如图 9.3(b)所示的三维卷积核。它将两个二维卷积核分别与对应的特征图卷积，再将结果相加。这两个二维卷积核拼在一起就是三维卷积核，厚度即前一层特征图的数量，也就是前一次卷积运算的卷积核数目。

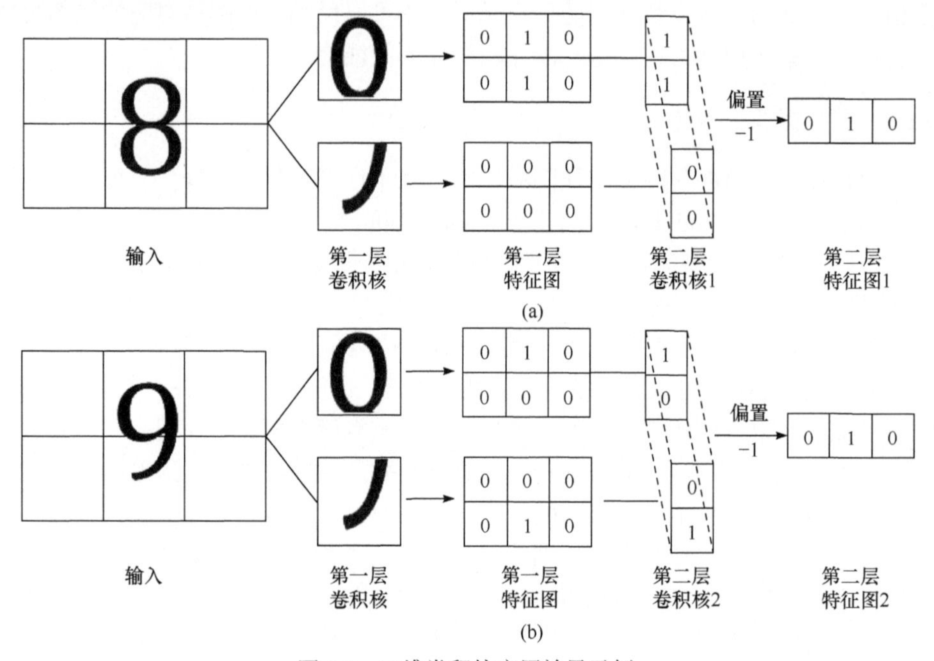

图 9.3　三维卷积核应用效果示例

9.1.4　分类：拍平与全连接

由上述讨论可知，经过多次卷积与池化，神经网络的特征提取部分能够从输入图形中提取较为复杂的特征。下面通过图 9.1 所示的神经网络分类部分，即拍平与全连接，实现对原始输入图像的识别。

拍平操作，顾名思义是将最后一次池化得到的若干张特征图全部展开成一维的向量。原则上，该一维向量的每一个元素代表训练样本一个较复杂的特征，可以由相应的神经元表征。多层全连接则是执行分类操作。

9.2　二维忆阻阵列实现

我们知道，忆阻交叉阵列最擅长执行的是矢量矩阵乘法，因此考虑基于忆阻交叉阵列的卷积神经网络执行方案时，马上会遇到如下问题。

① 二维和三维的卷积核如何用忆阻交叉阵列实现，或者说卷积运算如何用矢量矩阵乘法实现？

② 如何利用忆阻交叉阵列高效地执行卷积运算？

以二维卷积核在原始图像上的一系列平移、卷积操作为例，这些卷积运算本质上是互相独立的，只是需要对准的原始图像区域不同，那么能否采取某种方式并行实现这些卷积运算呢？另外,同一层卷积的不同卷积核运算也是互相独立的，能否也在硬件层面并行执行呢？

上述两个问题是忆阻卷积神经网络设计的核心问题。其他问题，例如突触更新操作如何实现等，与全连接神经网络是共通的。

基于二维忆阻交叉阵列的卷积运算如图 9.4 所示[3]。对于 $K×K×C$ 维度的三维卷积核，将它拍平，然后写入忆阻交叉阵列的某一列中，同时将原始图像或特征图的待卷积部分也拍平(一维输入电压矢量)。通过上述设计，以矢量点乘方式实现卷积运算。假设本层卷积有 N 个卷积核，调用忆阻交叉阵列的 N 列对应写入，因此以矢量矩阵乘法形式实现 N 个卷积核对同一个输入矢量的并行卷积运算。

具体来说，如图 9.4(a)所示，前一次运算获得的特征图有 C 张，每张的尺寸为 $H×W$，它们构成本次卷积运算的输入。本次卷积运算有 N 个卷积核，尺寸为 $K×K×C$。首先，将原始特征图待卷积的部分，即图左上角标记的 C 个 $K×K$ 区域拍平，每个元素的大小用电压幅值编码，得到 $M = K×K×C$ 个输入电压，即 $\{V_1,V_2,\cdots,V_M\}$。然后，将每一个卷积核也拍平，每个元素的大小用忆阻器的电导 g_{mn} 编码，写入 $M×N$ 维的忆阻交叉阵列的第 n 列，即 $\{g_{1,n},g_{2,n},\cdots,g_{m,n}\}$。当输入电压向量经过忆阻交叉阵列时，根据欧姆定律和基尔霍夫定律，可以获得一行输出电流 $\{I_1,I_2,\cdots,I_n\}$。这个过程对应的就是 N 个三维卷积核对原始图案同一区域的并行卷积预算。

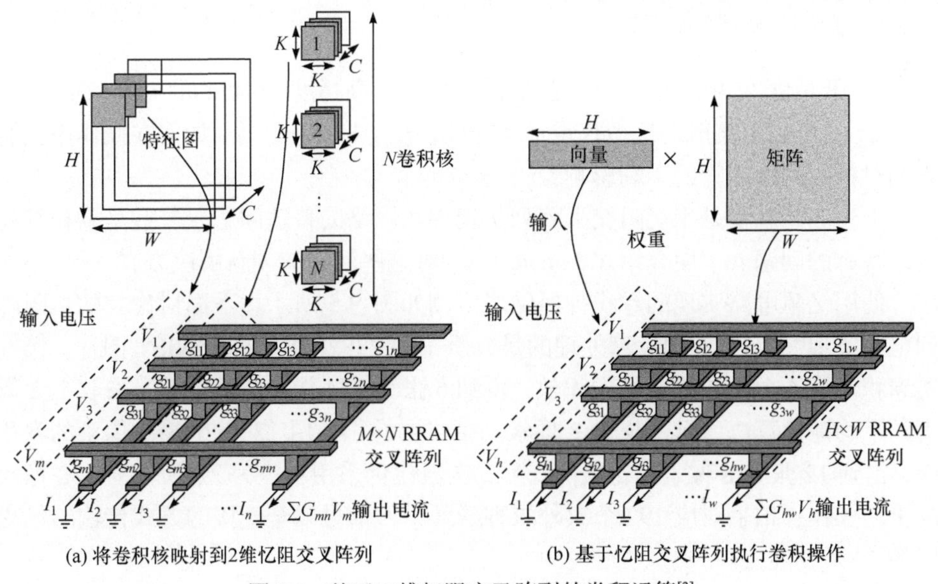

图 9.4　基于二维忆阻交叉阵列的卷积运算[3]

本节以 Yakopcic 等[4,5]的近期工作为例，系统讲解基于二维忆阻交叉阵列的卷积神经网络实现方案。

首先，分析 Yakopcic 等的研究思路，即以二维忆阻交叉阵列为核心，如何搭建完整的电路系统来实现卷积神经网络？遵循卷积神经网络的前向与更新操作过程，可以对问题进行如下拆解。

1. 前向操作

① 输入如何编码？

② 负的突触权重如何实现？

③ 第一层卷积的二维卷积核如何映射到忆阻交叉阵列？

④ 池化操作如何用忆阻交叉阵列实现？

⑤ 激活函数如何用硬件电路模拟？

⑥ 第二层及后续卷积运算的三维卷积核如何映射到忆阻交叉阵列？

⑦ 拍平操作如何用忆阻交叉阵列实现？

2. 更新操作

① 如何将目标权重(电导)与实际获得的权重(电导)比较，“翻译”成可测量的电流或电压比较？

② 如何将比较结果转换为置态/重置的写电压？

3. 器件非理想效应的影响

① 低精度(⩽4bits)的实际忆阻器件如何仿真高精度(⩾8bits)的突触权重？

② 对于忆阻突触的模拟权重更新非线性度、非对称性等，如何在操作中克服它们对神经网络运算的不利影响？

上述问题有些是用忆阻交叉阵列实现神经网络的普适问题，有些是卷积神经网络特有的问题。下面介绍 Yakopcic 等[4,5]对这些问题的创新解决方案。

使用忆阻电路实现的卷积神经网络示例如图 9.5 所示。下面讨论它的忆阻阵列电路实现[4, 5]。该卷积运算处理的是分辨率为 28×28 像素的 MNIST 图片。第一层卷积使用 6 个 5×5 像素的卷积核，得到 6 张 24×24 像素的特征图；采取 2×2 像素的平均池化算法，且步长为 2 像素。第二层卷积使用 12 个 5×5×6 像素的卷积核，得到 12 张 8×8 像素的特征图。第二次池化仍采用步长为 2、大小为 2×2 像素的平均操作；拍平对应 192 个次外层神经元，使信号以全连接的方式传输给输出层的 10 个神经元。

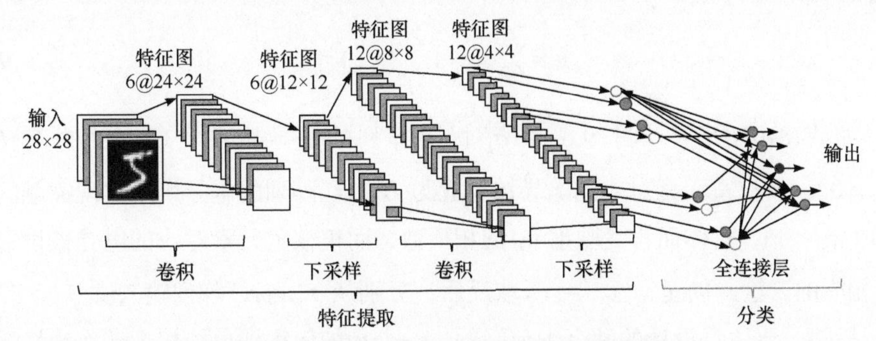

图 9.5　使用忆阻电路实现的卷积神经网络示例[4, 5]

9.2.1　负权重的电路实现

如图 9.4 所示，通过将二维/三维卷积核拍平为 1 维数组，可以用忆阻交叉阵列的 1 行/列实现 1 个卷积核。然而，在实际应用中有一个问题，神经网络突触的权重可以是负的，而忆阻电导不能是负的，因此需要考虑如何用忆阻器实现可正负的突触。

以式(8-13)所示卷积核为例，即

$$k_{\text{ex}} = \begin{bmatrix} 0.1 & -0.2 & 0.3 \\ -0.4 & 0.5 & -0.6 \\ 0.7 & -0.8 & 0.9 \end{bmatrix} \tag{9-1}$$

卷积运算表达式为

$$x_{11} \times 0.9 + x_{12} \times (-0.6) + x_{13} \times 0.3 + x_{21} \times (-0.8) + x_{22} \times 0.5 + x_{23} \times (-0.2) + x_{31} \times 0.7$$
$$+ x_{32} \times (-0.4) + x_{33} \times 0.1$$

前述章节讨论了差分对方案，下面介绍 Yakopcic 提出的类似方案，即

$$\hat{x}_{\text{exp}}^{+} = \begin{bmatrix} x_{11} \\ x_{12} \\ x_{13} \\ x_{21} \\ x_{22} \\ x_{23} \\ x_{31} \\ x_{32} \\ x_{33} \end{bmatrix}, \quad \hat{x}_{\text{exp}}^{-} = \begin{bmatrix} -x_{11} \\ -x_{12} \\ -x_{13} \\ -x_{21} \\ -x_{22} \\ -x_{23} \\ -x_{31} \\ -x_{32} \\ -x_{33} \end{bmatrix}, \quad k_{\text{exp}}^{+} = \begin{bmatrix} 0.9 \\ 0 \\ 0.3 \\ 0 \\ 0.5 \\ 0 \\ 0.7 \\ 0 \\ 0.1 \end{bmatrix}, \quad k_{\text{exp}}^{-} = \begin{bmatrix} 0 \\ 0.6 \\ 0 \\ 0.8 \\ 0 \\ 0.2 \\ 0 \\ 0.4 \\ 0 \end{bmatrix} \tag{9-2}$$

将 k^{+}和 k^{-}写入图 9.6 所示的忆阻阵列的某一行，同时将 $\hat{x}^{+}$ 和 $\hat{x}^{-}$ 输入，从而实现该卷积核对应的卷积运算，即

$$\nu = \sum_{i}^{N} x_i \sigma_{ij}^{+} + \sum_{i}^{N} (-x_i) \sigma_{ij}^{-} \tag{9-3}$$

如式(8-14)所示，图 9.6 中 σ_{ij}^{+} 忆阻阵列的电导用来实现突触的正权重($w_{ij} \geqslant 0$)，负权重元素对应的电导被设置为 0；σ_{ij}^{-} 阵列的电导用来实现突触的负权重($w_{ij} < 0$)，具体而言是映射 w_{ij} 的相反数，而正权重元素对应的电导被设置为 0。相应的，输入向量 $x_1, x_2, \cdots, x_N$ 取反后，分别从 σ_{ij}^{+} 与 σ_{ij}^{-} 阵列输入。

另外，要注意设计的两个细节问题。一个是如何将抽象的权重转换为忆阻突触的电导，这里需要考虑真实器件电导的上下限，即

$$\begin{aligned} \sigma^{+} &= \frac{\sigma_{\max} - \sigma_{\min}}{\max|k_{\mathrm{ex}}|} k_{\exp}^{+} + \sigma_{\min} \\ \sigma^{-} &= \frac{\sigma_{\max} - \sigma_{\min}}{\max|k_{\mathrm{ex}}|} k_{\exp}^{-} + \sigma_{\min} \end{aligned} \tag{9-4}$$

另一个是图 9.6 中引入的偏置项输入 x_β 和权重 σ_β。

9.2.2 激活函数的电路实现

卷积核的二维忆阻交叉阵列实现如图 9.6 所示。图 9.6(a)所示为以运算放大器为核心的输出电路模块。经过简单计算可知，在运放的线性工作区有如下关系，即

$$\begin{aligned} y_j^{-} &= -(\nu + x_\beta \sigma_\beta) \cdot M_g \\ y_j^{+} &= -y_j^{-} \end{aligned} \tag{9-5}$$

激活函数的运放实现如图 9.7 所示。这个输出电路模块近似 sigmoid 函数 $y = (1 + \exp(-\nu))^{-1}$。图中，采取图 9.6 运算放大器电路得到的输入-输出函数曲线是对 sigmoid 函数的近似。

这里的核心设计思想是，通过合理选取电路中的偏置项 $x_\beta \cdot \sigma_\beta$、运放负载电阻 M_g，在激活函数输入 0 点附近，不仅运放函数值和 sigmoid 函数值相等，它们的一阶导数也相等。在输入正负无穷大的两个极端，运放的输出饱和值也与 sigmoid 函数值一致。通过设计偏置项，我们将模拟神经网络神经元的输入统计平均值尽可能设置在 0 点附近，可以获得较好的收敛速度，在多层神经网络中避免梯度消失。因此，图 9.6 和图 9.7 的设计能够较好地运用近似神经网络中的 sigmoid 函数。

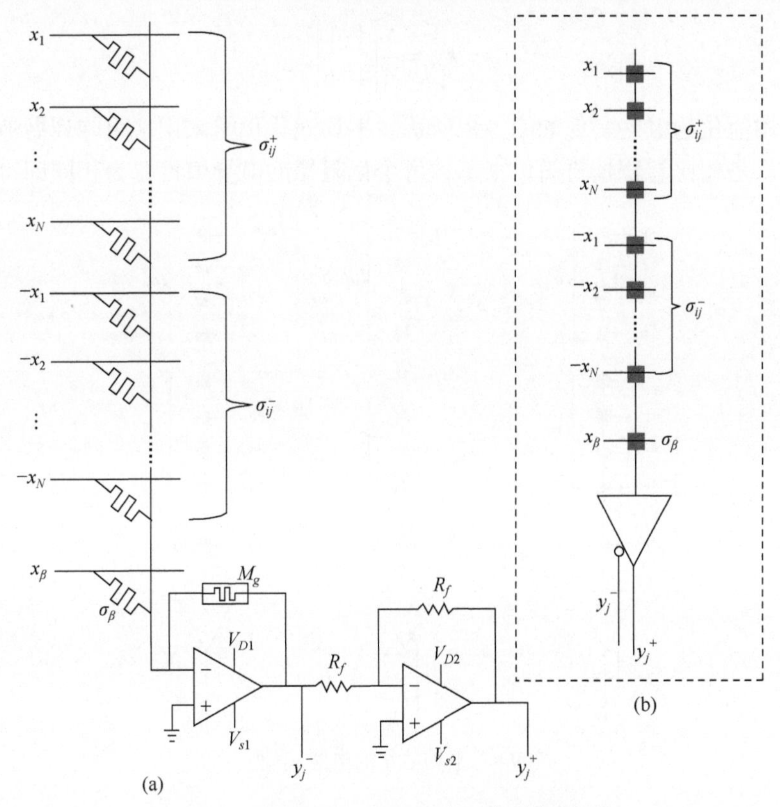

图 9.6　卷积核的二维忆阻交叉阵列实现[4, 5]

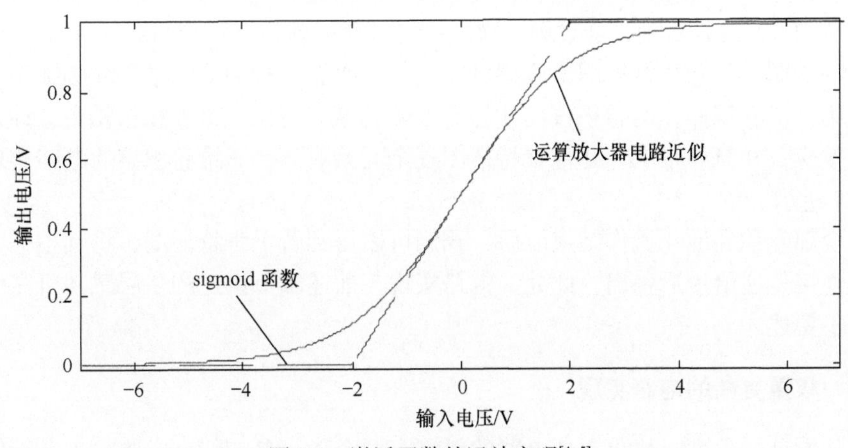

图 9.7　激活函数的运放实现[4, 5]

9.2.3　平均池化的电路实现

平均池化也可以看做如下卷积核的一次卷积操作，即

$$k_{\mathrm{ex}} = \frac{1}{4}\begin{bmatrix} 1 & 1 \\ 1 & 1 \end{bmatrix} \tag{9-6}$$

平均池化的电路实现如图 9.8 所示。平均池化仍然采用忆阻阵列做池化的核函数，只是相比卷积核要简单很多，每个忆阻器的电导值设置为相同即可。

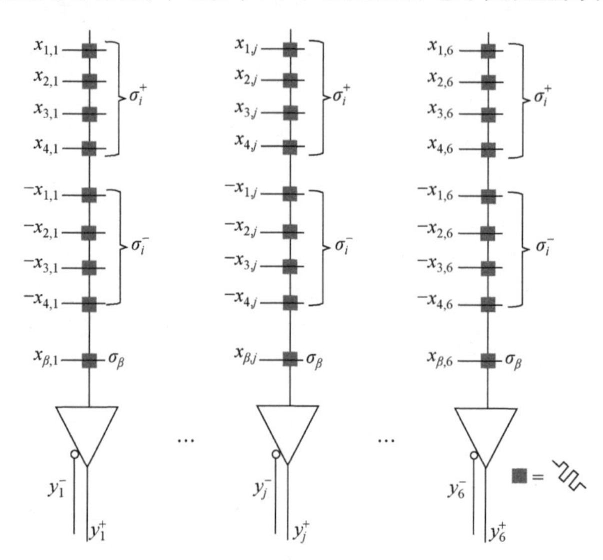

图 9.8　平均池化的电路实现[4, 5]

9.2.4　三维卷积核运算的电路实现

从图 9.5 可以看到，经过第一次卷积与池化操作以后，会得到 6 张 12×12 像素的特征图。从卷积神经网络原理可知，下一次卷积核的第三维尺寸必须是 6，因此第二次卷积操作的卷积核尺寸为 5×5×6 像素。将该三维卷积核拍平，计入负权重效应，并与 6 张 12×12 像素特征图逐个元素对齐。三维卷积核的电路实现如图 9.9 所示。

全部卷积和池化操作结束以后，我们可以得到若干张特征图，将其拍平，通过全连接传递给最后输出。此处，电路实现与前述章节讲述的多层感知机完全一致，不赘述。

9.2.5　权重更新的电路实现

从设计的角度，权重更新电路的要点有两个。一是如何选中要写入电导值的忆阻器单元，二是如何将选中的忆阻器电导值调制出需要的变化。卷积核权重更新的电路实现如图 9.10 所示。

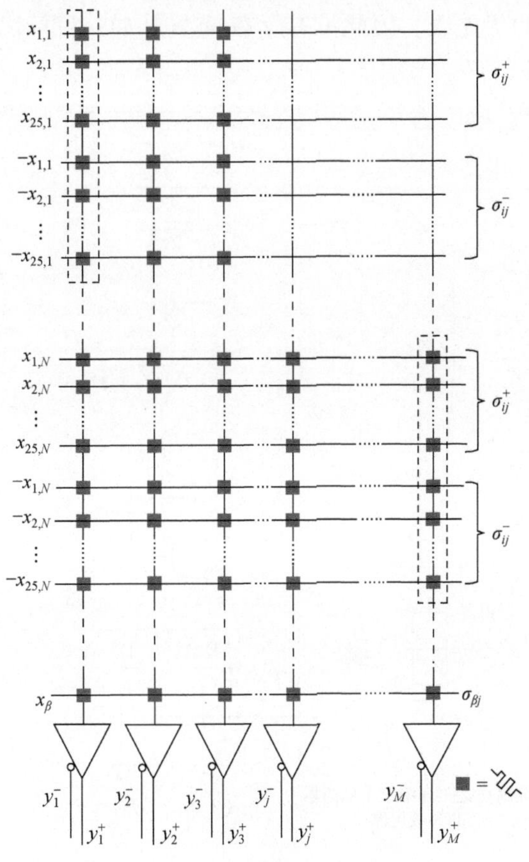

图 9.9　三维卷积核的电路实现[4, 5]

第一个问题，对于选中的目标忆阻器 M_t，从位线输入写电压 X_t，而对其他未选中的忆阻器，从位线输入 0 电压。这样可以保证字线端的输出电流完全由目标忆阻器 M_t 贡献。

第二个问题，我们分三种情况讨论输出 y_j^-。

① $y_j^- > \tau + \alpha$。图 9.10 中以 y_j 为输入之一的两个运放都输出高电平，因此图右下方的与门、异或门、与非门分别输出高电平、低电平、低电平。在这种情况下，重置电压被激活，将目标忆阻器 M_t 的阻值提升。

② $y_j^- < \tau - \alpha$。以 y_j 为输入之一的两个运放均输出低电平，后续的与门、异或门、与非门分别输出低电平、低电平、高电平。在这种情况下，置态电压被激活，将目标忆阻器 M_t 的阻值降低。

③ $\tau - \alpha < y_j^- < \tau + \alpha$。以 y_j 为输入之一的两个运放分别输出高电平、低电平，后续的与门、异或门、与非门分别输出低电平、高电平、高电平。在这种情况下，

异或门输出有高的优先级，因此没有置态/重置脉冲，目标忆阻器 M_t 的阻值不再变化。

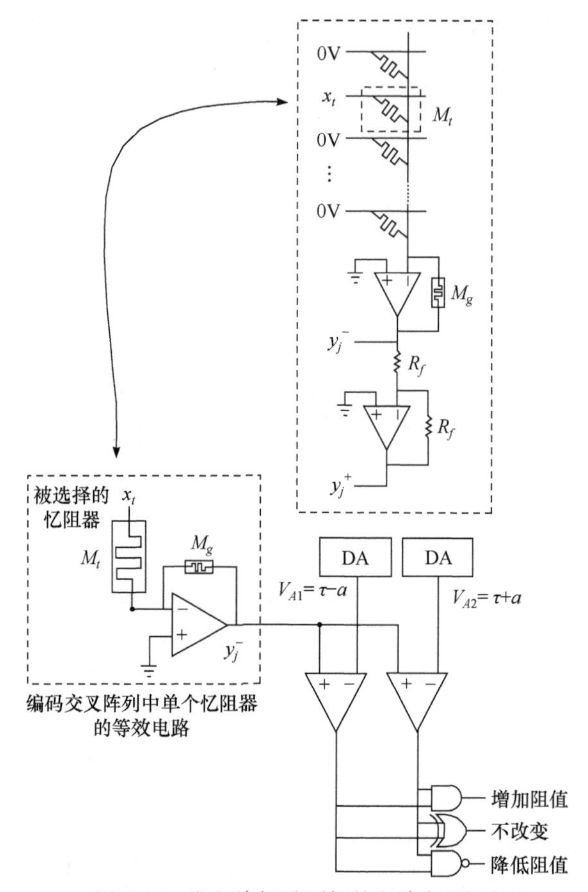

图 9.10　卷积核权重更新的电路实现[4, 5]

综上所述，当且仅当输出电压 y_j^- 被调制到 $[\tau-\alpha,\tau+\alpha]$，忆阻器阻值不再被调制。也就是说，$\tau$ 是根据目标忆阻器 M_t 的期望阻值换算出来的期望电压，α 代表的是一定程度的误差容限。

9.2.6　卷积的并行实现

对于卷积核在原始图像上的移动，上述章节给出的方案是将原始图像拆为卷积核大小的若干个，然后滚动输入。例如，按照卷积核的像素尺寸 3×3，将 4×4 像素的原始图像拆为 4 个(步长为 1×1)，然后顺序输入这 4 个一维矢量给忆阻交叉阵列，依次得到 4 个值，构建相应的 2×2 像素特征图。

以上方法在实际图像处理中将付出较大的时间代价。我们知道，求取特征图各个元素值的运算是互相独立的，因此原则上可以并行。鉴于此，Yakopcic 等[5]提出一种以较大硬件代价来换取高并行度的方案。它的基本思想是，将完整的输入拍平，据此设计忆阻突触阵列的大小。形象地说，这个方案不再是将输入“削足适履”来适应卷积核大小，而是将卷积核扩充来适应完整的输入大小，即

$$k_{\exp^+}=\begin{bmatrix}0.9&0&0&0\\0&0.9&0&0\\0.3&0&0&0\\0&0.3&0&0\\0&0&0.9&0\\0.5&0&0&0.9\\0&0.5&0.3&0\\0&0&0&0.3\\0.7&0&0&0\\0&0.7&0.5&0\\0.1&0&0&0.5\\0&0.1&0&0\\0&0&0.7&0\\0&0&0&0.7\\0&0&0.1&0\\0&0&0&0.1\end{bmatrix},\quad k_{\exp^-}=\begin{bmatrix}0&0&0&0\\0.6&0&0&0\\0&0.6&0&0\\0&0&0&0\\0.8&0&0&0\\0&0.8&0.6&0\\0.2&0&0&0.6\\0&0.2&0&0\\0&0&0.8&0\\0.4&0&0&0.8\\0&0.4&0.2&0\\0&0&0&0.2\\0&0&0&0\\0&0&0.4&0\\0&0&0&0.4\\0&0&0&0\end{bmatrix}\tag{9-7}$$

如式(9-7)所示，原始 4×4 像素的图像完全展开后是一个 16×1 的列向量，那么将 3×3 像素的卷积核拍平时，不相关的位置补 0 即可($k_{\exp}^{\pm}$ 第一列 7 个加粗的 0)。将第一列的卷积核复制到第二列时，下移一位，因此是对原始图像的右上角卷积运算。依此类推，同样的 16×1 卷积核复制 4 份，分别对准输入的不同位置，一次性完成卷积核的全部运算。

可以看到，上述方案是以较大的硬件代价实现并行运算，获得时间节省。

9.2.7　忆阻突触阵列的非理想效应

在前述若干章节，我们讨论过忆阻器用作电子突触时的若干非理想效应，以及它们对神经网络计算结果的影响。下面对基于忆阻突触阵列的卷积神经网络，讨论如何通过器件-电路-算法的协同设计，尽可能解决非理想效应对神经形态处理器(neuromorphic processing unit，NPU)性能的影响。

忆阻突触的非理想效应与解决方案如图 9.11 所示。在忆阻器件到阵列层面，存在如下非理想效应及其引发的问题。

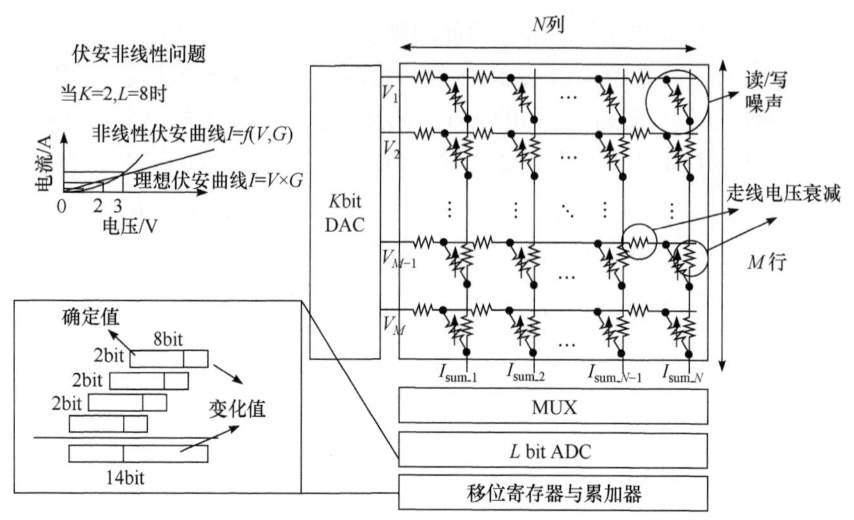

图 9.11 忆阻突触的非理想效应与解决方案[3]

① 忆阻突触器件的伏安非线性问题(I-V nonlinearity)。理想的忆阻突触电导应该是个常数，即不随读电压的不同而变化。换句话说，忆阻突触器件的伏安特性曲线应该是过原点的一条直线。然而，真实的曲线是非线性的，如图 9.11 左上角所示。它带来的一个重大问题是，假如采用电压幅值编码输入信号，那么对于同一个忆阻突触器件，不同的输入读电压会对应不同的电导值，这将给乘加运算带来误差。

② 忆阻突触器件的精度问题。如图 9.11 右方所示，输入数据需要首先做数模转换，变成模拟值编码的电压，送给忆阻突触阵列，所得的输出电流再经过模数转换变成数字形式(方便后续计算权重更新)。DAC 和 ADC 均可做到很高的精度，因此这个乘加运算的精度上限是忆阻突触精度决定的。假设忆阻突触的精度是 4bit，数模转换转换精度是 Kbit，模数转换精度是 Lbit，当 $K = 2$ 时，$L = 8$。对于 14bit 的计算精度要求，必须将输入数据按照 DAC 的精度 K 进行比特拆分，多次输入到忆阻阵列中，所得结果通过移位寄存器和累加器单元求和。由于忆阻器的读/写误差，乘加运算结果的低位可靠度较差。由图 9.11 左下方可知，那些左移比较多的乘加运算结果会把低位误差移动到高位，造成更大的精度损失。

③ 忆阻突触的读/写噪声(R/W noise)问题。读噪声引起神经网络前向乘加运算的误差和写噪声引起突触权重更新的误差，都会损害神经网络训练与测试的准确度。

④ 阵列走线引起的电压衰减(IR-drop)问题。理论上，图 9.11 中字线的输入电压应该完全施加在忆阻器件上。然而，对一个实际阵列，一定会出现图中所示的走线电压降落问题。这个问题会随着阵列规模的增大而愈发严重。

9.2.8 芯片级体系结构

如图 2.26 所示[3]，它的基本特征是铺瓦结构，每一个瓦片是一个以忆阻交叉阵列为核心的小型独立处理单元。考虑同一层卷积运算的各个卷积核是互相独立的，铺瓦结构非常适合卷积神经网络运算，即每个瓦片的实现是以一个卷积核为核心的运算，各瓦片高度并行。对比图 9.11 不难发现，这种结构还可以有效地缓解走线引起的电压衰减问题。

9.3 三维忆阻阵列实现

9.3.1 设计理念

近年来，市场上出现了以 3D NAND 为代表的三维堆叠存储器。这种结构会进一步提升单位面积上集成的器件数量。由此我们很自然地想到，将二维忆阻阵列沿垂直方向堆叠，可以进一步提升忆阻突触阵列的集成度，从而构建更大规模的神经网络。

具体到基于三维忆阻阵列的卷积神经网络实现，是不是简单地把二维阵列相关设计扩展到三维即可？答案是否定的。一个主要原因是，如果简单地扩展原二维忆阻突触阵列设计，那么沿垂直方向的每一层都需要做输入输出引线，这在工艺上是不实际的。因此，需要革新三维忆阻阵列的结构和工艺流程，以高效实现神经网络。

另一个问题是，采用二维的忆阻交叉阵列做卷积神经网络的突触矩阵，要么以滚动输入的方式付出较大时间代价，要么将卷积核复制很多份，以较大的硬件代价获取高并行度。假如能够基于三维堆叠的忆阻交叉阵列设计，应该采用哪一种方案呢？

既然三维堆叠忆阻阵列相比二维堆叠忆阻阵列能提供多一个维度的忆阻器硬件，即硬件资源大大丰富，很显然我们应该采取后一种设计，以节省时间代价。

采用这种方案，忆阻阵列中存在大量被浪费的单元，即式(9-7)中的 0 电导单元。它们有两个来源，一个是因为需要将原始卷积核拍平，然后做尺寸扩展，以精确对准原始图像的相关元素，其中不需要卷积的图像元素对应忆阻突触单元的 0 电导(浅色的 0)；另一个是将拍平的卷积核复制多份后，需要平移不同的元素距离对准原始图像不同的区域，而不需要卷积的图像部分则对应忆阻突触单元的 0 电导(加粗的 0)。

由此可知，原始图像相对于卷积核越大，两种情况导致的硬件资源浪费就越严重。

如何针对上述两种情况，优化三维堆叠忆阻阵列的设计呢？

对于第一个拍平问题，正好利用三维堆叠忆阻阵列的输入可以用二维矩阵来解决。换句话说，原始二维图像无需拍平即可直接输入，而对应的卷积核也是以二维形式存在，这样就避免了两者拍平后尺寸不同导致的对准冗余问题。

对于第二个平移问题，基于三维堆叠忆阻阵列的斜向对齐卷积运算如图 9.12 所示。中括号表示将某个卷积核的某一行 $\{k_{11}\ k_{21}\ k_{31}\}^{\mathrm{T}}$ 复制三份，沿列方向错位排列，实现对输入图案不同区域的对准。如果从斜向输入原始图像，执行乘加运算，然后沿与该斜向垂直的方向收集计算结果，则进一步按虚线方框选中忆阻阵列，实际三维堆叠忆阻阵列的生长、制备、连接按照这个虚线方框方向。这个方案有两个好处。首先，所有的结果都是在虚线底面给出的，方便卷积输出的统一走线。其次，浪费的边角处忆阻单元数量大大减少。对比图 9.12 中方括号选中的原始方案，以及虚线框选中的改进方案，可以看到输入图案的行元素越多，原始方案浪费的忆阻单元越多，而改进方案浪费的边角单元数量几乎不变。

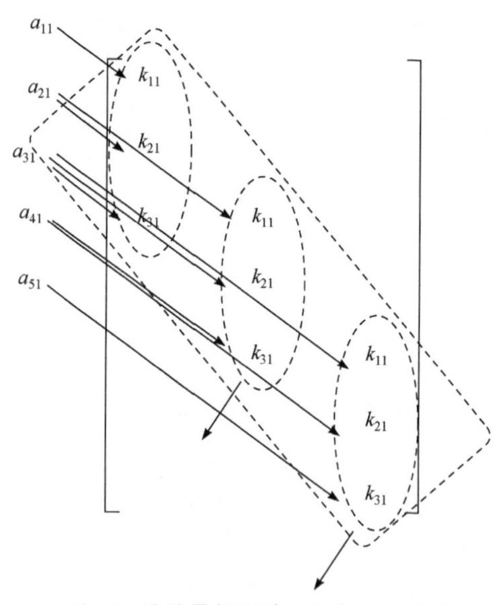

图 9.12　基于三维堆叠忆阻阵列的斜向对齐卷积运算

综上所述，利用三维堆叠忆阻阵列实现卷积神经网络，有两个关键设计点。一个关键点是充分利用三维阵列的输入/输出可以是二维这一特点，将卷积核直接映射到阵列中，对应的原始图像区域也是直接输入，可以避免二维阵列设计的拍平操作，显著提升硬件资源利用效率，同时降低外围电路的复杂度。另一个关键点是在复制多份卷积核提升并行度时，采取层间斜向连接的方式提升忆阻单元的利用率，同时将输出从同一个底面引出，降低引线设计的难度。

9.3.2 设计与实现实例

Lin 等[2]制备了一种新型的三维忆阻阵列，并在此基础上展示了高效率的卷积神经网络运算。基于三维堆叠忆阻阵列的卷积运算如图 9.13 所示。图 9.13(a)显示用3×3像素的卷积核对5×6像素的输入图像做卷积，步长为1×1像素，总共需要 12 次运算，产生3×4像素的特征图。图 9.13(b)和图 9.13(c)是基于二维忆阻阵列的实现方案，首先将卷积核拍平为9×1的 1 维列向量，然后将其复制 20 份，选中的原始图像部分也拍平为同样尺寸，最后一一对准，执行并行处理，得到特征图。

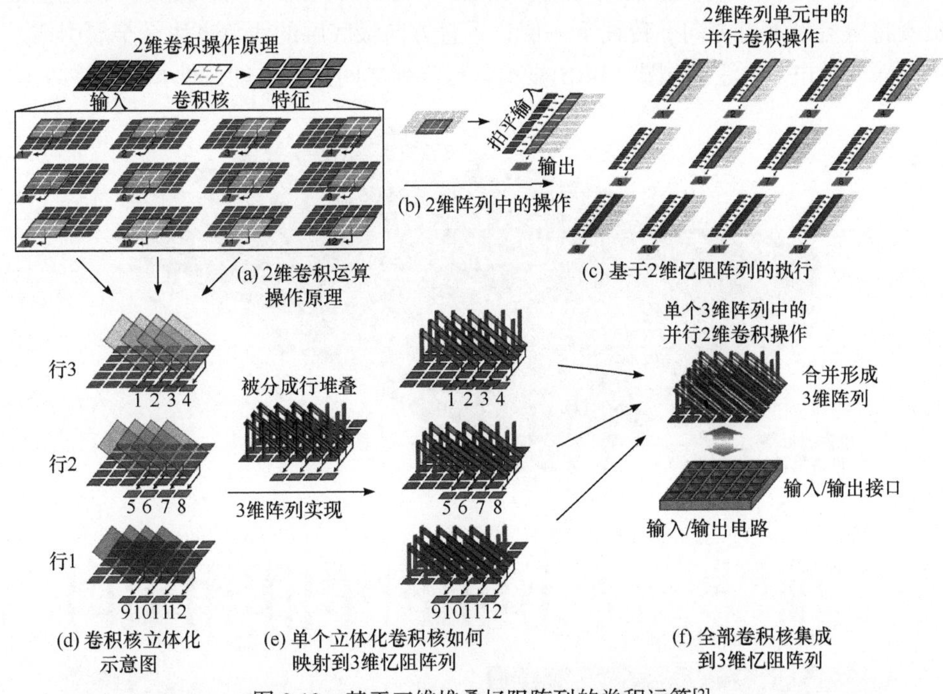

图 9.13　基于三维堆叠忆阻阵列的卷积运算[2]

图 9.13(d)显示，如果将 20 个平面卷积核斜着立起来，就能以并行的方式一次性获得特征图的全部像素计算结果。这里可以把输入想象成5×6束光，从顶部照射下来，而斜置的卷积面对这些光是半透明的。每一个卷积面收集一次光，从最底面输出。透过该卷积面的光由叠放在下部的卷积面继续收集。

图 9.13(e)进一步显示对应的忆阻突触阵列与电极设计方式，即垂直方向的柱子是金属电极阵列，原始图像由电信号编码后，从柱子顶端输入；斜向柱子与垂直方向柱子交叠处是忆阻器，斜向柱子本身是金属连线，因此由垂直方向金属柱子输入的电信号经过忆阻器，对应乘加运算中的乘，再由斜向金属连线汇总全部

电流，对应乘加运算中的加；从底电极阵列中相关单元输出的电信号就是一次卷积运算的结果。

图 9.13(f)是将图 9.13(e)的斜向金属连线，以及相应的忆阻单元全部汇总，得到三维堆叠忆阻阵列及其内部的走线结构。顶部和底部分别是5×6 像素的 2 维图像输入和3×4 像素的二维特征图输出。

Lin 等[2]设计并制备的三维忆阻阵列如图 9.14 所示。如图 9.14(a)所示，该三维阵列在垂直方向有 8 层。图 9.14(b)和图 9.14(c)是两个方向的侧视图。图中垂直方向的深色柱子阵列是电极，负责将输入电压信号沿着垂直方向 z 逐层往下传；薄片是斜向金属走线；它与立柱处薄片交叠处是 HfO_x 忆阻突触功能层；浅色立柱负责将电流沿垂直方向 z 传往下一层；垂直方向最底层的浅色方块是金属引线，负责输出总电流。注意，图 9.14(b)显示各行阵列之间是独立的，即水平堆叠结构。

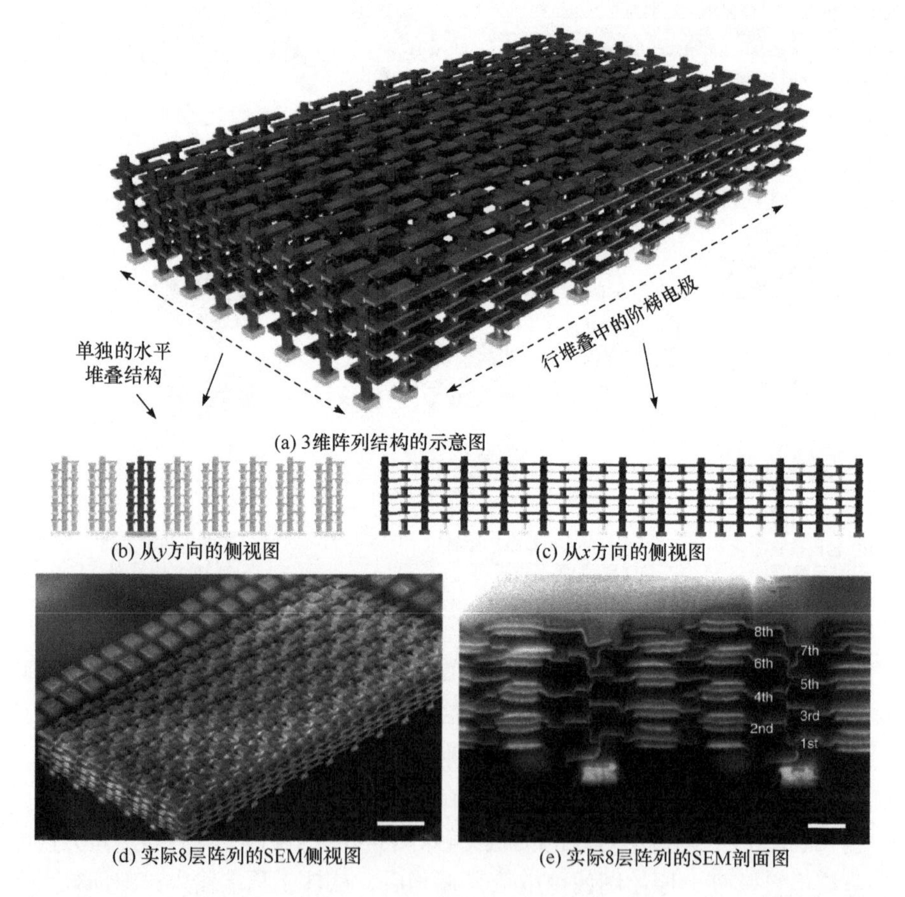

(a) 3维阵列结构的示意图

(b) 从y方向的侧视图

(c) 从x方向的侧视图

(d) 实际8层阵列的SEM侧视图

(e) 实际8层阵列的SEM剖面图

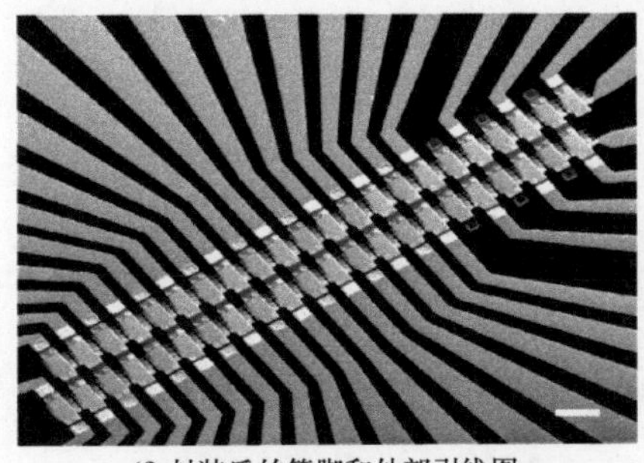
(f) 封装后的管脚和外部引线图

(g) 管脚与引线键合的放大图

图 9.14　Yang 等设计并制备的三维忆阻阵列[2]

从图 9.14(c)可见，卷积预算是沿着斜向台阶完成的，计算结果由最底层的浅色电极引出。图 9.14(d)和图 9.14(e)是 SEM 拍摄的三维阵列侧视图和剖面图，比例尺分别是 2μm 与 300nm。图 9.14(f)是封装后的管脚和外部引线图，比例尺为 40μm。图 9.14(g)是管脚与引线键合部分细节放大图，比例尺为 15μm。

实际三维忆阻阵列的卷积运算如图 9.15 所示。首先，输入像素采取二值编码，即 0.2V 和 0V 电压分别代表 1 和 0。忆阻突触也是二值的，1ms 和 50ms 分别代表 1 和 0。图 9.15(a)是乘加运算示意图，输入由电压信号编码从顶层接入，交叠处忆阻器电导充当突触权重，各处电流斜向求和后，由最底层的金属引线导出。图中垂直方向有 8 层阵列，对应的忆阻突触编码为“1 0 0 1 0 1 0 0”。图 9.15(b)为 8 位二进制输入与对应的忆阻突触按位相乘再相加的结果，从第一行到第四行，输出电流分别为

$$0.2\text{V} \times 1\text{ms} \times 3 = 600\mu\text{A}$$

$$0\text{V} \times 1\text{ms} + 0.2\text{V} \times 1\text{ms} \times 2 = 400\mu\text{A}$$

$$0\text{V} \times 1\text{ms} \times 2 + 0.2\text{V} \times 1\text{ms} = 200\mu\text{A}$$

$$0\text{V} \times 1\text{ms} \times 3 = 0\ \mu\text{A}$$

它们分别编码 3、2、1、0。考虑 8 位二进制输入共有 256 种可能。图 9.15(c)给出了实验测得这 256 种输入下，相应 600μA、400μA、200μA 和 0μA 的电流分布情况。可以看到，这四种电流值分布的交叠很小，也就是对应的模拟值辨识度很高。

上述设计在基于卷积神经网络的手写数字识别任务，以及基于普威特滤波器(Prewitt filters)的图像边缘提取任务中均表现良好[2]。

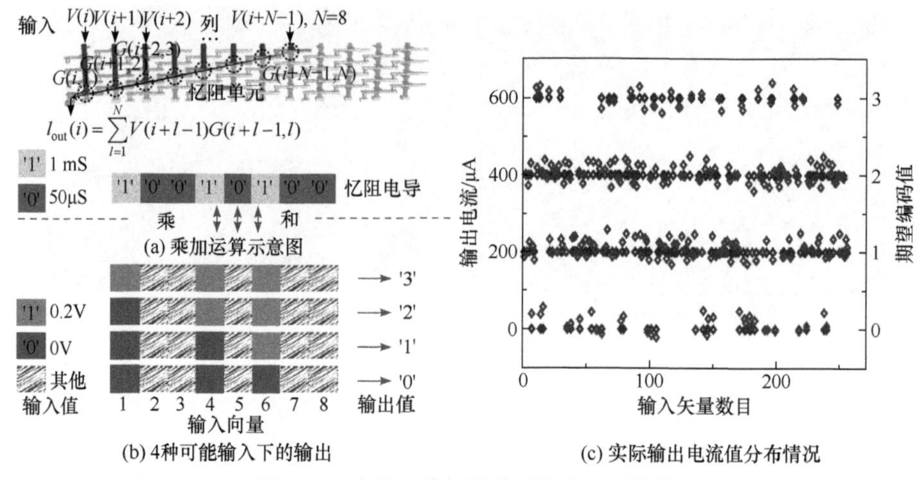

图 9.15　实际三维忆阻阵列的卷积运算[2]

9.4　本 章 小 结

深度卷积神经网络是目前距离应用落地最近的一类神经网络。它在某些图像识别任务中的表现已超过人类，在医学图像诊断领域的进展尤其引人注目。然而，代价是它对硬件算力提出空前的要求。以 2015 年微软公司对 Imagenet 图像数据集发布的神经网络为例，它包含约 50 层隐藏层，需要配备多达上百颗采用先进工艺的图像处理器，并且内存和带宽需求都在 TB 和 TB/s 量级。

基于内存计算、高并行度等优势，忆阻器交叉阵列有可能为卷积神经网络提供一种大规模、高能效的硬件执行方案。本章依次讨论了基于二维和三维忆阻器交叉阵列的方案。

本章讨论的核心问题是如何从硬件层面提升卷积运算的并行度。对于二维忆阻器交叉阵列，方案是将一个卷积核拍平后复制多份，并在复制过程中考虑卷积核与输入图像被卷积部分的对准问题，然后映射到忆阻阵列的电导，最后将拍平的 1 维图像输入，就可以高并行度完成多次卷积运算。

然而，上述方案存在阵列低利用率的问题，即将二维卷积核与输入图像拍平时，由于双方原始尺寸不一致，为了实现像素级对准，忆阻器阵列中相当比例的单元被空置、浪费了。

上述问题的关键在于，对一个卷积核来说，待卷积的图像是很多个二维的同尺寸单元，将这些单元排列起来，实际上是三维的，其中第 3 个维度是小单元的个数。然而，可供映射的忆阻器阵列是二维的，双方维度是不匹配的，因此需要降维操作，正是拍平导致了对准空缺问题。

鉴于此，基于三维忆阻器阵列的方案被提出来。形象地说，它的设计就像沙漠中的太阳能发电站，将完整的原始图像像太阳光一样从三维忆阻阵列的顶部平面输入，而一个个的卷积核就像一面面太阳能面板斜立在空间中。运算结果就是收集的太阳能从底部统一布线引出。这种设计不再需要人为的降维，因此可以大大提升阵列单元的利用率。

9.5 思考题

1. 从忆阻突触器件特性的角度，分析式(9-7)所示的卷积加速方案实际执行时可能存在哪些问题？

参考文献

[1] Wei X S, Luo J H, Wu J, et al. Selective convolutional descriptor aggregation for fine-grained image retrieval. IEEE Transactions on Image Processing, 2017, 26(6): 2868-2881.

[2] Lin P, Li C, Wang Z, et al. Three-dimensional memristor circuits as complex neural networks. Nature Electronics, 2020, 3(4): 225-232.

[3] Zhang W, Peng X, Wu H, et al. Design guidelines of RRAM based neural-processing-unit: A joint device-circuit-algorithm analysis//The 56th ACM/IEEE Design Automation Conference, 2019: 1-6.

[4] Yakopcic C, Alom M Z, Taha T M. Memristor crossbar deep network implementation based on a convolutional neural network//International Joint Conference on Neural Networks, 2016: 963-970.

[5] Yakopcic C, Alom M Z, Taha T M. Extremely parallel memristor crossbar architecture for convolutional neural network implementation//International Joint Conference on Neural Networks, 2017: 1696-1703.

第 10 章　贝叶斯神经网络

10.1　不确定性来源与量化

在类脑人工智能的实际应用场景中，一个不可忽视的问题是如何反映和评估不确定性。如图 10.1 所示，图中的点代表实测数据，需要根据这些实测数据拟合未知函数 $y(x)$。如果用余弦函数拟合，图中存在两类不确定性。一类不确定性是对给定的 x_0，存在多个实测 y 值。这属于样本数据的不确定性，即图 10.1 中的偶然性(aleatoric)区间。另一类不确定性是对给定的 x_0，并没有实测 y 值可参考。这属于知识不确定性，即图 10.1 中的知识性(epistemic)区间。如果把横坐标理解成以小时为单位的时间，纵坐标理解为体温，图中的点是已有的测量数据，那么当我们试图用神经网络来拟合这些数据，给出体温的实时预测时，可以看到存在两类不确定性。

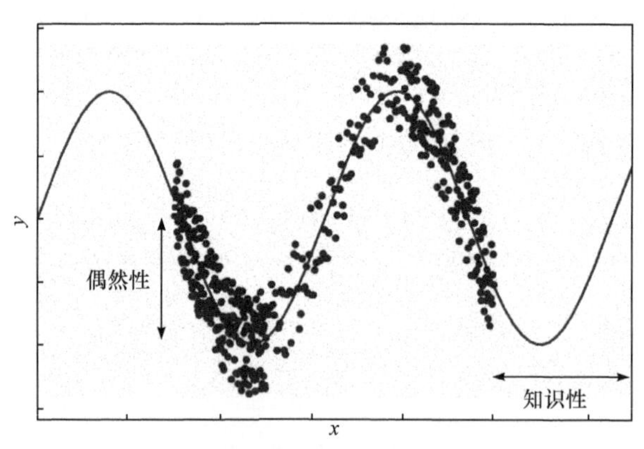

图 10.1　不确定性来源(数据还是模型不确定)[1]

第一类是数据自身的不确定性(data uncertainty)。连续若干天在同一个时刻测得的体温不会是同一个值，而是有一定的涨落。如图 10.1 所示，在任何一个时刻截取的样本值本身是一个分布。因此，对该时刻的体温值预测必须含不确定度。

第二类是模型的不确定性(model uncertainty)，也叫知识的不确定性(knowledge uncertainty)。如图 10.1 所示，假如已有的体温数据都是在白天活动时间测的，那么如何推断深夜睡眠期间的体温数据呢？原则上，必须建立覆盖全时间段也就是数据全空间(full data space)的某种物理模型，通过拟合昼间数据获取参数，进而推出夜间数据。显然，采用不同的物理模型，会得出不同的预测结果，而不同模型的背后是不同的先验假设，即知识的不确定性。考虑没有睡眠期间的实测数据，我们是无法评估不同物理模型预测准确度的。这就是知识的不确定性。

针对不确定度量化评估问题，研究人员发展了多种技术[1]。本章我们重点讨论贝叶斯神经网络技术，以及基于忆阻器的物理实现。

10.1.1 乳腺肿瘤数据：标签交叠区难题

不确定度量化的一个经典问题是，当不同标签的训练数据在数据空间重合时，如何对这类输入数据给出不同输出标签的概率？

乳腺肿瘤数据分类如图 10.2 所示。如图 10.2(a)所示，通过威斯康辛大学诊疗医学中心的 699 条乳腺肿瘤①数据[2]，对原始的 10 维数据做主成分分析，在主成分和次主成分构成的二维空间将数据投影，得到良性与恶性肿瘤数据分布[3]。

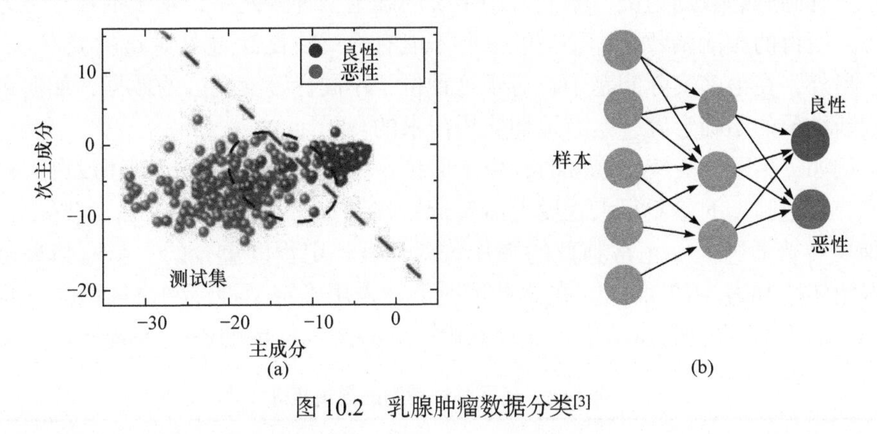

图 10.2　乳腺肿瘤数据分类[3]

可以看到，良性与恶性肿瘤数据存在一个交叠区，如图 10.2 中虚线圈所示。处在交叠区的数据，既有可能是良性的，也有可能是恶性的。如果采用传统的确定型人工智能方法，如支持向量机(support vector machine，SVM)，对交叠区数据给出非此即彼的判断，就会出现两类错误，即位于虚线左下角的良性数据被误诊为恶性，即假阳性；位于虚线右上角的恶性数据被误诊为良性，即假阴性。在两类错误中，后一类造成的漏诊更为致命。

进一步分析不难发现，采用确定型神经网络，图 10.2(b)在训练时也会遇到巨大问题，即图 10.2(a)所示的标签交叠区，同样的输入数据，输出可能是良性的，也可能是恶性的，也就是数学上既存在 (X_1,Y_1) 的数据，也存在 (X_1,Y_2) 的数据。

① 数据网址为 https://archive.ics.uci.edu/ml/datasets/Breast+Cancer+Wisconsin+%28Original%29。

其中，$Y_{1/2}$代表两种标签对应的输出期望值。如果采取在线学习训练神经网络识别(X_1,Y_1)，即对X_1输入给出Y_1输出，那么接下来再训练识别(X_1,Y_2)，意味着对X_1输入给出Y_2输出。显然，整个神经网络将在(X_1,Y_1)和(X_1,Y_2)之间疲于奔命而无所适从。

如果采用批量学习，即对N_1个(X_1,Y_1)、N_2个(X_1,Y_2)分别算出权重的更新量δ_1和δ_2，然后根据两类数据出现的比例计算实际的权重更新，即

$$\Delta w = \frac{N_1\delta_1 + N_2\delta_2}{N_1 + N_2} \tag{10-1}$$

可以预见，基于上述批量学习，神经网络固然可以收敛，但是在测试中，对于输入数据X_1，代表良性和恶性的两个输出神经元的激活函数输出值都不再是Y_1和Y_2，而是Y_1'和Y_2'，那么以何种统计方法处理Y_1'和Y_2'能够得出最重要的良性/恶性肿瘤相对概率$N_{1/2}/(N_1+N_2)$呢?

以乳腺肿瘤数据为例，我们采用传统的确定型神经网络，基于批量学习方法训练，所得的激活函数在标签交叠区并不能有效反映良性/恶性肿瘤的概率。

另外，在很多实际问题中，对于这种位于不同标签交叠区的数据，如何量化其判断结果的不确定度，是有迫切应用需求的。

例如，新冠肺炎突然暴发时，由于廉价、快速的核酸检测试剂还没有大规模量产，新冠肺炎的诊断很大程度上需要依靠胸部X光片(简称胸片)。实际上，新冠肺炎、普通肺炎、正常肺部的胸片数据是有一定程度重合的。新冠肺炎检测的混淆矩阵如表10.1所示。在这种情况下，采用确定型神经网络来诊断，若出现表10.1所示的假阴性结果，导致漏诊，势必造成疫情的进一步蔓延。

表 10.1　新冠肺炎检测的混淆矩阵

项目	新冠肺炎	普通肺炎	正常
新冠肺炎	真阳性	—	假阴性
普通肺炎	—	—	—
正常	假阳性	—	真阴性

如果我们能发展出某种执行概率计算的神经网络，对于这种模棱两可的数据能给出输出的不确定度，然后在实际应用中设置一个阈值。当不确定度超过该阈值时，就将样本主体送去做进一步的检查。这样我们就有可能在类脑人工智能应用的成本与准确度上取得良好的均衡。

下面要介绍的贝叶斯神经网络就是这样一种能够针对标签交叠区数据输出概率结果的方案。

10.1.2　贝叶斯神经网络：量化不确定度

贝叶斯神经网络的数学表述为

$$p(y^* \mid x^*, D) = \int p(y^* \mid x^*, W) p(W \mid D) \mathrm{d}W \tag{10-2}$$

式(10-2)的物理含义是非常清晰的，即给定用数据集 $D=(X,Y)$ 训练过的神经网络，输入测试数据 x^*，得到输出 y^* 的概率 $p(y^* \mid x^*, D)$ 如何求解？等号右边第一项指出，对于给定的一组神经网络权重值 W，可以直接根据前向过程得到 $p(y^* \mid x^*, W)$。该组神经网络权重值 W 出现的概率可以从训练中获得，即权重的后验分布 $p(W \mid D)$。因此，考虑不同 W 的出现概率，期望输出 y^* 的概率是 $p(y^* \mid x^*, W)$ 对 $p(W \mid D)$ 的加权求和。进一步，考虑 W 取值的连续性，就成为式(10-2)所示的积分形式。

由于 $p(y^* \mid x^*, W)$ 可以通过神经网络结构决定的前向过程直接获得，问题聚焦为 $p(W \mid D)$ 的来源是什么，以及如何在神经网络训练中获取。

一种可能是，神经网络训练时损失函数极值点的多样性。我们知道，考虑损失函数 $E(W)$ 在高维空间中存在非常多个极值点，同一组训练数据 $D=(X,Y)$ 在不同初始条件下，经过训练会收敛到不同的极值点，因此可以得到条件概率 $p(W \mid D)$。

另一种可能是，存在标签交叠区的训练数据。以随机失效神经元/突触(dropout/dropconnect)技术为例，通过随机关闭网络中的神经元/突触，同一个输入 X_1 既可能输出 Y_1，也可能输出 Y_2。因此，用随机失效神经元/突触技术训练出来的神经网络存在多个子集，每个子集对应一组神经网络权重值 W，因此在相同的输入下，不同子集导致不同的输出。通过这个办法，随机失效神经元/突触技术能有效拟合标签交叠区的数据，同时导致 $p(W \mid D)$ 出现。

此外，还有其他若干种突触权重不确定性来源，如突触器件电导写入时的误差、突触器件电导读取过程的涨落，都会导致突触权重出现概率分布。

由此可以看到，贝叶斯神经网络的后验分布 $p(W \mid D)$ 是能够有效处理存在标签重叠区的训练数据。

在实际问题处理中，通常很难直接计算突触权重后验分布 $p(W \mid D)$ 的表达式。研究人员引入一个变分分布 q_θ，通过调整参数 θ 尽可能地逼近 $p(W \mid D)$。具体而言，引入 KL 散度(Kullback-Leibler divergence)来衡量 q_θ 与 $p(W \mid D)$ 的相似度，即

$$\mathrm{KL}(q_\theta(W) \| p(W \mid X, Y)) = \int q_\theta(W) \log \frac{q_\theta(W)}{p(W \mid X, Y)} \mathrm{d}W \tag{10-3}$$

由于 q_θ 与 $p(W \mid D)$ 在整个权重空间积分均是归一化的，数学上可以证明，当

且仅当 $q_\theta \equiv p(W \mid X,Y)$ 时，KL 散度达到最小值 0。因此，数学上需要通过调整参数 θ，使 KL 散度最小化。

由贝叶斯定理可知

$$p(W \mid X,Y) = \frac{p(Y \mid X,W)p(W)p(X)}{p(X,Y)} \tag{10-4}$$

对于给定的样本 (X,Y)，其概率 $p(X)$ 和 $p(Y)$ 是常数，因此 KL 散度可以进一步化简为

$$L_{\mathrm{VI}}(\theta) = -\int q_\theta(W)\log p(Y \mid X,W)\mathrm{d}W + \mathrm{KL}(q_\theta(W) \| p(W)) \tag{10-5}$$

其中，$L_{\mathrm{VI}}(\theta)$ 为变分函数；VI 表示变分推断(variational inference，VI)。

式(10-5)的物理含义是非常清晰的，要使 KL 散度最小化，等号右边第一项对应的 $\int q_\theta(W)\log p(Y \mid X,W)\mathrm{d}W$ 必须最大化。也就是说，对 W 而言，$\log p(Y \mid X,W)$ 最大的地方，$q_\theta(W)$ 必须最大。从这个意义上讲，式(9-5)的第一项要求 $q_\theta(W)$ 尽可能好地解释训练数据 $p(Y \mid X,W)$。式(10-5)的第二项要求 $q_\theta(W)$ 尽可能小地偏离权重的先验分布 $p(W)$。它实际上是一个正则化项，可以有效地防止过拟合。

接下来，我们需要找到一种有效的神经网络训练手段，使式(10-5)描述的 KL 散度最小化。

10.2 随机失效突触技术

10.2.1 随机失效神经元/突触技术简介

1. 神经网络正则化技术

在神经网络训练中，常常出现欠拟合和过拟合等非理想情况。欠拟合、适度和过拟合示意图如图 10.3 所示。

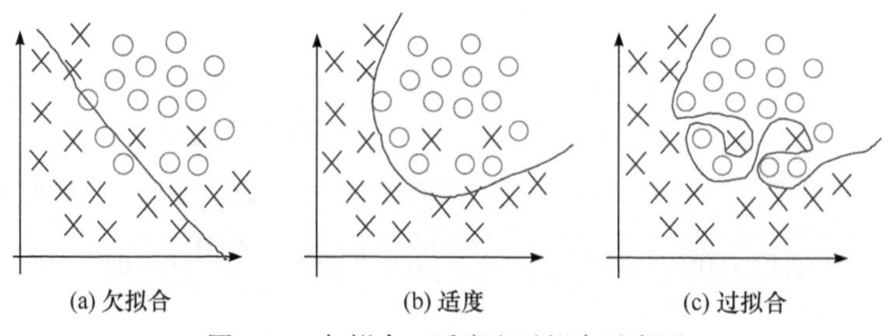

图 10.3 欠拟合、适度和过拟合示意图

欠拟合通常因为神经网络规模过小，无法有效提取训练样本的全部特征。这个问题可以通过扩大神经网络规模，如隐藏层神经元数目来解决。相反的情况是，相比训练数据量，神经网络规模过大，即可调节的突触权重数目太多，就有可能导致过拟合。过拟合与正则化示例如图 10.4 所示。图中，横坐标是隐藏层神经元数目，纵坐标是神经网络对测试集的均方根误差(mean square error，MSE)，从左到右分别是基于鸢尾花数据集(Iris)、威斯康辛乳腺癌数据集(WBCD)、美国地球资源探测卫星遥感数据集(Statlog Landsat)、手写数字数据集(MNIST)。如图 10.4 所示，随着隐藏层神经元增多，损失/误差函数在不断减小以至饱和，而不引入正则化技术的神经网络识别错误率却经历了一个先降低后升高的过程[4]。

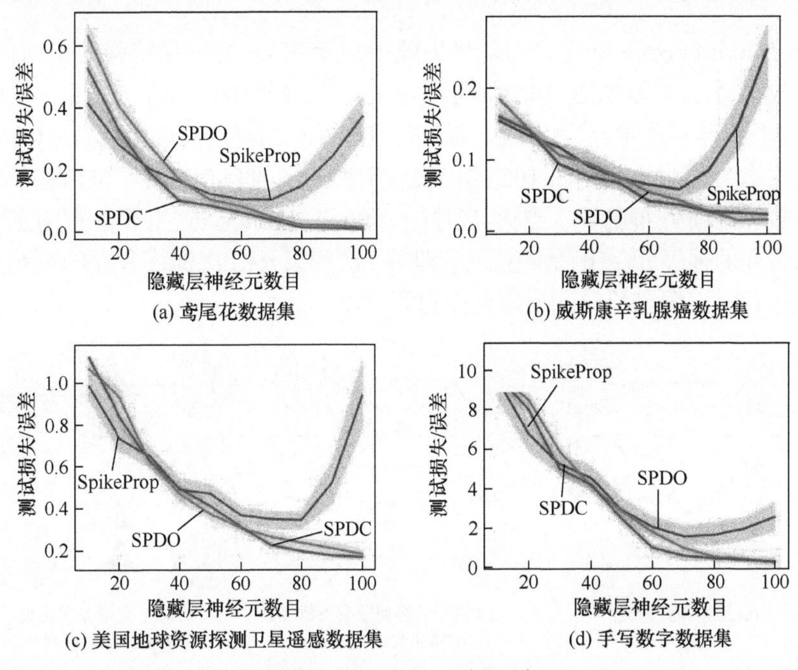

图 10.4　过拟合与正则化示例[4]

当训练的样本数不够多或者代表性不够高，而神经网络的规模很大时，具有过剩的拟合能力，因此该神经网络很可能在训练中将样本的一些非本征特征(extrinsic features)提取出来，认为是样本的本征特征(intrinsic features)，而当测试样本并不包含那些特征时，测试就无法通过。

以人脸识别为例，假如喂给神经网络的训练样本全部是某人面带微笑的标准照，那么神经网络很可能将微笑表情提取出来，认为是这个人的基本特征，而一旦测试样本包含该人表情严肃的照片，就无法被神经网络正确判别。

为了防止过拟合行为，人们常常会在神经网络训练中引入各种正则化技术。

正则化技术的核心思想是，既然突触权重太多了，那么采取某种手段剔除一些代表不重要、非本征特征的权重，就可以有效防止过拟合。

常见的正则化技术是在损失/误差函数中引入对权重的约束项，即

$$\mathcal{L}=\frac{1}{2}(y-y^{d})^{2}+\lambda\|W_{a}\| \tag{10-6}$$

其中，$\mathcal{L}$ 为损失函数；$\|W_a\|$ 为神经网络权重的范数；λ 为正则化项的重要程度。

常用的有二范数(L2)、一范数(L1)、1/2 范数(L1/2)等，分别代表对权重约束的不同侧重[5]。

2. 随机失效神经元/突触技术

Dropout/dropconnect 直译为随机失效神经元/突触,是一种特殊的正则化技术。随机失效神经元/突触如图 10.5 所示。它指的是在每次训练时，按照一定的概率随机(临时)舍弃一些神经元/突触，而只是使用幸存的神经元/突触。图 10.5(a)是原始神经网络。图 10.5(b)～图 10.5(f)代表若干种不同的舍弃方式，包括基于伯努利分布函数、高斯分布函数、点火-切片(spike-and-slab)等。这里要注意两点，即每次训练舍弃的神经元/突触是随机的，即第 n 次和第 $n+1$ 次训练舍弃的单元是不一样的。这种舍弃覆盖前向和反向整个过程。

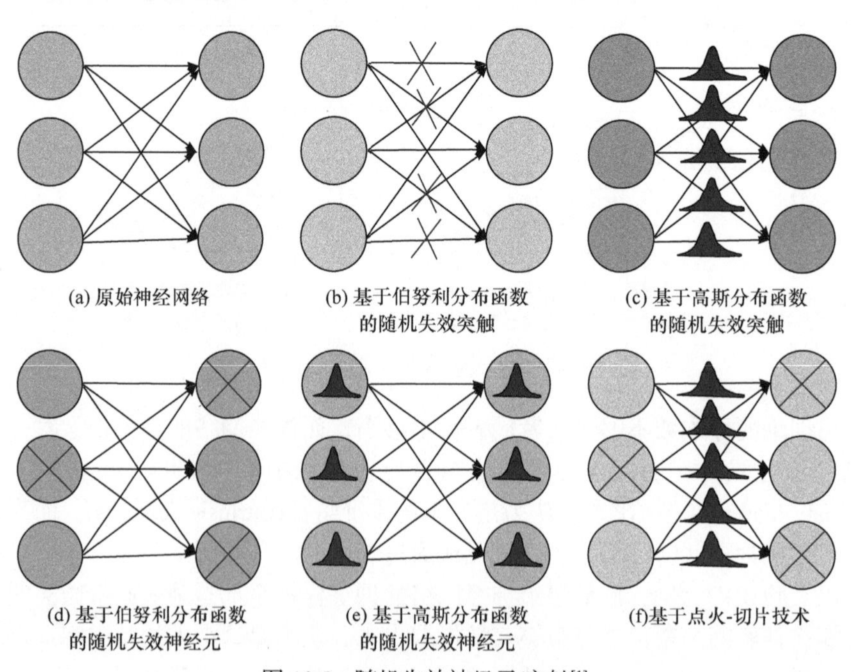

图 10.5 随机失效神经元/突触[1]

实验发现，随机失效神经元/突触技术能够有效地防止过拟合，提升神经网络的泛化能力。这里提出一种可能的解释，即随机失效神经元/突触相当于在训练中不停地生成原始神经网络的各种子网络，如果说原始神经网络提取了样本的 $\{A,B,C,D\}$ 多个特征，那么子网络则可能是 $\{A,B,C\}$ 、$\{B,C,D\}$ 等特征，而各个子网络仍然能够训练成功。这意味着，只有它们的交集 $\{B,C\}$ 才是样本的本征特征。通过这个办法，随机失效神经元/突触技术可以防止过拟合。

10.2.2　随机失效突触与贝叶斯神经网络的等价性

前述章节讲到引入变分函数 L_{VI} ，将贝叶斯推断的积分问题转化为微分形式的优化问题。考虑表达式 $\int q_\theta(W)\log p(Y\,|\,X,W)\mathrm{d}W$ 需要对整个数据集 $D=(X,Y)$ 进行计算，上述变分方法并不适合大数据集的训练，尤其对多层神经网络结构，推导更加复杂。

因此，研究人员引入蒙特卡罗采样来计算式(10-5)中的积分项，即

$$\int q_\theta(W)\log p(Y\,|\,X,W)\mathrm{d}W=\sum_{n=1}^{N}\log p(y_n\,|\,x_n,\hat{W}_n) \tag{10-7}$$

其中，$\hat{W}_n$ 对分布函数 $q_\theta(W)$ 的随机采样。

首先，只要采样次数 N 足够大，对 $\log p(y_n\,|\,x_n,\hat{W}_n)$ 采样(即选取 N 种神经网络做前向过程)获得的样本分布做连续化处理后，就是函数 $q_\theta(W)$ 。其次，神经网络训练的结果就是导致 $\log p(y_n\,|\,x_n,\hat{W}_n)$ 最大的 $\hat{W}_n$ 出现的概率最大，即 $\max\limits_{\hat{W}_n}\log p(y_n\,|\,x_n,\hat{W}_n)$ 。换句话说，神经网络的训练自动将上述积分/求和最大化。

变分表达式(10-5)的另一项，即变分分布函数 $q_\theta(W)$ 与先验分布 $p(W)$ 的 KL 散度，可做如下简化。

假设贝叶斯神经网络有 L 层，则该网络的权重可写为 $W=\{W_i\}_{i=1}^{L}$ 。我们引入伯努利分布 Bernoulli(p)描述变量 z ，即 z 的取值只有 0 和 1 两种，其中取 1 的概率是 p 。

用伯努利分布可以改写权重矩阵为

$$W_i=\Theta_i\odot Z_i \tag{10-8}$$

其中，Θ_i 和 Z_i 为与权重矩阵 W_i 维度完全相同的两个矩阵，Θ_i 是需要优化的变分参数矩阵，Z_i 是每个元素非 0 即 1 的矩阵，取 1 的概率为 p ；$\odot$ 表示矩阵各元素逐项相乘，即逐项积。

式(10-8)对应的物理过程就是随机失效突触技术，即以 $1-p$ 的概率随机失效

神经网络中的某些突触连接。

进一步，假设$q_\theta(W)$是混合高斯分布，$p(W)$是一重高斯分布，即

$$
\begin{aligned}
q_\theta(W) &= \sum_{i=1}^{l} p_i \mathcal{N}(W;\mu_i,\Sigma_i) \\
p(W) &= \mathcal{N}(W;0,\Sigma_0)
\end{aligned}
\tag{10-9}
$$

其中，$\mathcal{N}$为高斯分布函数；μ和Σ为均值和方差。

基于上述假设，不难得到[6]

$$
\mathrm{KL}(q_\theta(W) \,\|\, p(W)) = \lambda \sum_{i=1}^{L} \| \Theta_i \|^2 \tag{10-10}
$$

其中，λ为与高斯分布各项参数相关的系数。

综上所述，描述变分分布函数$q_\theta(W)$与后验分布$p(W|D)$的 KL 散度表达式(10-5)在蒙特卡罗采样下成为如下形式，即

$$
\mathrm{KL}\left(q_\theta(W) \,\|\, p\left(W \middle| D = -\sum_{n=1}^{N} \log p\left(y_n \middle| x_n, \hat{W}_n\right)\right) + \lambda \sum_{i=1}^{L} \| \Theta_i \|^2\right. \tag{10-11}
$$

其中,第一项与基于随机失效突触技术的神经网络做分类的交叉熵函数完全相同；第二项是用于优化神经网络的 L2 正则化技术。

换句话说，采用随机失效突触技术训练神经网络来最小化其交叉熵函数，同时辅以 L2 正则化来优化神经网络权重，在数学上等同于对贝叶斯神经网络后验分布的近似推理。

我们从数学上论证了随机失效突触技术与贝叶斯神经网络的等价性，那么如何从物理上直观地理解这种等价性呢?

仍以乳腺肿瘤识别为例,基于随机失效突触技术的乳腺肿瘤数据分类如图 10.6 所示。对于良性/恶性肿瘤标签交叠区的数据训练，随机失效突触技术对应的物理图景是，通过随机失效某些突触，得到的子网络能很好地拟合良性标签数据，而随机失效另一些突触，得到的其他子网络能够拟合恶性标签数据。换句话说，基于随机失效突触技术，我们将获得原神经网络的多个子网络，其中一部分能够拟合交叠区的一种标签，另一部分则拟合另一种标签。原则上，只要训练充分，两部分子神经网络的数量比例就可以反映出交叠区标签的比例。这就解释了为什么随机失效突触技术能给出贝叶斯神经网络理论中最重要的后验概率$p(W|D)$。

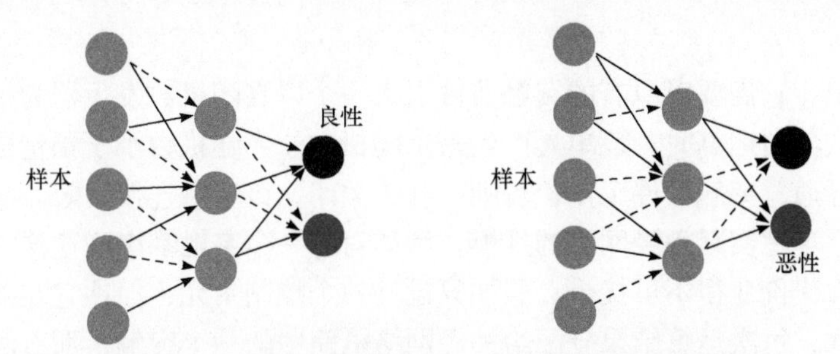

图 10.6　基于随机失效突触技术的乳腺肿瘤数据分类[3]

10.2.3　蒙特卡罗-随机失效突触技术的优缺点

Abdar 等[1]深入分析了基于贝叶斯神经网络的各种不确定度量化方案，并讨论了它们的实际应用效果，认为蒙特卡罗-随机失效突触(Monte-Carlo dropconnect)技术具有如下优缺点。

1. 优点

蒙特卡罗-随机失效突触技术不需要建立特别的训练模型，而是直接使用包含 L2 正则化的随机失效突触技术。训练中用到的随机梯度下降等算法与传统神经网络别无二致，因此几乎没有引入额外的训练复杂度，非常方便执行。

2. 缺点

首先，对于非标准分布(out-of-distribution，OoD)的数据，蒙特卡罗-随机失效突触技术不可靠。蒙特卡罗技术可应用的前提是，它的多次采样结果能够较好地反映样本的原始分布。假如权重的后验概率分布 $p(W \mid D)$ 形式比较奇特，也就是说，它对应的随机失效突触技术中的某些子神经网络很难被采样，因此该方法的结果将不再可靠。

其次，在推断时，需要将同一个样本多次输入，同时随机失效突触，最后统计各个输出神经元的响应情况。原因显而易见，在推断时必须多次执行随机失效突触，才能最大限度地遍历各个子神经网络，获得不同子神经网络的输出，以及它们的相对比例，并据此给出不同标签的概率或者不确定度。显然，这种在推断时需要反复输入一个样本来统计输出概率的做法，极大地增加了计算代价。

10.3　基于阈值转换器件的硬件实现

在硬件层面实现上述贝叶斯神经网络，核心是研发具有概率开关特性的突触器件，并且该器件概率可调制，可以对不同任务实现不同概率的随机失效突触运算。

原则上，它需要对原有的突触器件引入一个以真随机数发生器为核心的控制单元。每次前向运算时，该单元产生一个随机数。当随机数小于预定概率 p 时，控制开关导通，突触器件工作；否则，开关关闭，该突触连接失效。

然而，考虑实际神经网络的规模，假如对每一个突触都串联这样一个控制单元，则硬件代价变得不可接受；假如只设计一个控制单元，但让它在前向运算中工作若干次，每次运算结果分配给神经网络电路中的一个突触，那么时间成本会变得不可接受。

我们知道，随机性是目前固态忆阻器件的一个内禀属性。因此，有无可能直接利用忆阻器件自身的随机性来构建概率型神经形态器件呢?

基于此，王宽[7]提出一种基于阈值转换器件的随机突触，并构建了对应的随机失效突触式神经网络。在应用层面，针对新冠肺炎胸片数据集量化其诊断结果的不确定度，从而可以为基于人工智能的医学诊断提供一种有价值的解决方案。

10.3.1　基于 OTS 的随机突触

在 4.2.3 节，我们介绍过选通管器件，即阈值转换器件。W/GeTe$_x$/W 器件的循环直流扫描特性如图 10.7 所示。当 W/GeTe$_x$/W 两端电压高于阈值 V_{th} 时，器件将从低阻态跳变到高阻态，当两端电压低于保持阈值 V_{hold} 时，器件重新回到高阻态①。图中，I_{cc} 是测试中施加的限制电流。

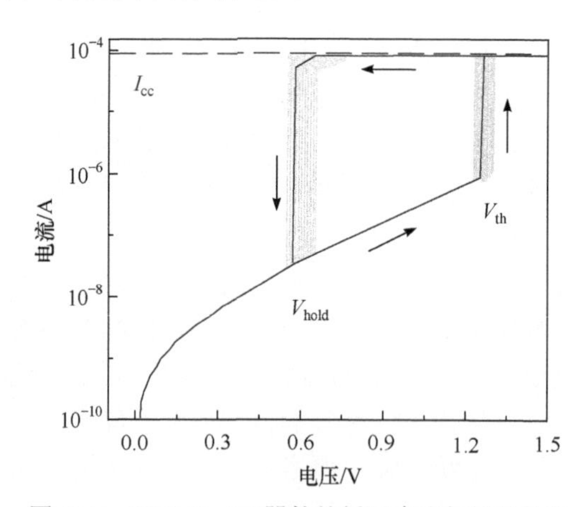

图 10.7　W/GeTe$_x$/W 器件的循环直流扫描特性[7]

该器件更重要的特性是图 10.7 中阈值电压 V_{th} 的随机性。假如每次施加同样

① 在实际材料中，有多种物理机制可导致这种易失的电导转换行为。图 10.7 选取 Ovonic 型转变，实际还有导电桥型、绝缘体-金属相变型。

的 1.3V 电压脉冲信号，碲化锗器件是否切到导通的低阻态是随机的。以此为基础，可以构建随机失效突触。

1T1S1M 单元实现随机失效突触如图 10.8 所示。如图 10.8(a)所示，王宽等以 Ovonic 型阈值转换器件为核心，提出并制备了 1T1S1M 的随机失效突触。它的运行原理如图 10.8(b)所示，经 OTS 器件向晶体管施加栅压脉冲 V_G，同时从晶体管漏极施加电压脉冲信号 V_D，收集源极电流 I_S 来判断晶体管是否导通。OTS 器件起初处于高阻态，施加栅压脉冲 V_G 后，它以一定的概率 P_{TSM} 在脉冲期间打开。当且仅当 OTS 器件开启，栅压能够完全降落到晶体管栅极，导致晶体管导通，从而源漏电流流经充当突触权重的忆阻器，实现突触权重的读过程。

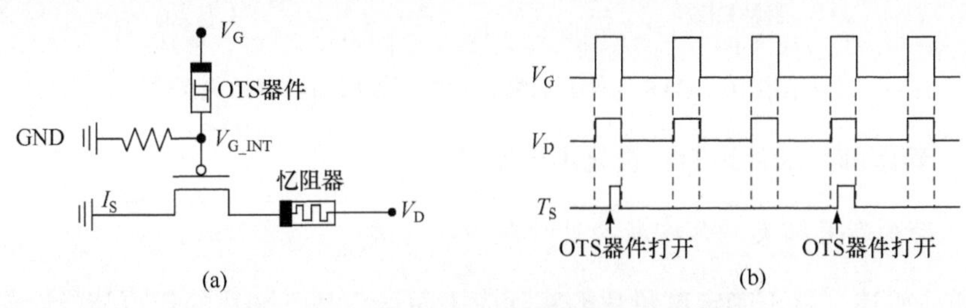

图 10.8　1T1S1M 单元实现随机失效突触[7]

根据 1T1S1M 突触单元，基于随机失效突触的硬件神经网络如图 10.9 所示。执行神经网络前向推断时，字线信号经由 OTS 器件输入到晶体管栅极，而位线信号由忆阻器一端输入，电流经晶体管源极汇聚到源线，完成乘加运算。在此过程中，通过字线电压脉冲信号设计，可以实现突触阵列各单元的随机失效。

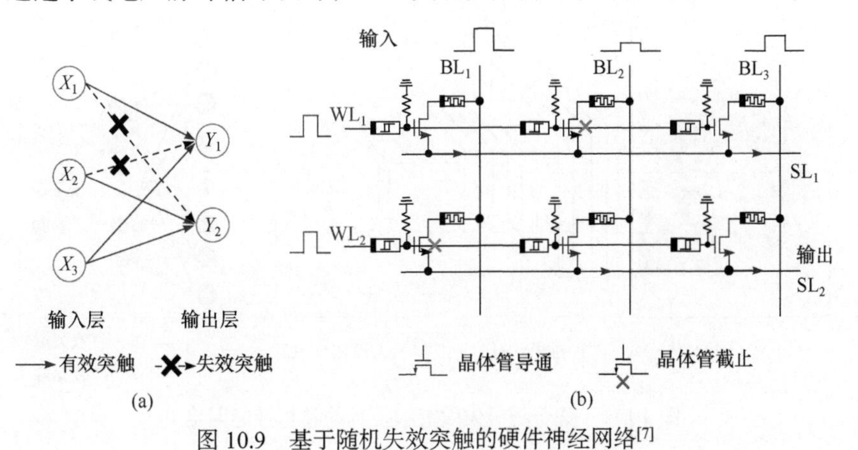

图 10.9　基于随机失效突触的硬件神经网络[7]

实验显示，OTS 器件的打开概率是随着栅压脉冲幅值和宽度的增大而增大的。OTS 器件开启概率与电压幅值与脉宽的关系如图 10.10 所示。换句话说，该突触单元随机失效的概率是可调的。这是后续神经网络层级贝叶斯运算可调制的硬件基础。

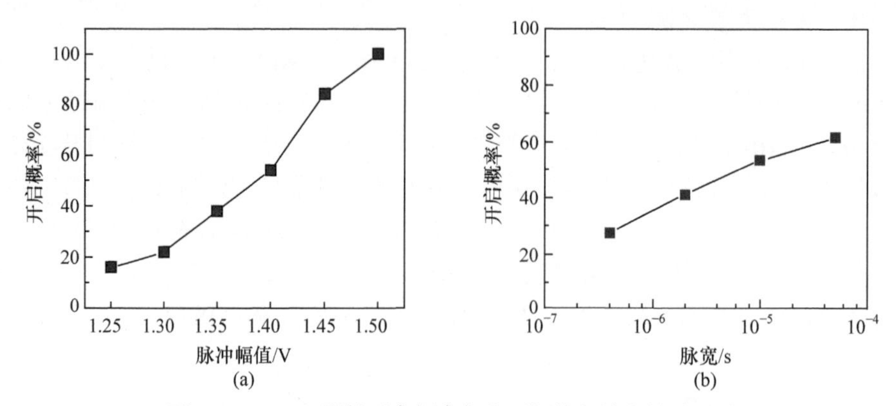

图 10.10 OTS 器件开启概率与电压幅值与脉宽的关系[7]

10.3.2 新冠肺炎胸片诊断：量化不确定度

1. 面向新冠肺炎胸片诊断的贝叶斯神经网络

如前所述，就不确定度量化的实际应用而言，基于胸片的新冠肺炎诊断是个典型问题。本节讨论如何在传统的卷积神经网络中引入随机失效突触技术，进而量化胸片识别结果的不确定度。对于新冠肺炎胸片诊断，基于随机失效突触技术的卷积神经网络如图 10.11 所示。

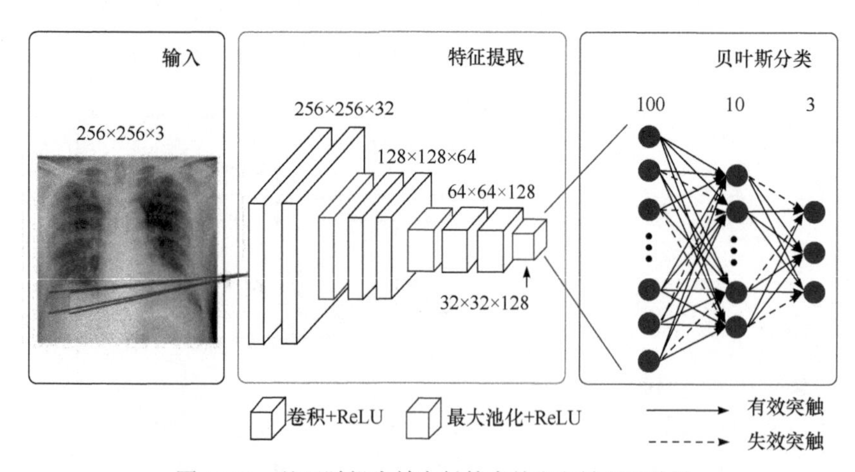

图 10.11 基于随机失效突触技术的卷积神经网络[7]

图 10.11 中卷积神经网络的输入来自卡塔尔大学研究人员创建的胸片数据集，包括三类数据，即新冠肺炎阳性病例图像、健康胸部的图像，以及其他病毒引起的肺炎图像[8]。注意每张图片是红绿蓝三原色编码，像素为 256×256。特征提取

部分全部采用3×3(不包括厚度层)的卷积核，共计 6 次卷积运算，依次为 32 个、32 个、64 个、64 个、128 个、128 个卷积核，并在每两次卷积运算后执行一次2×2的最大池化；各层神经元使用 ReLU 作为激活函数[9]。由此可知，特征提取部分最后输出 128 张32×32像素的特征图。

接下来是$100\times100\times3$的全连接层分类器，最终输出使用 softmax 函数给出分类结果[9]。将全连接层的突触替换为随机失效突触，即可执行贝叶斯神经网络的训练与推断。此处要特别注意，训练完成后，需要以蒙特卡罗-随机失效突触方式执行 N 次随机前向传播，然后对结果求平均，得到的预测值为

$$p_{\mathrm{MC}}(y^*=c\,|\,x^*)=\frac{1}{N}\sum_{t=1}^{N}p(y^*=c\,|\,x^*,\hat{w}_t) \tag{10-12}$$

其中，x^*为输入的测试胸片；y^*为对应的推断结果；c 为新冠肺炎、健康肺部、其他病毒感染导致的肺炎这三种情况之一；$\hat{w}_t$ 为第 t 次以蒙特卡罗-随机失效突触方式做前向推断时的神经网络突触情况。

在实际执行中，从上述胸片数据集选取 3616 个新冠肺炎阳性、4000 个健康，以及 1345 个其他病毒性肺炎的 X 光图像，其中 7168 个用于网络训练，1793 个用于网络测试。在神经网络训练中，使用随机旋转的方式扩充训练数据，人为增加样本的多样性，从而降低过拟合。

2. 混淆矩阵

神经网络训练与测试完成后，新冠肺炎胸片诊断的混淆矩阵如图 10.12 所示。该矩阵不同的行代表实际的新冠肺炎胸片样本数、正常胸片样本数、其他因素肺炎胸片样本数，而不同的列则是预测的三种情况样本数。矩阵对角线上的元素是正确预测的数量，非对角线则是各种错误预测的样本数。图 10.12(a)和图 10.12(b)分别对应突触随机失效的概率 P_{drop} 设置为 0.16 和 0.46 两种情况。

比较图 10.12(a)和图 10.12(b)的第一行前两个元素，将突触随机失效的概率 P_{drop} 从 0.16 提升到 0.46 后，新冠肺炎胸片被漏诊的案例数显著下降，即 42→22。当然，它的代价是健康胸片被误诊为新冠肺炎的数量大大提升了，即 21→50。

上述现象涉及一个重要概念，即查准率(precision rate)与查全率(recall rate)通常不能两全。

我们以上述实例介绍查准率与查全率。

神经网络对测试样本的推断结果声称存在 703(图 10.12(a)第一列，$677+21+5$)个新冠肺炎病例，但是实际上只有 677 个，所以查准率为

$$\frac{677}{677+21+5}$$

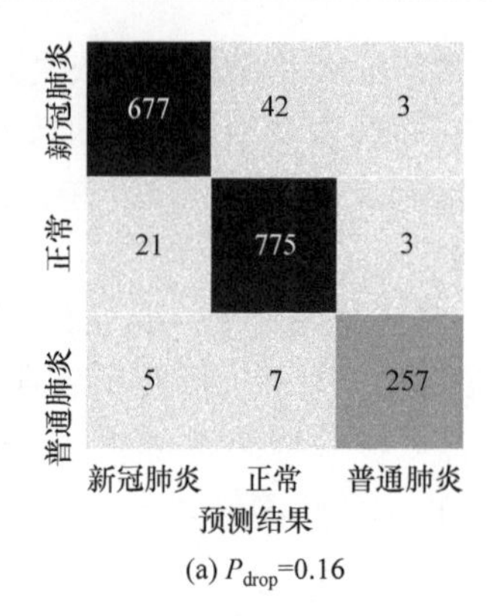

(a) P_{drop}=0.16

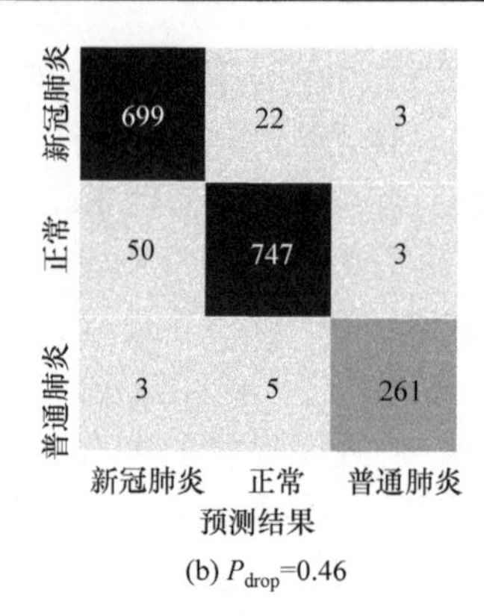

(b) P_{drop}=0.46

图 10.12　新冠肺炎胸片诊断的混淆矩阵[7]

实际测试样本存在 722(图 10.12(a)第一行，$677+42+3$)个新冠肺炎病例，但是神经网络只推断出其中的 677 个，所以查全率为

$$\frac{677}{677+42+3}$$

查准率也叫特异性，查全率也叫灵敏度。从生活常识例子可知，通常一种检测方法的特异性与灵敏度很难两全。

假设超市进货员需要将一堆西瓜中的烂瓜挑出来，如果他采用很严厉的标准，只要有一处瑕疵，就按烂瓜处理，那么很可能把烂瓜全都挑出来的同时，误杀了相当数量的好瓜；如果他采用相对宽松的标准，必须有三处以上的瑕疵，才按烂瓜处理，那么出现的情况可能是，尽管被挑出来的都是大烂瓜，但不少中等程度的烂瓜也从他手下溜走了。

从特异性和灵敏度的角度看，前一种检测标准倾向于灵敏度，但是特异性不够好，而后一种则相反。因此，前一种做法对烂瓜的查全率很高，后一种对烂瓜的查准率很高。

对于挑瓜，查全率与查准率的两难示意图如图 10.13 所示。它的物理根源在于，假如以某项可观测特征为标尺，不同标签的数据在这个标尺下存在交叠区。

3. 预测熵

混淆矩阵能较好地反映神经网络对测试样本的整体效果是偏向于查全率还是查准率，但以新冠肺炎胸片诊断为例，我们也关心个体测试样本的诊断不确定度，即具体到某一个病人，我们希望能够量化对他的检测结果的不确定度。

预测熵就是这样的指标，即

$$H_{\text{pred}} = \sum_{c} p_{\text{MC}}(y^* = c \mid x^*) \log p_{\text{MC}}(y^* = c \mid x^*) \tag{10-13}$$

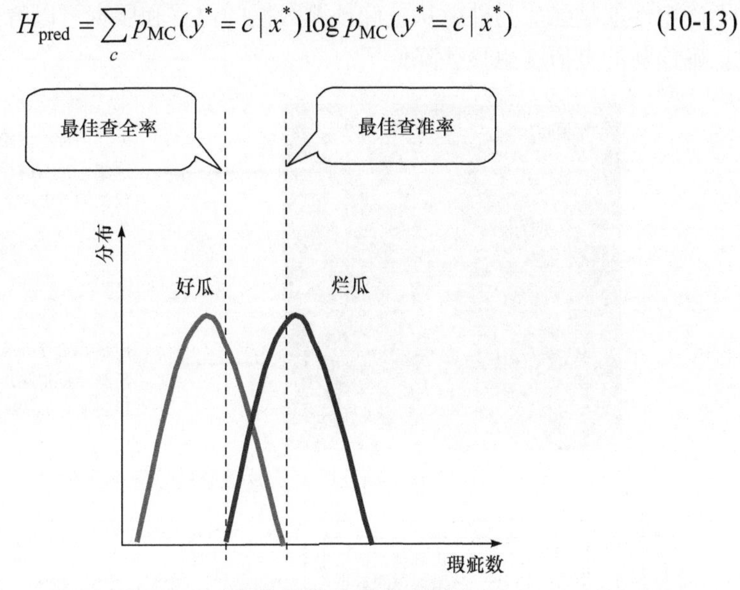

图 10.13　查全率与查准率的两难示意图

熟悉信息论的读者不难认出，预测熵实际上是信息熵在神经网络推断结果这个领域换的一个说法。我们简单估算一下，即可理解预测熵的含义。假如对 x^* 样本的预测结果完全确定，即 $p_{\text{MC}}(y^* = \text{covid}-19 \mid x^*) = 1$，那么预测熵为 0；假如预测结果完全不确定，即

$$p_{\text{MC}}(y^* = \text{covid}-19 \mid x^*) = p_{\text{MC}}(y^* = \text{normal} \mid x^*) = p_{\text{MC}}(y^* = \text{other} \mid x^*) = \frac{1}{3}$$

则预测熵达到最大值 $\log 3$。也就是说，预测熵直接反映不确定度的高低。

新冠肺炎胸片诊断的预测熵示例如图 10.14 所示。对一张肺炎胸片，分别采用贝叶斯神经网络和传统确定性神经网络的预测结果对比[7]。从两者预测熵值的显著差异可以看到，尽管贝叶斯神经网络的预测结果也是错的，但是它很清楚地知道这个预测结果的可信度很低。相比之下，传统神经网络不但预测错了，而且对这个结果高度自信。

如果进一步对全部测试样本的预测熵值做一个分布统计，新冠肺炎胸片诊断的预测熵分布如图 10.15 所示。

图 10.15(a)中 $P_{\text{drop}} = 0$ 对应的是确定性神经网络，可以看到错误预测数据的峰值在 0 附近，意味着确定性神经网络尽管做出了错误诊断，但是它仍然谜之自信。图 10.15(b)和图 10.15(c)指出，引入随机失效突触技术后，尽管神经网络仍然会做出错误诊断，但是它不那么肯定推断是正确的。突触随机失效的比例越高，这种

不确定性就越强。另外，从正确预测数据的位移和展宽可以看出，它的代价是对正确诊断的自信度也显著降低了。

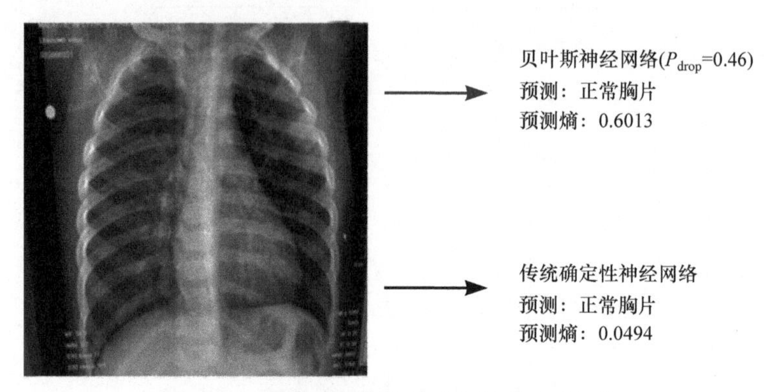

图 10.14　新冠肺炎胸片诊断的预测熵示例[7]

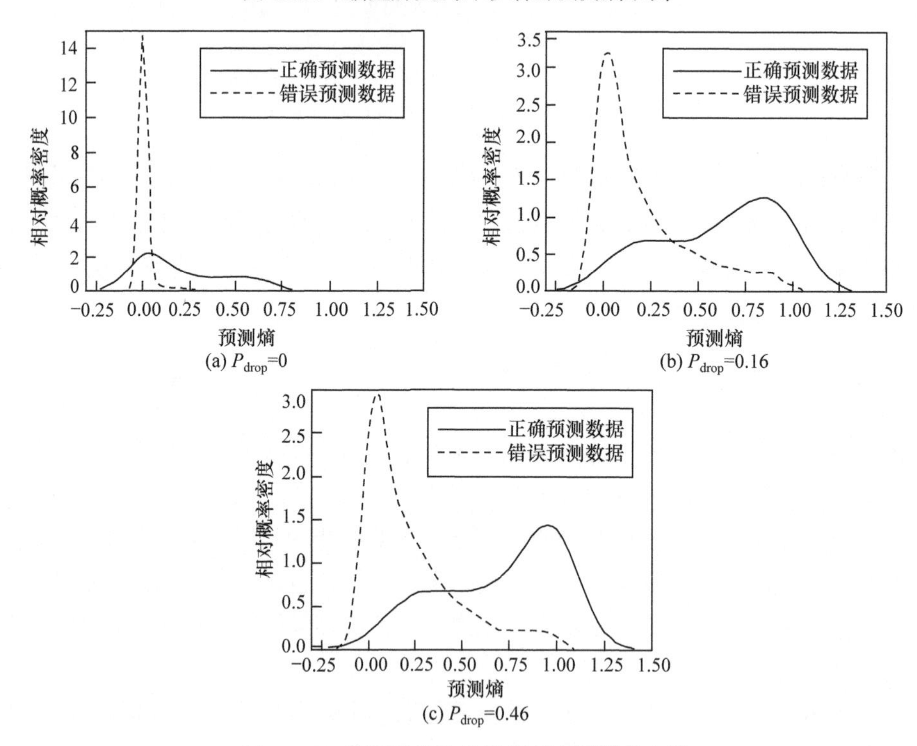

图 10.15　新冠肺炎胸片诊断的预测熵分布[7]

以上讨论指出，使用阈值转换器件实现随机失效突触的一个重要收益，即利用阈值转换器件的随机打开概率对电压脉冲幅值与脉宽的依赖关系，可以有效调节突触的随机失效概率，进而在神经网络层面针对具体问题实现查准率与查全率的取舍。

10.4　本 章 小 结

在类脑人工智能的实际应用场景中，经常会出现判断结果并不绝对的情况。一种常见的原因是，基于现有的某个观测量标尺，不同标签类型的数据是交叠在一起的。对于标签交叠区的数据，基于确定性神经网络，无论是训练还是推断，都会遇到很大的问题。因此，需要对神经网络引入不确定度量化的功能。

贝叶斯神经网络用具有概率分布的突触权重代替传统神经网络确定性的突触权重，通过后验方式推断模型权重的分布，为深度学习模型提供概率解释，因此适合量化网络输出结果的不确定度。

然而，由于引入突触权重分布，贝叶斯神经网络的参数数量更加庞大，而且突触权重的后验分布通常难以直接计算，因此贝叶斯神经网络在实用中的部署和训练成本都很高。

在这种情况下，研究人员发现，用于解决过拟合问题的随机失效神经元/突触技术在数学上等效于贝叶斯运算。这一发现为不确定度量化指出了新的可行途径。

从硬件层面，它要求能够低成本、高效能地执行随机失效神经元/突触的新型器件与电路设计。阈值转换器件在高/低阻状态切换时的随机性为此提供了一种解决方案。基于此设计思想，本章介绍一种基于 Ovonic 型阈值转换器件的随机失效突触单元设计，以及相关的贝叶斯神经网络硬件架构和操作方式。

在应用层面，新冠肺炎胸片诊断是一个典型的不确定度量化问题。当我们将上述设计用于该问题时，进一步发现，阈值转换器件的开启概率随电压变化而可调制，导致突触的随机失效概率可调节，因此在神经网络层面提供更大的可定制性，可根据实际问题的要求在查全率和查准率之间取舍。

因此，利用硬件层面忆阻器件的随机性，支持神经网络层面的概率运算，可以有效降低贝叶斯神经网络的硬件实现成本，同时大幅提升它的执行效能。

10.5　思　考　题

1. 如图 10.4 所示，既然过拟合是因为神经网络规模太大，那么为什么不直接降低神经网络规模来防止过拟合呢？

2. 如图 10.12 所示，增大选通管器件打开概率会导致漏诊数量下降，但是误诊数量会增加。就新冠肺炎诊断这个实际问题而言，应该选 $P_{\text{drop}} = 0.16$ 还是 $P_{\text{drop}} = 0.46$ 的随机失效突触技术呢？

3. 由图 10.15 思考，贝叶斯神经网络是否解决了查准率与查全率不能两全的问题？如果没有解决，那么引入它的意义在哪里？

4. 如图 10.15 所示，贝叶斯推断的可调制性很关键，那么支撑它的硬件特性是什么？

参考文献

[1] Abdar M, Pourpanah F, Hussain S, et al. A review of uncertainty quantification in deep learning: Techniques, applications and challenges. Information Fusion, 2021, 76: 243-297.

[2] Wolberg W H, Mangasarian O L. Multisurface method of pattern separation for medical diagnosis applied to breast cytology. Proceedings of the National Academy of Sciences of the United States of America, 1990, 87(2251264): 9193-9196.

[3] Choi S, Shin J H, Lee J, et al. Experimental demonstration of feature extraction and dimensionality reduction using memristor networks. Nano Letter, 2017, 17(5): 3113-3118.

[4] Zhao J, Yang J, Wang J, et al. Spiking neural network regularization with fixed and adaptive drop-keep probabilities. IEEE Transactions on Neural Networks and Learning Systems, 2021, 8: 1-14.

[5] Zhao J, Zurada J M, Yang J, et al. The convergence analysis of SpikeProp algorithm with smoothing L1/2 regularization. Neural Networks, 2018, 103: 19-28.

[6] Gal Y. Uncertainty in Deep Learning. Cambridge: University of Cambridge, 2016.

[7] 王宽. 基于阈值开关忆阻器随机性的概率类脑计算研究. 武汉：华中科技大学, 2022.

[8] Chowdhury M E H, Rahman T, Khandakar A, et al. Can AI help in screening viral and COVID-19 pneumonia? IEEE Access, 2020, 8: 132665-132676.

[9] Ghoshal B, Tucker A. Estimating uncertainty and interpretability in deep learning for coronavirus (COVID-19) detection. https://arxiv.org/abs/2003.10769[2020-12-20].

第 11 章　全光神经网络

11.1　光学突触器件原理

前面章节讨论的几乎都是基于电学器件的。具体来说，在物理层面通过基尔霍夫定律和欧姆定律实现神经网络最基本的乘加(multiply-accumulate，MAC)操作，同时利用忆阻器电导的非易失、连续可调制特性仿真突触连接。

如果采用光学器件、集成光路实现神经网络，从电学方案进行类推，有如下要求。

① 入射光可以调制，通过光强(或其他参数)编码输入信息。

② 设计一种光学仿生突触器件，对入射光的消光系数(或其他参数)是可变的，因此可以完成多路入射光的加权叠加，即神经网络层面的乘加操作。

③ 该光学突触器件对入射光的消光系数(或其他参数)还必须是连续或准连续可调，并且调制结果能够记忆，据此来模拟神经网络的可塑性。

考虑突触是神经网络学习能力的核心，首先讨论可以用作光学突触的器件。考虑全光神经网络设计对光学仿生突触器件的要求，相变材料正是这样一种候选。这里的基本原理是，相变材料在晶态下有能带间隙，因此可以强烈吸收某些频率的光子；非晶态下则没有这样的特性，大部分入射光子透射过去了。假如我们进一步通过光学手段精确操控相变材料中的晶态/非晶态占比，那么对应的相变器件就有一个在[0,1]连续可调的“光导”了。

1. 相变材料的光读写

仅有上述原理是不够的，尤其是要考虑器件的微型化提高集成密度，就需要仔细分析在微纳米尺度上对相变材料进行光信号读写会遇到的问题和挑战。

对于传统的光信号传输与处理，一个主要的限制是所谓的衍射极限(diffraction limit)。对于波长为 λ 的入射光，衍射角 θ 为

$$\theta = 1.22\frac{\lambda}{D} \tag{11-1}$$

其中，D 为障碍物的特征尺寸。

衍射角定义了对光源的分辨率。它必须足够小，才能保证光源上位置不同的

两点发出的光在经过障碍物后得到的艾里斑可区分。这意味着，相变器件的尺寸设计至少必须大于入射光的波长。常用的电信波段在 1.5μm 左右，这就严重限制了相变器件尺寸的继续缩微。

针对这个限制，近场光学被发展出来，主要研究距离物体表面一个波长以内的光学现象，以绕开上述远场条件下的衍射极限。相变器件的光读写如图 11.1 所示[1]。

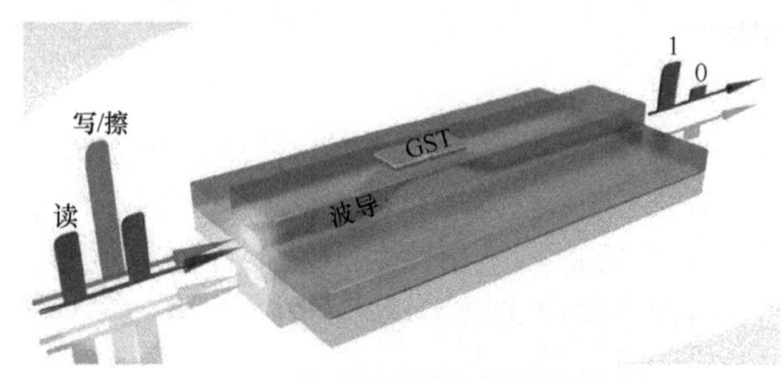

(a) 基于相变器件的光学突触原理图

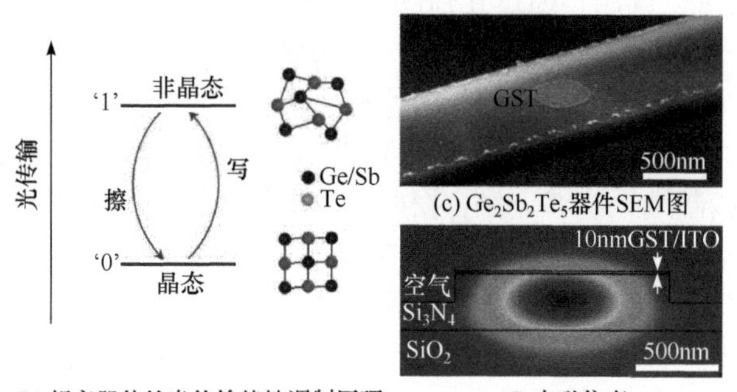

(c) $Ge_2Sb_2Te_5$器件SEM图

(b) 相变器件的光传输特性调制原理　　(d) 电磁仿真

图 11.1　相变器件的光读写[1]

当相变材料处于非晶态时，它的透光系数最高，对应突触权重为“1”；当 GST 处于晶态时，它的透光系数最低，对应突触权重为“0”。图 11.1(c)是实际器件的 SEM 图，超薄的相变器件 $Ge_2Sb_2Te_5$(GST225)淀积生长在波导上，它与波导是一种倏失耦合(evanescent coupling)，适用于近场光学描述，因此不受传统衍射极限的限制。

由材料的复折射率定义可知，淀积在波导上的相变器件将引起波导中的电磁波衰减。图 11.1(d)是根据电磁理论计算出来的波导与相变器件横截面上的横电模(TE mode)分布。如果相变器件处在晶态，它对电磁波的吸收更强，因此将更多的电磁波拉向相变器件单元，会导致波导中的电磁波遭到更大的削弱，因此对应状态“0”；反之对应状态“1”。

(1) 读

如图 11.1(a)所示，施加较低功率的光脉冲，然后测量经过 GST225 相变材料后脉冲的衰减情况，可以读出相变材料所处的光学状态。这里的低功率是指光致热效应不足以诱发相变材料达到结晶温度或熔融温度。

(2) 写

如图 11.1(a)和图 11.1(b)所示，与电学方案类似，输入一个光强更大的光信号给相变材料，后者吸收光子能量发热到相变温度，就会引发晶态↔非晶态的部分或全部转变，从而引发入射光透射率的变化。相变材料从晶态到非晶态的切换定义为写入(write)，从非晶态到晶态定义为擦除(erase)，原因是在光学特性下，晶态对应的光透射率更低，类似于电学特性上的高阻态，因此是 0。

(3) 二值切换的耐久性

二值相变器件光写入/擦除的耐久性如图 11.2 所示[1]。其中，浅色点代表由 100ns 光脉冲引发的写入操作，将其置态到入射光高通过率的非晶态；深色点代表由 6 个 100ns 脉宽但幅度顺序下降的连续光脉冲引发的擦除操作，将相变器件重置到入射光低通过率的晶态。图 11.2(a)是 7 对写入/擦除脉冲循环操作下的读出光强变化率。其中，奇数处是单个 100ns 宽度光脉冲的写入操作(晶态→非晶态)，偶数处是由 6 个 100ns 宽度的连续光脉冲构成的擦除操作(非晶态→晶态)。构成擦除操作的 6 个连续脉冲在幅值上是递减的。图 11.2(b)是连续 50 组写入/擦除操作下的读出光强变化情况。从晶态到非晶态是写入，而从非晶态到晶态是擦除。图 11.2 显示，从晶态到非晶态，读出的光强有 21%左右的增强，并且相变器件在连续的光写入/擦除下二值切换有较好的耐久性。

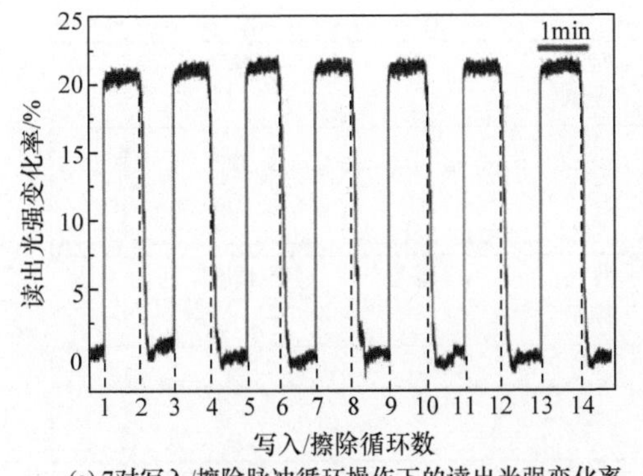

(a) 7对写入/擦除脉冲循环操作下的读出光强变化率

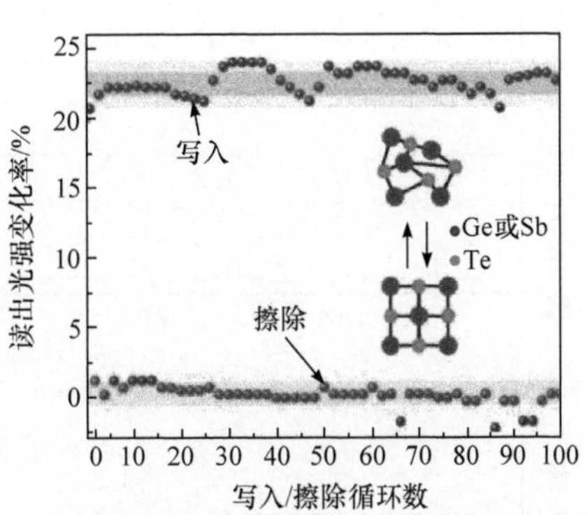

(b) 连续50组写入/擦除操作下的读出光强变化情况

图 11.2　二值相变器件光写入/擦除的耐久性[1]

2. 相变器件的多波长光读写

相变器件多波长的写入/擦除特性如图 11.3 所示[1]。如图 11.3(a)所示，左下方

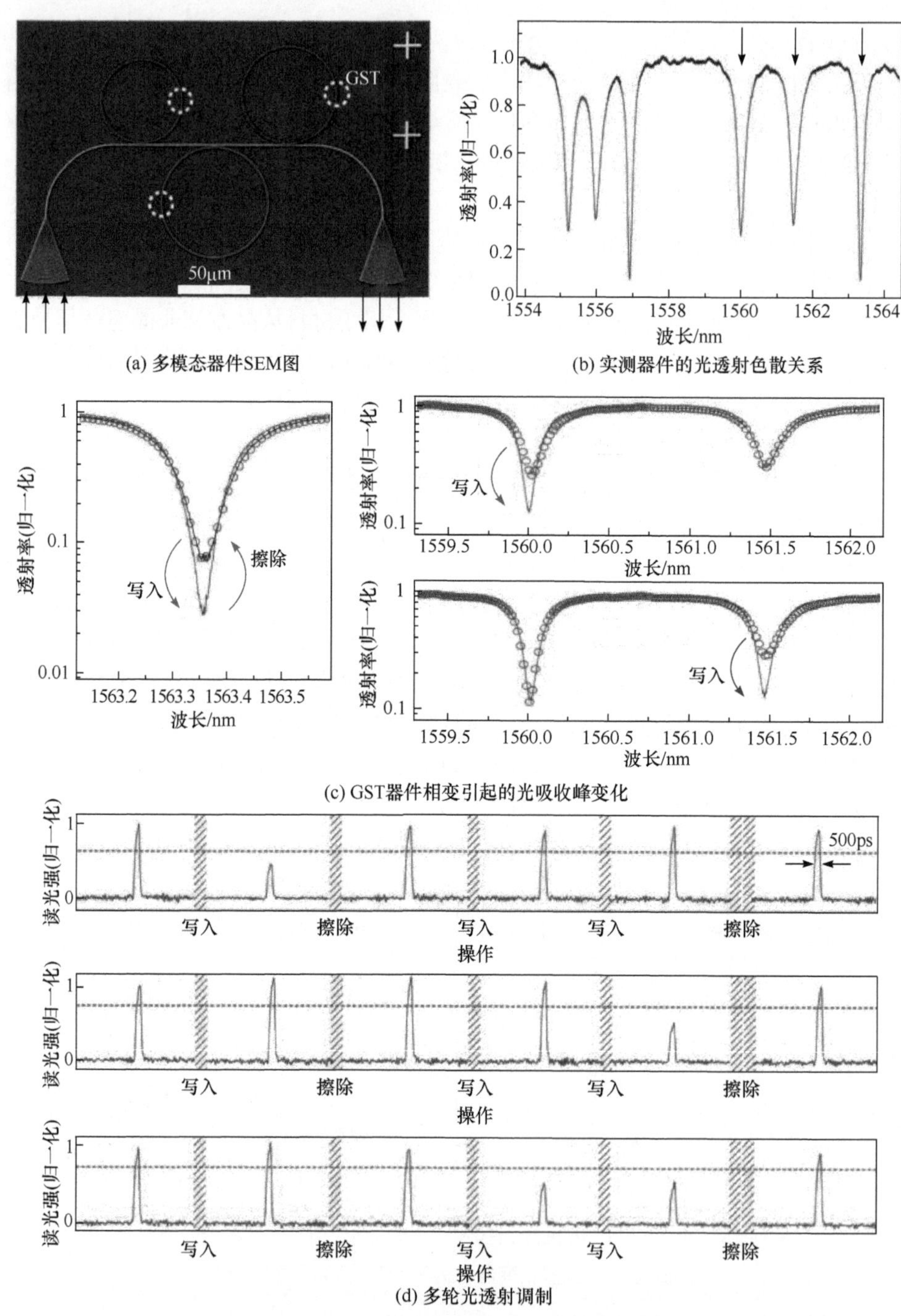

(a) 多模态器件SEM图　　(b) 实测器件的光透射色散关系

(c) GST器件相变引起的光吸收峰变化

(d) 多轮光透射调制

图 11.3　相变器件多波长的写入/擦除特性[1]

和右下方是聚焦光栅耦合器(focusing grating couplers)，负责光的输入和输出；实线圆代表的是三个环形谐振器(ring resonators)，距离中间的波导(灰线)约 300nm；三个虚线圈标注的是嵌在环形谐振器中的 GST 相变器件(约 1μm^2)。图中的三个环形谐振器有意设计为直径不同，这样它们引起的入射光共振吸收波长也不同，可以在频谱上区分。

图 11.3(b)是实验观测到的入射光透射率随光波长的变化，即光透射色散关系。其中，6 个谷代表入射光在对应的波长下被吸收得较厉害，实际上反映的是三个 GST 器件的吸收峰。环形谐振器直径依次增大，因此图 11.3(b)对应的谷依次由其引起。

图 11.3(c)展示的是分别对三个环形谐振器中的相变器件做写入/擦除操作后，观察到的入射光吸收谱变化情况。注意右图显示，每一个 GST 单元单独被写入/擦除后，会引起相应波长的光吸收变化，而没有被擦写的单元对应的波长则没有光吸收变化。换言之，多波长对应的处理是独立的。

图 11.3(d)是用 500ps、0.48pJ 光脉冲图读取的三个环形谐振器多轮光透射调制。它显示相变器件的光调制具有良好的耐受性和一致性。

3. 相变器件的多值光读写

从前述章节对电学仿生突触的讨论可以看到，仿生突触器件的模拟值特性对神经网络的成功训练至关重要。在实际使用中，我们定义了比特数等于$\log_2 N$，N是突触电导态的数目，定量评价突触器件的模拟值特性。

相应的，相变材料用作光学突触时的写入/擦除也需要有多个可调节的中间态。

相变器件光写入/擦除的多值特性如图 11.4 所示。它是相变突触器件权重长时程增强/减弱特性的光学版本。图 11.4(a)是对 GST 相变单元(5μm 特征尺寸)施加若干个 100ns 脉宽的光写入脉冲P_1、P_2、P_3，调制出来 4 个光吸收态。注意，P_1、P_2、P_3能量分别为$E_{P1}=465\pm13$、$E_{P2}=524\pm14$、$E_{P3}=585\pm14$。达到最高态 3 以后，用前述 6 个等宽但幅值递减脉冲构成的擦除操作将其重置到 0 态。图 11.4(b)和图 11.4(c)是从“0”态出发，随机选取P_1、P_2、P_3的置态效果，显示了写入脉冲可以将器件光学态精确地调制到期望值。图 11.4(d)进一步显示，如果减小 4 个态之间的间距，同时增大读脉冲的强度到 10 倍，可以在同一个器件中调制出 8 个态。尤其值得指出的是，对器件施加部分擦除光脉冲，可以将器件光学态从某个高值精确地降到另一个低值。例如，R_{7-3}就是该脉冲可以将相变器件的光学态从“7”直接重置到“3”。这与相变电学突触是很不一样的，后者由于原理限制，通常只能一步重置到最低电导态(非晶态)。这意味着，相变光学突触器件在写入和擦除时都能实现精确的中间态转移。这无疑给对应的神经网络训练提供了极大便利。图 11.4(e)是实测 8 态相变器件光透射率相对改变量对写入脉冲能量与态变化阶数的依赖关系，即图 11.4(d)中 $P_2 \sim P_7$ 的写入脉冲，所需能量从 350pJ 逐次升高到 600pJ，对应的光透射率相对改变量也从 3%增加到 20%左右。

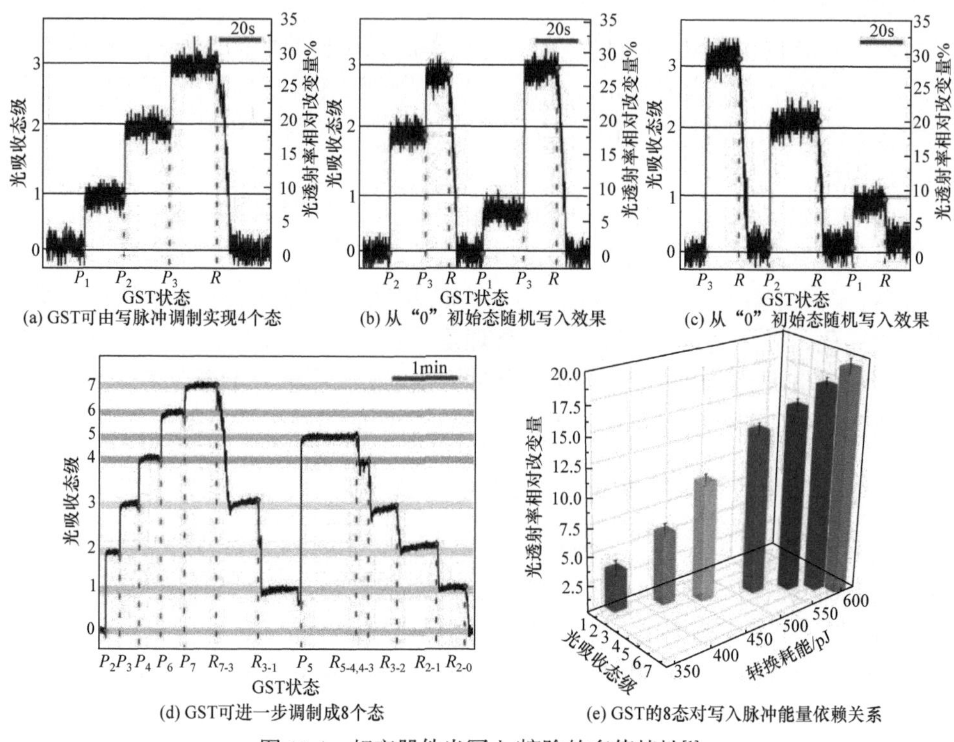

图 11.4　相变器件光写入/擦除的多值特性[1]

11.2　基于集成光感器件的卷积神经网络

11.2.1　波分复用与光频梳：高并行的光信息处理

波分复用的基本原理是，不同频率的电磁波混合在一起不会发生彼此干涉现象。这意味着，在同一条光纤中可以同时传输很多个不同频率的电磁波，而后者可以用来编码不同的信息。相比电学器件，这个办法可以极大地提高数据传输、处理的并行度。

完整的光并行传输与处理方案首先要求能够产生多个频率光信号的器件，即光频梳(optical frequency comb)，其次需要在输入/输出端实现不同频率电磁波的混合和分离，即复用器或数据选择器(multiplexer)和解复用器(demultiplexer)。

11.2.2 全光卷积神经网络设计

全光神经网络最大的优势是并行输入。在第 9 章，我们知道卷积运算可以通过并行输入和处理大大降低时间代价或硬件代价。

对于卷积操作的并行输入来说，首要问题是设计合适的光学编码方案，在代价和效率之间取得一个较好的平衡。若一个卷积核的尺寸是 $k \times k \times d_{in}$，对应的输入矢量包含原始图像的像素点数目就是 $k^2 \times d_{in}$。

因此，原则上光学编码有两种可能的方案。第一种方案是，每一个输入矢量分配一个光波长，即一个输入矢量对应的像素点用同一个波长的光信号编码，而不同像素点的各自灰度值则映射为不同的光强。至于不同的输入矢量显然应该采取不同的光波长来编码。这样在所有矢量并行输入经过突触阵列的乘加运算后，可以根据不同波长将不同输入矢量的运算结果解码出来。考虑输入是包含 d_{in} 个通道[①]的 $n \times n$ 像素图片，该方案需要 $(n-k+1)^2$ 个频率的单色光编码全部输入矢量。另一种方案是，为每一个输入矢量包含的每个像素点都分配一个波长的光信号，因此共需要 $n^2 \times d_{in}$ 个不同频率的光来编码。很明显，前一种编码方式可以大大节省所需要的光频率个数。

然而，在实际应用中采取的是后一种方案。这里的关键是避免光的相干叠加。注意到，光信息处理是采用光强编码像素点灰度值的，而充当突触功能的相变存储器调制的也是光强。因此，整体的光计算是基于光强的非相干处理。如果一个输入矢量采取同一个波长的激光来编码 $k^2 \times d_{in}$ 个像素点，经过突触阵列乘加运算的结果很可能包含相干叠加成分，而不是完全的光强叠加。

高并行的光学卷积运算设计原理如图 11.5 所示。如图 11.5(a)所示，光路结构由片上集成激光源(on-chip laser)发射激光，经过片上集成光频梳，变成并行传播的多个频率光信号，并且其信号幅值编码了输入图像信息。各频率的光经过波导管阵列的字线入射，在字线与位线交叠处的相变器件处受到部分吸收，再从位线波导管出射。如图 11.5(b)所示，输入图像包含 d_{in} 个通道(如红、绿、蓝)、分辨率为 $n \times n$，对应的第一层卷积核尺寸为 $k \times k \times d_{in}$；将原始图像的各像素点用千兆赫频段的光编码，其中单个卷积核需要 $k^2 \times d_{in}$ 个频率的光(横坐标)。对于该卷积核，共需要 $(n-k+1)^2$ 次卷积运算(纵坐标)。总体上，该层卷积共用到 d_{out} 个不同的卷积核，因此对应的相变突触阵列维度是 $d_{in}k^2 \times d_{out}$，其中 $d_{in}k^2$ 是输入拍平后的一维尺寸，d_{out} 是不同卷积核的数量。

① 该研究工作使用的是红、绿、蓝三原色，因此是 3 通道。

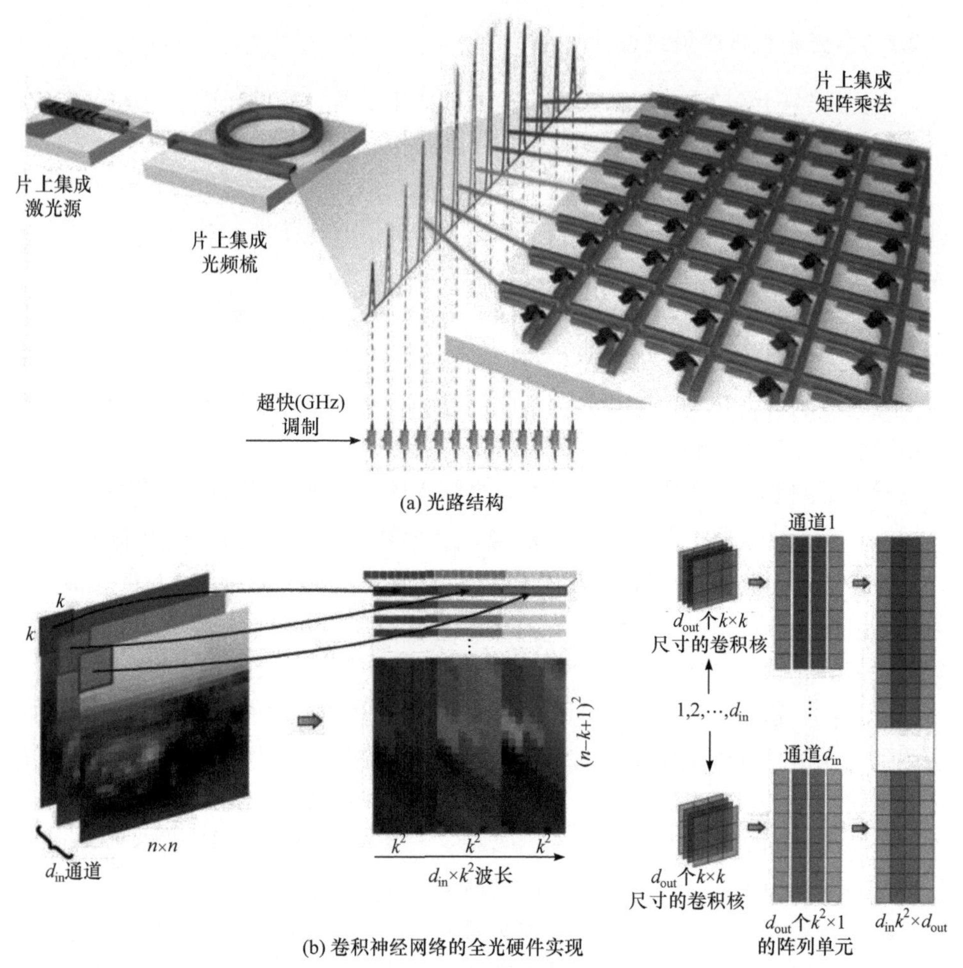

图 11.5　高并行的光学卷积运算设计原理[2]

11.3　本 章 小 结

全光神经网络是光计算结合近年来飞速发展的神经形态计算而提出来的一个新概念。在硬件层面，对于类脑计算最核心的突触可塑性，它主要依靠相变器件的光透射率可调制来实现。

从硬件角度，虽然单个光器件的尺寸通常远大于同类的微纳电子器件，但是波分复用应用于全光神经网络时，会展现出传统电学神经网络难以望其项背的巨大优势——并行度。

本章以卷积神经网络的全光实现讲解了一个案例。对比电学和光学方案，在电学方案中，需要将卷积核复制多份。每份对应输入图像不同的区域，以此实现并行的卷积运算。在光学方案中，输入图像的不同区域用不同频率的光编码。对同一个卷积核输入，充分利用不同频率的光不会发生相干叠加这一原理，就能从输出中将不同频率的光对应的卷积结果解码出来。

值得指出的是，Wang 等[3]提出一种利用不同频率交流电信号的输入编码方案，在电学神经网络中实现了频分复用，从而革命性提升了电学卷积神经网络的执行效率。

11.4 思 考 题

1. 现实中的集成电路比集成光路的应用范围要大若干数量级。一个重要原因是，微纳电子器件能够在很小的尺寸上做到很大规模的集成①，而光学器件受限于尺寸②通常集成度要低很多。那么，研制全光神经网络的比较优势，或者说应用场景在哪里？

2. 在电学方案中，忆阻突触阵列的各个器件性能离散性会给上层的神经网络训练带来一些问题。在光学方案中，相变器件阵列的器件方差体现在哪里？会对神经网络训练性能造成怎样的影响？该影响相对于电学方案的严重性如何？

3. 由图 11.5 所示的并行方案不难发现，由不同波长光信号编码的各个输入矢量经过相变突触阵列，能够得到完全一致的乘加处理。这是建立在一个物理前提下的，即对输入编码用到的所有波长入射光，相变器件的消光系数是不变的。试从光学角度调研并思考这个预设的适用范围。

参 考 文 献

[1] Ríos C, Stegmaier M, Hosseini P, et al. Integrated all-photonic non-volatile multi-level memory. Nature Photonics, 2015, 9(11): 725-732.

[2] Feldmann J, Youngblood N, Karpov M, et al. Parallel convolutional processing using an integrated photonic tensor core. Nature, 2021, 589(7840): 52-58.

[3] Wang C, Liang S J, Wang C Y, et al. Scalable massively parallel computing using continuous-time data representation in nanoscale crossbar array. Nature Nanotechnology, 2021, 16(10): 1079-1085.

① 以英特尔公司 2018 年发布的人工智能芯片 Loihi 为例，在 60nm^2 的面积上集成了约 20 亿个晶体管。

② 以光调制所需的干涉仪为例，目前采用先进工艺微型化后的尺寸仍在 $1.1\times10^4\mu\text{m}^2$ 左右。

第12章 其他应用

12.1 稀疏编码

12.1.1 原理

稀疏编码(sparse coding)是用来做什么的？这里举一个例子来说明①。

假设有一个家长想带着小学四五年级的孩子选择兴趣班，如航模班等。前者每天上班，压力很大，没太多的时间去带孩子；后者因为年纪已经不小，上初中之后可能要花更多的时间精力在课业学习上，想先培养一些兴趣爱好。两者的时间都相对宝贵，希望减少试错的机会，用最短的几节课程判断兴趣班是否合适。假设每一次课程能发现孩子的一个特征提升，那么选择合适的兴趣班，就是用尽可能少的课程数，在脑海里尽可能精准地构建出兴趣班带来的收益。用数学语言描述为

$$\min\left(\|x - Da\|_2 + \lambda\|a_0\|_0\right) \tag{12-1}$$

其中，x 为兴趣班的真实收益，也就是对家长脑神经网络的输入；D 为家长脑海中的一本词典，包含用来衡量课程收益的一系列标准，如专业能力、动手能力、吸收程度、成就感、自信心、创造力、是否能得奖等；a 为按照上述单词衡量，家长给课程的各项打分；下标“2”和“0”表示 2 范数和 0 范数②；λ 为权重因子。

结合生活经验，我们可以看到如下问题。

① 式(12-1)的第一项和第二项在执行层面是两个互相矛盾的要求。第一项是要求通过 $\min\left(\|x - Da\|_2\right)$ 判断，家长脑海中构建的课程形象 Da 应尽可能真实、完整地反映收益 x(误差最小)，那么就要求动用尽可能多的单词来全面地描述课程，也就是说，需要尽可能多的课程次数。第二项 $\min\|a_0\|_0$ 则是出于时间成本考虑，希望动用的单词量越少越好，那样就只需要很少的几次课程。

---

① 这里的例子是虚构的，仅为方便理解问题。

② 这里的 2 范数可以理解为欧几里得空间里向量的长度，即 $\|x_2\| = \sqrt{\sum_i x_i^2}$；0 范数可以理解为目标向量中非零元素的个数。

② 在课程收益词典中，有些单词描述的是关联度很高的事情。例如，通过某次课程，家长得知孩子完成了一个航模的拼接制作，并熟练地遥控操作，即课程在专业性培养上的得分较高。那么很大可能，孩子的航模能够较好飞行，说明他安装得非常仔细，航模结构良好，即动手能力得分也不错。同时，因为老师带的学生很多，孩子可能是接近独立地完成航模拼接，即吸收程度也得分不错。换句话说，家长的词典不是每一个词都需要通过一次专门的课程来查验的。

λ 因子的意义是，针对第一个问题，即准确度与代价的矛盾，人们在式(12-1)中引入 λ 因子。很显然，λ 越小，代表家长更看重在他脑海中重构出来的课程对象形象是否失真，为了尽可能精准地构建课程形象，家长不是很在乎行动代价即时间成本。相反，λ 越大，表示家长时间成本实在过于昂贵，于是对课程大致了解最重要的几点就可以了。换句话说，λ 是调和因子，代表家长在两个矛盾中更看重哪一个。

12.1.2　神经网络方案

那么，人们是如何想到用神经网络方案来解决上述稀疏编码问题呢？神经网络实现稀疏编码的原理(查相似度)如图 12.1 所示。

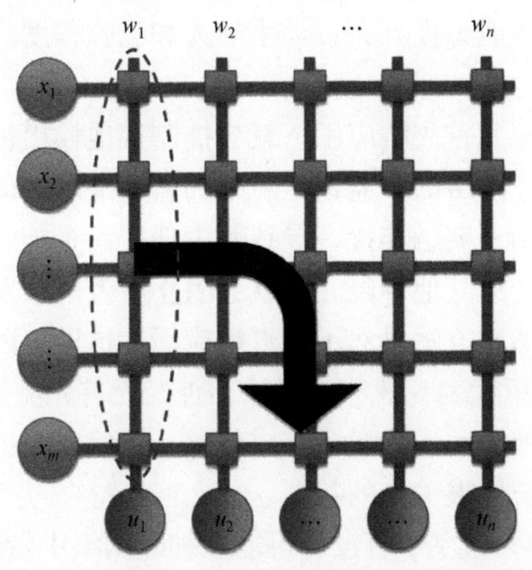

图 12.1　神经网络实现稀疏编码的原理(查相似度)[1]

一个 $m \times n$ 的二维突触阵列等价于家长脑海中一本包含 n 个单词的课程词典 $\{w_1, w_2, \cdots, w_n\}$，其中每个单词由一个 m 维矢量来表示。例如，专业能力、动手能力、吸收程度、成就感、自信心在一个简化的表象里可以描述为

$$
\begin{array}{c} \\ \\ \text{老师水平} \\ \text{学生兴趣} \\ \text{学生资质} \\ \text{学生努力} \\ \text{学生性格} \end{array}
\begin{array}{c}
\begin{array}{ccccc} \text{专业} & \text{动手} & \text{吸收} & \text{成就感} & \text{自信心} \\ \text{能力} & \text{能力} & \text{程度} & & \end{array} \\
\begin{bmatrix} 0.37 & 0 & 0.37 & 0 & 0 \\ 0.1 & 0.6 & 0.6 & 0 & 0.4 \\ 0.7 & 0.8 & 0 & 0 & 0 \\ 0.6 & 0 & 0.7 & 0.42 & 0.45 \\ 0 & 0 & 0.1 & 0.9 & 0.8 \end{bmatrix}
\end{array}
\tag{12-2}
$$

对每一次课程，可以看作课程对孩子的真实提升 x 输入到家长的脑海中，输入向量 $\{x_1, x_2, \cdots, x_m\}$ 与忆阻阵列编码的 n 个词 $\{w_1, w_2, \cdots, w_n\}$ 逐项点乘，得出输入向量与这 n 个词的相似度 $u_1, u_2, \cdots, u_n$。哪个神经元 u_i 率先响应了，就代表家长对课程的第一印象是哪个特征。例如，u_1 首先发放脉冲，代表家长一看到课程就认为其对航模专业能力的提升非常大。

聪明的读者马上就会想到，要在上述神经网络方案中实现稀疏编码，就不能让所有的输出神经元都响应。更具体地说，假如代表专业能力的输出神经元首先响应了，如何有效抑制代表动手能力和吸收程度的另两个神经元响应。毕竟根据前面的分析我们知道，航模方面专业能力与动手能力、课程吸收程度是高度相关的事情，只要知道专业能力提升大，动手能力和吸收程度的情况就可以大致推断出来。

如果一个输出神经元首先响应了，就会抑制其他输出神经元的激发，我们马上就会联想到脉冲神经网络的非监督学习中的侧向抑制(lateral inhibition)，即输出神经元互相之间是抑制型突触连接，导致其中任何一个神经元首先激发了，它的脉冲经由抑制型突触送给其他神经元，就会阻止后者的激发。

然而，上述侧向抑制方案显然不能直接应用在这里，因为它会造成“无差别屠杀”。假如家长脑海里代表专业能力的输出神经元首先激发，那么不仅是动手能力、吸收程度的输出神经元不能激活，成就感、自信心等也无法响应给出有效信息，而后者显然是家长也很关心的数据。

因此，问题进一步转化为，有没有可能在神经网络中发展一个新的处理办法，让输出神经元只能定向抑制那些跟它编码信息高度相似的神经元?

我们知道，从神经网络的角度，词 w_i 也叫做神经元 u_i 的观测野。那么，用更专业的方式描述问题就是：有没有可能引入某种方案，让输出神经元“精确打击”与它的观测野相似度比较高的其他神经元?

高等数学告诉我们，在矢量运算中，两个数据的相似度可以由它俩的点乘来定义(假设这两个矢量已经归一化)为

$$s_{ij} = w_i \cdot w_j \tag{12-3}$$

其中，s_{ij} 定量表征两个观测野 w_i 和 w_j 的相似度。

进一步，所有观测野的两两相似度构成一个相似度矩阵 S，它在数学上可以由词典 D 的协方差矩阵定义出来，即

$$D^{\mathrm{T}}D = \begin{bmatrix} w_1^{\mathrm{T}} \\ w_2^{\mathrm{T}} \\ \vdots \\ w_n^{\mathrm{T}} \end{bmatrix} \begin{bmatrix} w_1 & w_2 & \cdots & w_n \end{bmatrix} = w_i \cdot w_j \tag{12-4}$$

很显然，$S = D^{\mathrm{T}}D$。

有了衡量各个观测野两两相似度的量，我们就可以改写输出神经元的动力学方程了。假设编号为 1 的输出神经元 u_1 首先激发，那么其他输出神经元 $u_i(i \neq 1)$ 的动力学方程为

$$\frac{\mathrm{d}u_i}{\mathrm{d}t} = \frac{-u_i + x \cdot w_i - u_1 s_{1i}}{\tau} \tag{12-5}$$

式(12-5)有如下鲜明的特征。

① 它是在漏电积分点火型神经元的基础上，加入了侧向抑制项。对照图 12.1 可以看到，$-u_i$ 是电阻导致的漏电项，τ 是漏电积分时间常数，$x \cdot w_i$ 是输入电压矢量 x 经过该神经元的突触 w_i 产生的充电电流。

② 该神经元接收到的侧向抑制电流 $-u_1 s_{1i}$ 被设计成正比于 s_{1i}，即已激发神经元 u_1 和该神经元 u_i 的观测野相似度。

③ 侧向抑制电流 $-u_1 s_{1i}$ 同时被设计成正比于已激发神经元 u_1 的实时膜电位。这个设计的含义是很清楚的，假设已激发神经元是编码专业能力的，它的膜电位越高，意味着课程对学生的专业能力提升越让家长满意，因此越不需要更多的课程来进一步了解兴趣班对动手能力、吸收程度的提升情况如何。那么，如何体现这一点呢？让对其他神经元的抑制项正比于已激发神经元的膜电位就好了。

需要注意，已激发神经元 u_1 不应该通过相似度 s_{1i} 来抑制自身，即

$$\frac{\mathrm{d}u_1}{\mathrm{d}t} = \frac{-u_1 + x \cdot w_i - u_1 \cdot 0}{\tau} \tag{12-6}$$

可以看到，数学上是将抑制项中为 1 的地方强行清零。这一点可以通过对相似度矩阵 S 稍加处理来做到，即 $D^{\mathrm{T}}D - I$，其中 I 为单位矩阵。

综合式(12-5)和式(12-6)，进一步推广可以得到如下矢量表达式，即

$$\frac{\mathrm{d}u}{\mathrm{d}t}=\frac{-u+x^{\mathrm{T}}D-a(D^{\mathrm{T}}D-I)}{\tau} \tag{12-7}$$

其中，a 为一个维度等于输出神经元个数的矢量，它的每一个分量 a_i 表征的是第 i 个输出神经元因自身激发水平对其他神经元的抑制强度，即

$$a_i=\begin{cases}u_i, & u_i \geqslant \lambda \\ 0, & u_i<\lambda\end{cases} \tag{12-8}$$

式(12-7)与式(12-8)就是局域竞争算法(local competitive algorithm，LCA)的神经网络实现。侧向抑制项 $a(D^{\mathrm{T}}D-I)$ 的物理含义是非常清晰的。

① a 描述的是，只有当某个神经元的膜电位 u_i 超过阈值 λ，才开始抑制其他神经元的激发。在这种情况下，膜电位越高，对其他神经元的抑制力度就越大。这样设计的道理不再赘述。

② $(D^{\mathrm{T}}D-I)$ 描述的是，已激发的输出神经元抑制其他神经元的力度取决于它与对应神经元的观测野相似度，同时它要避免抑制其自身。

12.1.3 忆阻交叉阵列实现

对于实际的忆阻阵列操作来说，式(12-7)并不方便。原因很简单，忆阻阵列用来做矢量-矩阵相乘是非常方便的。遗憾的是，式(12-7)看上去还需要矩阵-矩阵相乘操作($D^{\mathrm{T}}D$)。在不引入特殊处理的情况下，矩阵-矩阵相乘在忆阻阵列中做不到一步实现(提示：前述章节全光神经网络提供了一种基于波分复用的解决方案)。

鉴于此，美国密歇根大学 Sheridan 等[1]提出一种巧妙的处理方案，即

$$\frac{\mathrm{d}u}{\mathrm{d}t}=\frac{-u+(x^{\mathrm{T}}-aD^{\mathrm{T}})D+a}{\tau} \tag{12-9}$$

从式(12-7)～式(12-9)的数学形式变换看似简单，但实际上是“神来之笔”。它不仅物理含义是非常清晰的，对应的忆阻神经网络操作也十分简洁、明了。下面仍以前述例子阐释式(12-9)。

① aD^{T} 是什么：假设第一次交流，家长就对课程的专业能力提升印象深刻，那么根据式(12-2)，此刻家长脑海中的神经元响应情况是 $a=[u_1\ 0\ 0\ 0\ 0]$。因此，家长构建出来的课程形象是 $aD^{\mathrm{T}}=u_1[1\ 0.62\ 0.62\ 0.25\ 0.31]$，它的含义是家长认为航模课专业能力提升尚可、很可能锻炼动手能力、可能吸收程度高。因此，家长以专业能力为核心，在脑海中初步构建了课程的形象 $\hat{x}^{\mathrm{T}}=aD^{\mathrm{T}}$。

② $(x^{\mathrm{T}}-aD^{\mathrm{T}})$ 是什么：家长要把关注点放到课程的其他特征上了。换句话说，

在时间成本昂贵的情况下，家长希望在接下来的课程中按捺住对航模课专业能力状况其他细节的关心，如动手能力、吸收程度的具体情况，转而重点考察成就感、自信心等指标。

③ 如何做到这一点呢：聪明的家长采取屏蔽上一轮考察成果的做法 $(x^{\mathrm{T}}-aD^{\mathrm{T}})$，即从课程给自己的输入中减去已经构建的形象，得到残差输入 $\hat{x}$，再按词典打分。

④ $+a$ 是什么：进入下一轮课程，家长一方面要考察课程的其他特征，另一方面不能忘了上一轮考察的核心结论，即专业能力提升尚可。否则，这一轮一轮的课程岂不跟猴子掰玉米一样？ $+a$ 就是为了达到这个目的。

1. 忆阻交叉阵列操作

式(12-9)同时也指出忆阻阵列具体如何操作。神经网络实现稀疏编码的前向-反向操作示意图如图 12.2 所示。

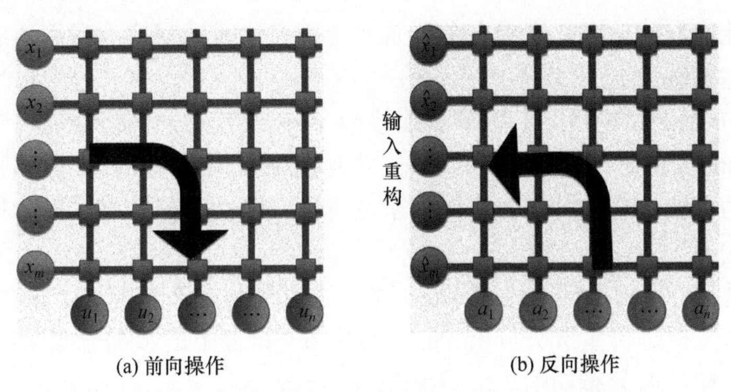

(a) 前向操作 (b) 反向操作

图 12.2 神经网络实现稀疏编码的前向-反向操作[1]

(1) 前向操作

将矢量 x 输入忆阻阵列 $D=\left[w_1\ w_2\ \cdots\ w_n\right]$，此时神经网络执行前向(forward)操作，然后记录输出神经元的响应 u。该步骤获得输入矢量与(由忆阻阵列编码的)词典中每个词的相似度，其中相似度达到阈值，对应输出神经元激发。

(2) 反向操作

根据式(12-8)，从 u 计算出 a，然后构建 $\hat{x}^{\mathrm{T}}=aD^{\mathrm{T}}$。从图 12.2 可以看到，这一步是对忆阻阵列的反向(backward)操作。该步骤是由激发的输出神经元，反向经过词典，重构输入。

(3) 构建残差

输入 $(x-\hat{x})$，然后循环执行“前向”-“反向”操作，直至结果收敛。

2. 词典的优化

回顾式(12-1)不难发现，本章主要讨论如何通过优化 a 来实现稀疏编码。对应到忆阻阵列操作中，就是忆阻突触阵列的权重不变，通过反复地“前向”-“反向”操作更新输出神经元的响应。

换句话说，神经网络本身没有被训练。我们知道，神经网络用于解决问题时最大的优势恰恰是它可以被训练。这提醒我们，忆阻阵列用来实现稀疏编码还有很大的改进空间。

也就是说，原则上我们还可以通过更新词典来优化稀疏编码。在家长选兴趣课实例中，就是通过优化家长脑海里的词典，获取更好的选课效果。对应到忆阻阵列操作中，就是更新忆阻突触阵列的权重。感兴趣的读者可参考文献[1]和[2]。

12.2 主成分分析

从线性代数的角度，主成分分析是一个正交化线性变换。我们通过一个实际应用来看它想做什么。

由第 10 章的讨论可知，乳腺肿瘤诊断 WBCD 是神经网络性能测试的一个标准集(benchmark)[3, 4]。实验采集的每一个肿瘤数据都是 9 维的①。假如我们把每一个维度下的良性、恶性肿瘤分布画出来，良性、恶性乳腺肿瘤数据的特征空间分布如图 12.9 所示。

可以看到，单独看任意维度下的良性、恶性肿瘤分布情况，区分度都比较差。如果我们对数据进行主成分分析，把得到的第一维度下的数据分布画出来，良性、恶性乳腺肿瘤数据分布如图 12.3 所示。

从这个例子可以看到，主成分分析作为一种特征提取手段，具有如下优点。

① 降低维度，或者说只保留正交化后的前若干个维度数据，即主成分、次主成分等。因此，后续数据处理的复杂度就大大下降了。舍弃其他维度数据的代价显然是带来信息丢失。因此，在降低维度的同时，要尽可能多地保留有效信息。

② 对于不同的应用场景，这个需要尽量保留的有效信息定义是不同的。以神经网络经常处理的聚类分析为例，图 12.4 显示了保留数据方差最大的维度，通常有利于后续处理。这正是主成分分析追求的效果。

---

① 包括肿瘤半径、纹理、周长、面积、平整度、紧凑度、凸点数、对称性等信息，并且取值无量纲化为 0～10 的整数值，详见 https://archive.ics.uci.edu/ml/datasets/breast+cancer+wisconsin+(diagnostic)。

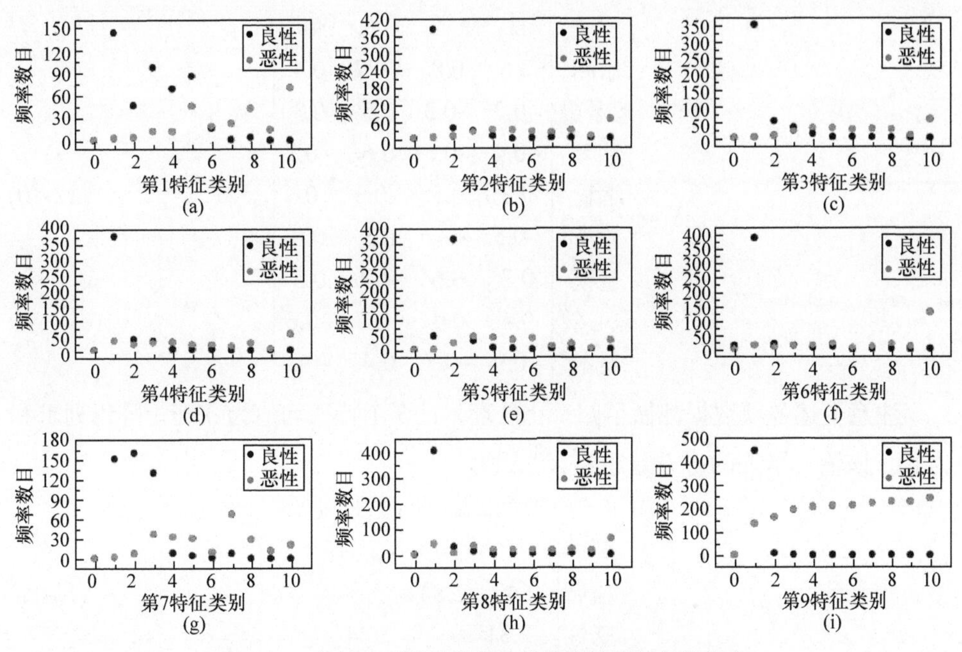

图 12.3 良性、恶性乳腺肿瘤数据[3]的特征空间分布

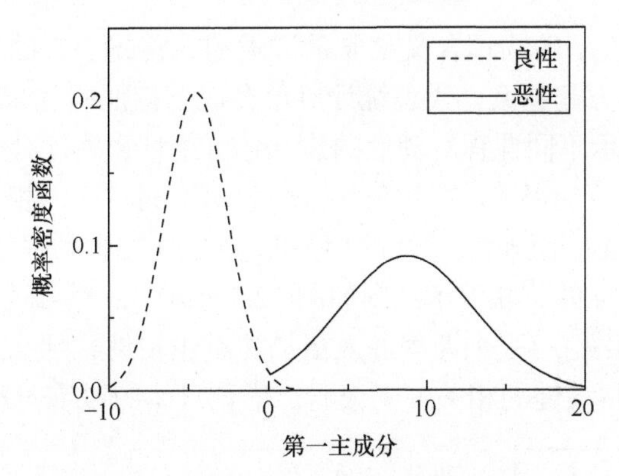

图 12.4 良性、恶性乳腺肿瘤数据分布

12.2.1 原理

主成分分析的经典方法是将输入数据的协方差矩阵对角化，由此获得输入数据在新维度下的本征方差，并且方差从大到小排序。

1. 协方差矩阵对角化

假设前述章节家长通过某兴趣班机构拿到 8 种兴趣班的 4 项数据统计，它们构成如下矩阵，即

$$X=\begin{array}{r}\\ \text{乐高}\\ \text{架子鼓}\\ \text{钢琴}\\ \text{编程}\\ \text{轮滑}\\ \text{航模}\\ \text{珠心算}\\ \text{美术}\end{array}\begin{array}{c}\begin{array}{cccc}\text{理性}&\text{益智}&\text{感性}&\text{强健}\end{array}\\ \begin{bmatrix}0.6&0.8&-0.7&0.4\\ -0.2&-0.3&0.5&0.3\\ -0.4&-0.6&0.6&-0.7\\ 0.3&0.5&-0.3&-0.5\\ -0.5&-0.7&0.8&0.8\\ 0.7&0.6&-0.6&0.5\\ 0.4&0.4&-0.7&-0.6\\ -0.9&-0.7&0.4&-0.2\end{bmatrix}\end{array}\tag{12-10}$$

注意上述各项数据都做了归一化处理，且 8 个特征均值为 0(即矩阵每列求和为 0)。该输入矩阵的协方差矩阵 $X^{\mathrm{T}}X$ 为

$$X^{\mathrm{T}}X=\begin{array}{r}\\ \text{理性}\\ \text{益智}\\ \text{感性}\\ \text{强健}\end{array}\begin{array}{c}\begin{array}{cccc}\text{理性}&\text{益智}&\text{感性}&\text{强健}\end{array}\\ \begin{bmatrix}2.36&2.49&-2.31&0.20\\ 2.49&2.84&&\\ -2.31&&2.84&\\ 0.20&&&2.28\end{bmatrix}\end{array}\tag{12-11}$$

协方差矩阵 $X^{\mathrm{T}}X$ 的物理含义是非常清晰的。首先，它的对角元素表示各个特征自身的方差，方差越大，代表统计对象在这个特征的分布越散。例如，理性对角项是 2.36，表示不同课程对理性的建立各有千秋；益智对角项 2.84 则代表统计课程对智力提升波动很大。非对角元素则表示不同特征的相关度。例如，理性-益智的相关度是 2.49，而理性-感性的相关度是–2.31，理性-强健的相关度是 0.20。协方差矩阵各个特征的关联度示意图如图 12.5 所示。理性-益智是统计正相关的，而理性-感性是负相关的(一个课程使人更加注重逻辑性，那么想象艺术性就会相对减小)，至于理性-强健的相关度则很弱，毕竟身体的锻炼与理性增强无关。

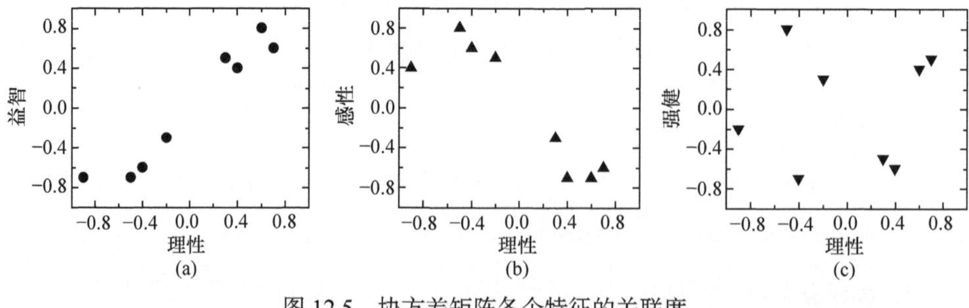

图 12.5　协方差矩阵各个特征的关联度

现在家长需要对这 8 个课程做出优先度排名。身为“望子成龙”的现代家长，

他不希望仅根据理性或者强健等某个单项提升指标排名，更希望综合考虑各项数据，尽可能提高排名的区分度。因此，他运用线性代数知识，对协方差矩阵做对角化 $G^{\mathrm{T}}(X^{\mathrm{T}}X)G$，其中 G 是转换矩阵，即

$$G^{\mathrm{T}}(X^{\mathrm{T}}X)G=\begin{bmatrix}0.058 & 0 & 0 & 0\\ 0 & 0.26 & 0 & 0\\ 0 & 0 & 2.3 & 0\\ 0 & 0 & 0 & 7.7\end{bmatrix} \tag{12-12}$$

$$G=\begin{bmatrix}0.49 & 0.68 & 0.11 & -0.54\\ -0.79 & 0.10 & 0.03 & -0.60\\ -0.36 & 0.71 & 0.12 & 0.59\\ 0.01 & -0.16 & 0.98 & 0.01\end{bmatrix} \tag{12-13}$$

经过转换后，8 个课程数据如下，即

$$Y=XG=\begin{array}{r}\\ 乐高\\ 架子鼓\\ 钢琴\\ 编程\\ 轮滑\\ 航模\\ 珠心算\\ 美术\end{array}\begin{array}{c}\begin{matrix}特征1 & 特征2 & 特征3 & 特征4\end{matrix}\\ \begin{bmatrix}-0.08 & -0.08 & 0.40 & -1.2\\ -0.03 & 0.14 & 0.33 & 0.59\\ 0.05 & 0.22 & -0.68 & 0.92\\ -0.15 & 0.12 & -0.48 & -0.64\\ 0.03 & 0.03 & 0.81 & 1.2\\ 0.09 & 0.02 & 0.52 & -1.1\\ 0.12 & -0.09 & -0.62 & -0.87\\ -0.04 & -0.36 & -0.27 & 1.1\end{bmatrix}\end{array} \tag{12-14}$$

上述处理的物理含义很清楚，代表课程的 8 个数据点(对应 X 矩阵的 8 行)，从前是在由理性-益智-感性-强健构成的四维空间里分布，现在做了一下坐标平移、伸缩、旋转得到一个新的 4 维空间。在这个新的表象空间里，8 个数据(对应矩阵的 8 行)投影到第 4 维的方向上，得到散得最开即方差最大的分布。换句话说，家长根据矩阵第 4 列的 8 个数值，就可以得到这些课程的最大区分度排名。

可以看到，方差最大的这个新特征是原特征的一个加权组合，即−0.54 理性 −0.60 益智 +0.59 感性 +0.01 强健(转换矩阵 G 的第 4 列)。由图 12.5 可以看到，家长将高度相关的理性、益智、感性按相关度的大小和正负性打包在一起，作为一个独立指标。而与前三个特征相关度相对很低的强健，在这个新指标里基本被忽略了。要注意，在这个指标下，课程优先度排名第一、第二的分别是乐高、航模，而不是航模和美术。

另外，要注意到在由四个新特征展开的空间里，输入数据各个特征之间是正

交化，即互相独立的，即 $Y^{\mathrm{T}}Y = G^{\mathrm{T}}(X^{\mathrm{T}}X)G$ 。

通过上述例子，我们可以总结出基于协方差矩阵对角化的主成分分析的若干特征。

① 在一个 m 维空间里，有 N 个初始数据点，数学上用一个 $N \times m$ 的输入矩阵 X 描述。这 N 个数据点在空间中构成一个“数据云”，我们希望分析的是这个“数据云”的若干统计特性。

② X 对应的协方差矩阵为 $X^{\mathrm{T}}X$ ，其每一个对角项表示这个“数据云”投影到每一个维度下的方差，而非对角项则表征这个“数据云”在对应的两个维度下关联度大小、正负。

③ 将该协方差矩阵 $X^{\mathrm{T}}X$ 对角化，结果是对原空间维度做正交化的线性变换(变换矩阵为 G)。在这个新的空间表象下，“数据云”在各个维度的方差是互相独立的，可以消除非对角项。

④ 根据线性代数的知识，将一个方阵对角化，就可以获得它的本征值，包括最大、最小值。这意味着，将协方差矩阵对角化，就找到了最大、次最大……的方差。也就是说，正交化就是在找方差最大、次最大……的新维度。

⑤ 将这个新的方差从大到小排列，方差最大的那个维度就是“数据云”的主成分维度等。

⑥ “数据云”在新的空间表象里用矩阵 Y 表示($Y = XG$)。它在方差最大的那个维度投影，得到的就是 N 个输入数据的主成分。

上述论证的核心结论是，协方差矩阵的对角化就是找方差的本征值，因此对应的正交化就是主成分分析。

2. 广义赫布算法

协方差矩阵对角化方法做主成分分析时，在实际应用中有一个较大的问题，即假如输入数据的维度很高，即使一张普通分辨率图片包含的像素点也是 $1024 \times 768 \approx 10^6$ 量级，那么对应的协方差矩阵对角化计算代价将是维度的平方。

主成分分析的主要目的就是降维，它既包括结果的降维，也包括求解过程的降维。换句话说，式(12-14)只需要很少的几列数据，剩余列的数据我们既不关心，也没必要计算。

另外，生物神经网络学习规律的科研人员相继提出突触更新的 Oja 法则和广义赫布算法[5, 6]。研究人员发现它们与主成分分析的数学相似性，因此提出基于神经网络的主成分分析。

Oja 法则为

$$y(x) = x \cdot w \tag{12-15}$$

$$\frac{\mathrm{d}w}{\mathrm{d}t}=\eta y(x-yw) \tag{12-16}$$

Oja 法则的具体推导参见文献[5]，这里做一个直观的分析。我们知道，赫布法则式(7-1)描述了非监督学习的基本原理。它指出连接前后神经元 x_i 和 y_j 的突触强度 w_{ij} 的变化正比于这两个神经元的活跃度。在实际应用中，Hebb 法则明显无法收敛。因此，通过引入饱和衰减项($x-yw$)，Oja 法则可以巧妙且合理地解决突触更新的收敛问题。它指出，在学习的初始阶段，由输出 y 重构的输入 $\hat{x}=yw$ 与原始输入 x 的差距较大。这个时候突触强度应该变化比较大，以便快速收敛；通过若干轮学习，当重构输入 $\hat{x}$ 越接近原始输入 x 时，连接的权重变化就越小，直到稳定不变。

那么，式(12-16)是怎么跟主成分分析关联的呢？不难发现，Oja 法则跟矩阵的施密特正交化操作在数学形式上是一致的。因此，式(12-16)就是对输入数据做主成分分析。

注意，式(12-16)只有一个输出神经元，这意味着它仅能求解第一主成分。因此，Sanger[6]进一步把 Oja 法则推广到多个输出神经元的情况，也就是广义赫布算法，即

$$\Delta w_{ij}=\eta y_i\left(x_j-\sum_k w_{kj}y_k\right) \tag{12-17}$$

显然，广义赫布算法表达式(12-17)中有多少个输出神经元。该算法就能够对输入数据分析到第 n 主成分。反过来说，假如我们在实际应用中需要第 1 到 k 个主成分，那么硬件上只需要一个 $m\times k$ 的突触矩阵，而不是先建立一个 $m\times m$ 矩阵、然后对角化，再保留 1～k 列。对于实际应用，通常 $m\gg k$，因此广义赫布算法的先进性是显而易见的。

12.2.2　忆阻交叉阵列实现

用于主成分分析的忆阻交叉阵列及外围电路如图 12.6 所示。Choi 等[7]展示了一种基于忆阻突触阵列的主成分分析，并制备了 9×2 的氧化钽(Ta_2O_5)忆阻交叉阵列。如图 12.6(a)所示，上、下电极分别是金属钽(Ta)和钯(Pd)。然后，他们选择对

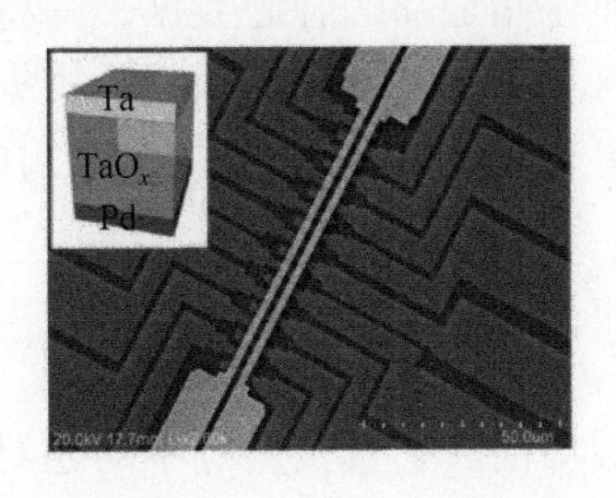

(a) 光学显微镜下9×2规模$Ta_{22}O_5$忆阻交叉阵列

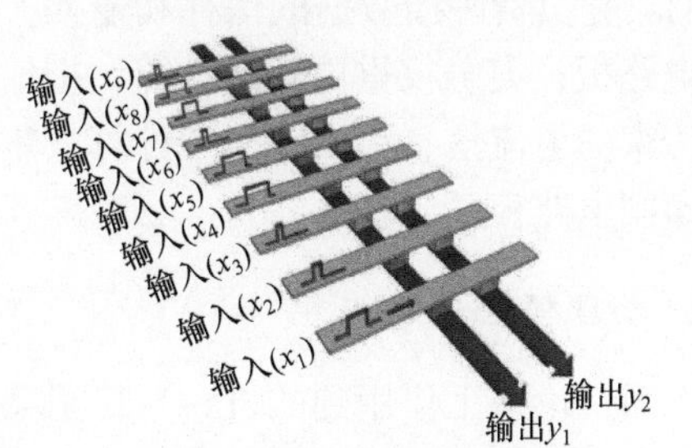

(b) 主成分分析的操作示意图

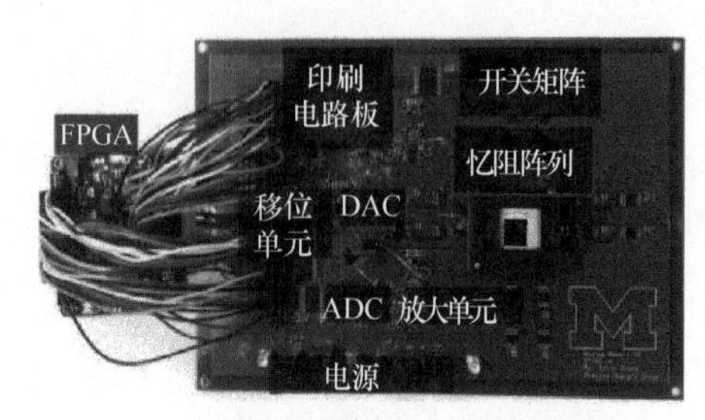

(c) 以忆阻阵列为核心构建的测试版

图 12.6　用于主成分分析的忆阻交叉阵列及外围电路[7]

乳腺肿瘤数据集做主成分分析，即输入是 9 维的肿瘤数据，输出是二维，也就是只计算主成分和次主成分。图 12.6(b)的输入采用电压脉冲宽度编码。

图 12.6(c)是包含忆阻阵列的印刷电路板(printed circuit board，PCB)和单片机微控制单元(microcontroller unit，MCU)实物图。可以看到，实验制备的忆阻阵列裸芯片被引线键合到印刷电路板上。印刷电路板上的各个单元主要负责以下功能实现。

(1) 产生对忆阻阵列的电压读写信号

对于来自单片机的肿瘤数据(取值在[1,10])，首先通过数模转换电路，将其编码成读电压的脉冲宽度(读电压脉冲幅度固定为 0.3V)，然后送给忆阻阵列相关的顶电极和底电极作为输入。

来自单片机的写电压信息仍然通过数模转换电路转换成写电压的脉冲宽度(置态电压幅度固定在+1.1V，重置电压幅度固定在−1.4V)，送给忆阻阵列。

(2) 将信号传送给忆阻阵列的目标单元

电压脉冲信号具体送给忆阻器哪一行哪一列，由图 12.6(c)的交换矩阵负责。

(3) 输出电流的解码

经过忆阻突触阵列的前向运算，输出电流通过印刷电路板上的运算放大器和模数转换电路，变成数字信号。

图 12.6(c)的单片机部分包含现场可编程门阵列(field programmable gate array，FPGA)。它负责肿瘤数据的保存和输入，即存储全部的肿瘤数据，并将输入送给印刷电路板；突触权重更新的计算，把输入送给印刷电路板以后，根据模数转换模块传来的电流信息由式(12-17)计算权重更新，再将其换算成相应的写电压信息，传给印刷电路板。

1. 物理模型与拟合

下面讨论该工作用到的 Ta_2O_5 忆阻突触特性。它直接影响本问题对应的突触更新方案设计。

Ta_2O_5忆阻突触的脉冲更新特性及理论拟合如图12.7所示[7]。如图12.7(a)所示，器件在1V左右出现高阻态向低阻态的转变，在−0.6V左右出现低阻态向高阻态的转变。图12.7(b)是置态/重置脉冲序列作用下的忆阻突触器件长时程增强/减弱特性。首先施加(1.1V, 3μs)的置态电压脉冲50个，流经Ta_2O_5的电流从250μA逐步提升到430μA；然后施加(−1.4V, 30μs)的重置脉冲50个，电流逐步从原最高值降低到最低值。可以看到，器件长时程增强/减弱的非线性度较大，并且误差棒显示，这18个Ta_2O_5忆阻突触器件特性的方差较大。

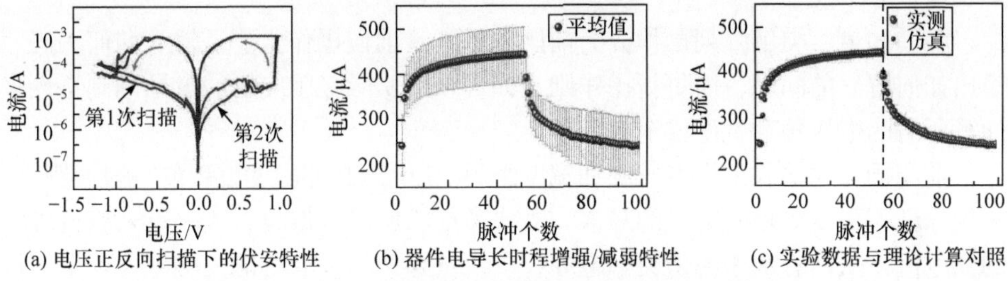

图12.7 Ta_2O_5忆阻突触的脉冲更新特性及理论拟合[7]

如果忆阻突触器件的长时程增强/减弱特性很理想，那么可以将权重更新式(12-17)算出来的Δw_0直接除以每一个置态/重置电压脉冲引起的权重变化Δw_0，得到所需的置态/重置电压脉冲个数$N = \Delta w / \Delta w_0$。然而，$Ta_2O_5$器件的非理想特性意味着，必须采取更复杂的设计方案将非线性等因素考虑进去。换句话说，所需的写电压脉冲个数N或者脉冲宽度Δt不仅是权重变化量Δw的函数，也是权重初始值w_0的函数。

为了得到$N(\Delta w, w_0)$或$\Delta t(\Delta w, w_0)$的表达式，首先需要对忆阻突触器件进行物理建模。对于Ta_2O_5导电通道型忆阻器，可以粗略地将其划分为低阻区和高阻区的并联，其中存在导电通道的低阻区伏安特性遵循隧穿电流规律，而不存在导电通道的高阻区，则按照肖特基势垒的热载流子电导行为处理。假设导电通道区的宽度占比为w，那么忆阻器的总电流可以写为[8]

$$I = w\gamma \sinh(\delta V) + (1-w)\alpha(1-\exp(-\beta V)) \tag{12-18}$$

其中，γ为有效隧穿距离；δ为隧穿势垒；α为肖特基势垒耗尽区宽度；β为肖特基势垒高度。

导电通道宽度占比w随写电压脉冲幅值的变化为[8]

$$\frac{\mathrm{d}w}{\mathrm{d}t} = \theta(-V)(1-w)^2 k(\mathrm{e}^{-\mu_1 V} - \mathrm{e}^{\mu_2 V}) + \theta(V) w^2 (\mathrm{e}^{-\mu_1 V} - \mathrm{e}^{\mu_2 V}) \tag{12-19}$$

式(12-19)的物理含义是比较清晰的。阶跃函数$\theta(-V)$和$\theta(V)$分别指出置态电压脉冲下的导电通道展宽和重置脉冲下的收窄行为。$\mathrm{e}^{-\mu_1 V} - \mathrm{e}^{\mu_2 V}$描述的是导电离子在电压作用下的迁移和弛豫，负电压$-V$的幅度越大，导电离子跳迁引起的通道展宽越剧烈；相反，正电压$+V$幅度越大，导电离子弛豫引起的通道收窄越剧烈。μ_1和μ_2为相应的势垒系数。$(1-w)^2$和w^2为展宽(置态)和收窄(重置)过程的饱和因子。k是一个系数，表征由材料特性决定的跳迁距离。

如图 12.7(c)所示，物理模型结合适当的参数拟合，得到的理论计算值与实验结果吻合较好。

2. 忆阻突触阵列操作

我们知道，突触阵列操作分为前向和更新。前向操作主要是输入如何编码、输出如何解码的问题，而更新操作则是如何根据实际忆阻突触的电导调制特性来计算所需的电压脉冲宽度或个数。

前向操作的输入采用电压脉冲宽度编码。读电压脉冲幅度设置的一般原则是，首先保证不引发对忆阻突触的写入。既要考虑将脉冲幅度设置大一点来获得可观的读电流，从而有利于测量突触电导，以及抗噪声，又要考虑突触单元读电流过大会引发散热问题，后者在忆阻器高密度集成下会成为一个不可忽视的问题。观察图 12.7(a)，该器件的读电压幅度取为$V_0=0.3\,\text{V}$，同时采用 0～1000μs 每隔 100μs 的不同宽度脉冲编码的乳腺肿瘤数据。

考虑 9 个输入端的电压脉冲宽度不一，单凭输出电流幅度无法解码全部信息，因此改为统计流经输出端的总电荷Q，即

$$\begin{aligned}Q_j &= \sum_i I_{ij}t_i \\ &= \sum_i I_{ij}t_0x_i \\ &= \sum_i [w_{ij}\gamma\sinh(\delta V_0)+(1-w_{ij})\alpha(1-\exp(-\beta V_0))]t_0x_i \\ &= \sum_i [w_{ij}A+(1-w_{ij})B]x_i \end{aligned} \tag{12-20}$$

其中，x_i为第i个输入端电压脉冲宽度除以 100μs 后的取整；$A=\gamma\sinh(\delta V_0)t_0$；$B=\alpha(1-\exp(-\beta V_0))t_0$。

将式(12-20)无量纲化，可以得到形如$Y=XG$的表达式，即

$$\begin{aligned}y_j &= \frac{2Q_j}{A-B}-\frac{A+B}{A-B}\sum_i x_i \\ &= \sum_i g_{ij}x_i \end{aligned} \tag{12-21}$$

其中

$$g_{ij}=2w_{ij}-1 \tag{12-22}$$

其中，w_{ij} 不是权重，是式(12-18)定义的导电通道宽度占比，也是一个无量纲数。

更新操作的核心问题是，理论上需要的突触权重变化由广义赫布算法，即式(12-17)描述，而实际上忆阻器的电导调制遵循式(12-19)描述的物理规律，应该如何将两者打通呢？

这里以长时程增强($\Delta g_{ij} > 0$)为例，假设初始权重无量纲化为 $g_{ij,0}$，由式(12-17)定义的权重变化为 Δg_{ij}，那么根据 Ta_2O_5 忆阻突触电导随写电压的调制式(12-19)，可以得出所需的置态电压脉冲宽度 Δt，即

$$\int_{w_{ij,0}}^{w_{ij,0}+\Delta w_{ij,0}} \frac{1}{(1-w_{ij})^2}\mathrm{d}w_{ij} = k(\mathrm{e}^{-\mu_1 V_P} - \mathrm{e}^{\mu_2 V_P})\Delta t \tag{12-23}$$

其中，$w_{ij,0}$ 和 $\Delta w_{ij,0}$ 根据无量纲化的突触电导 $g_{ij,0}$ 和 $\Delta g_{ij,0}$ 由式(12-22)计算；V_P 为置态电压幅度，这里取 1.1V。

通过类似方法处理长时程减弱以后，可以得到写脉冲宽度表达式，即

$$\begin{aligned}\Delta t = &\theta\left(\Delta g_{ij}\right)\frac{2}{k\left(\mathrm{e}^{-\mu_1 V_P} - \mathrm{e}^{\mu_2 V_P}\right)}\left(\frac{-1}{g_{ij}+\Delta g_{ij}-1}+\frac{1}{g_{ij}-1}\right)\\ &\times\theta\left(-\Delta g_{ij}\right)\frac{2}{k\left(\mathrm{e}^{-\mu_1 V_D} - \mathrm{e}^{\mu_2 V_D}\right)}\left(\frac{-1}{g_{ij}+\Delta g_{ij}+1}+\frac{1}{g_{ij}+1}\right)\end{aligned} \tag{12-24}$$

3. 结果讨论

主成分矢量的训练演化示意图如图 12.8 所示，是算法层面采用 Oja 法则，硬件层面基于上述方法更新忆阻突触权重阵列的运算结果。图 12.8(a)和图 12.8(b)是主成分、次主成分各自 9 个分量在训练前后的情况。它们发生了较大的变化，

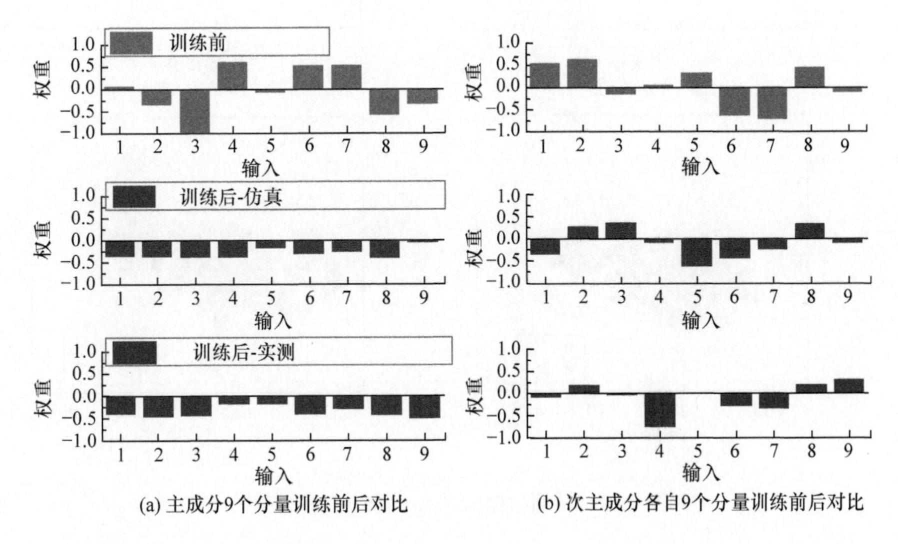

(a) 主成分9个分量训练前后对比　(b) 次主成分各自9个分量训练前后对比

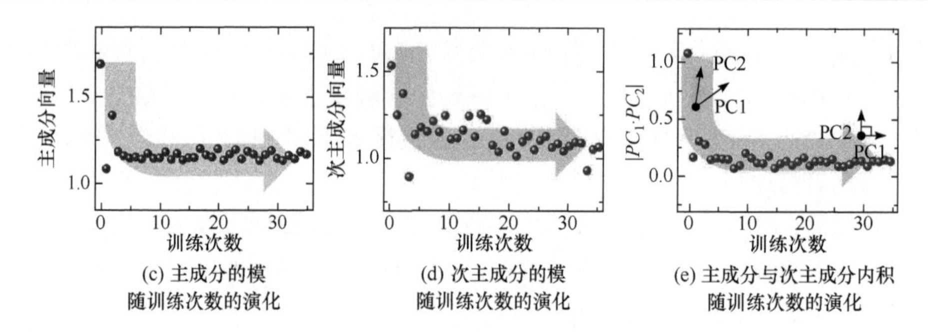

(c) 主成分的模随训练次数的演化　(d) 次主成分的模随训练次数的演化　(e) 主成分与次主成分内积随训练次数的演化

图 12.8　主成分矢量的训练演化示意图[7]

并且基于忆阻器物理模型的仿真结果与实际器件电导更新操作的结果吻合度较好。图 12.8(c)和图 12.8(d)是主成分与次主成分的模随训练次数的演化，可以看到经过数十轮训练，主成分、次主成分基本归一化。图 12.8(e)是主成分与次主成分内积随训练次数的演化。内积越来越小，表明两者的正交程度不断升高。结果说明，基于 Ta_2O_5 忆阻交叉阵列执行 Oja 学习法则，与施密特正交化是等效的。

肿瘤数据的主成分分析实验结果如图 12.9 所示。图 12.9(a)是使用未经训练的忆阻网络得到的数据。将全部的良性、恶性肿瘤数据经过该忆阻阵列做前向

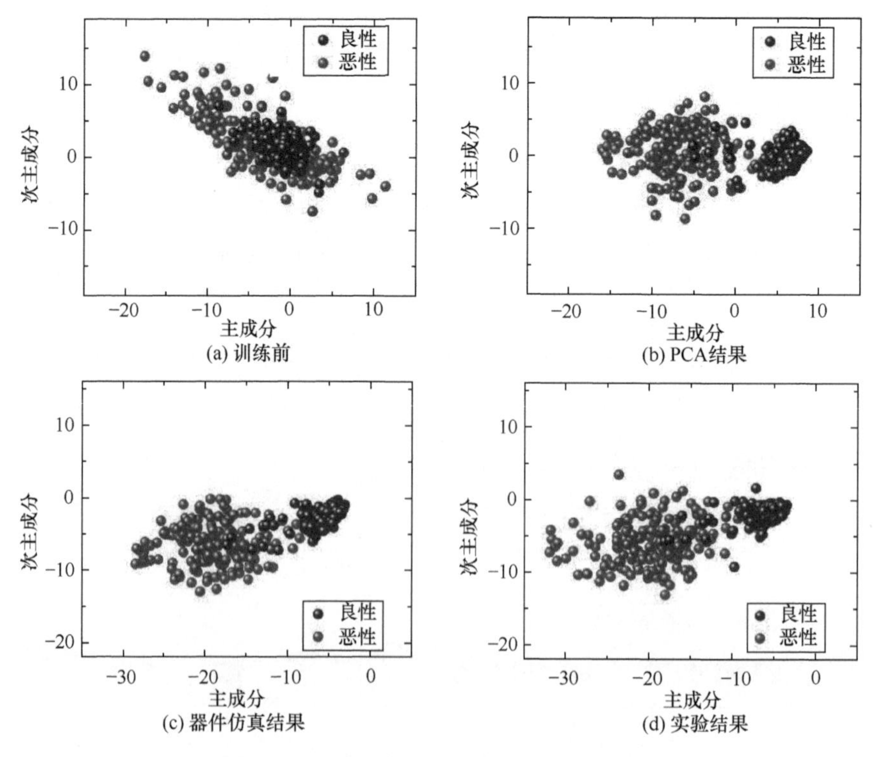

(a) 训练前　(b) PCA结果　(c) 器件仿真结果　(d) 实验结果

图 12.9　肿瘤数据的主成分分析实验结果[7]

运算，从九维降到二维。在这个二维空间中，良性、恶性数据的区分度较差。图 12.9(b)是采取传统的协方差矩阵对角化方案，对肿瘤数据做主成分分析的结果。这里没有用到神经网络，更没有用到忆阻突触神经网络的训练，可以认为是最理想的分析结果。其他基于硬件的实现方案通常会因为实际器件的各种非理想效应达不到这个“天花板”。图 12.9(c)和图 12.9(d)分别是基于忆阻突触阵列执行 Oja 法则的数值仿真和实验结果，其中实验结果是经过 35 轮忆阻突触权重的更新。对比图 12.9(b)和图 12.9(d)，可以看到基于忆阻突触阵列的主成分分析可以很好地实现数据聚类。

12.3 偏微分方程求解

偏微分方程求解不但是很多工程问题，而且是相当多科学问题在数学上的核心任务。虽然《数学物理方程》讲过以泊松方程为代表的若干偏微分方程如何求解，但是绝大多数实际情况下偏微分方程是很难求解析解的，只能依靠数值解技术。

下面首先讨论偏微分方程数值求解的基本原理，然后从基本原理分析它与神经网络操作的关联，讨论实际使用忆阻(突触)阵列求解会遇到的关键挑战，最后展示以 Zidan 等[9]工作为范例的解决方案。

12.3.1 原理

一个广义的偏微分方程可以写为

$$f\left(t,x_1,\cdots,x_n,u,\frac{\partial u}{\partial t},\frac{\partial u}{\partial x_1},\cdots,\frac{\partial u}{\partial x_n},\frac{\partial^2 u}{\partial t^2},\cdots,\frac{\partial^2 u}{\partial x_1\partial x_n},\cdots\right)=0 \tag{12-25}$$

其中，最高偏微分的阶数决定这个方程的阶数。

1. 离散化：有限差分

顾名思义，差分法的核心思想是用小步长的差分近似微分。例如，用中心差分法处理二次偏导项，即

$$\begin{aligned}\left.\frac{\partial^2 u}{\partial x^2}\right|_{x_i} &\approx \frac{u'_{i+\frac{1}{2}}-u'_{i-\frac{1}{2}}}{\Delta x}\\ &\approx \frac{\dfrac{u_{i+1}-u_i}{\Delta x}-\dfrac{u_i-u_{i-1}}{\Delta x}}{\Delta x}\\ &=\frac{u_{i+1}-2u_i+u_{i-1}}{\Delta x^2}\end{aligned} \tag{12-26}$$

下面以静态和含时二维泊松方程为例，讨论它们的差分处理。

2. 静态二维泊松方程的有限差分

仿照式(12-26)，我们对二维实空间偏微分 ∇^2 做有限差分，可得

$$\nabla^2 = \frac{\partial^2}{\partial x^2} + \frac{\partial^2}{\partial y^2} \approx \frac{u_{i+1,j} + u_{i,j+1} - 4u_{i,j} + u_{i-1,j} + u_{i,j-1}}{h^2} \tag{12-27}$$

因此，在实空间格点表象下，$\nabla^2 u = f(x,y)$ 可以写为(此处以每个维度 3 个格点为例)

$$\begin{bmatrix} -4 & 1 & & & & & & & \\ 1 & -4 & 1 & & & & & & \\ & 1 & -4 & 1 & & & & & \\ & & 1 & -4 & 1 & & & & \\ & & & 1 & -4 & 1 & & & \\ & & & & 1 & -4 & 1 & & \\ & & & & & 1 & -4 & 1 & \\ & & & & & & 1 & -4 & 1 \\ & & & & & & & 1 & -4 \end{bmatrix} \begin{bmatrix} u_{0,0} \\ u_{0,1} \\ u_{0,2} \\ u_{1,0} \\ u_{1,1} \\ u_{1,2} \\ u_{2,0} \\ u_{2,1} \\ u_{2,2} \end{bmatrix} = \begin{bmatrix} h^2 f(x_0,y_0) - b_{-1,0} - b_{0,-1} \\ h^2 f(x_0,y_1) - b_{-1,1} \\ h^2 f(x_0,y_2) - b_{-1,2} - b_{0,3} \\ h^2 f(x_1,y_0) - b_{1,-1} \\ h^2 f(x_1,y_1) \\ h^2 f(x_1,y_2) - b_{1,3} \\ h^2 f(x_2,y_0) - b_{2,-1} - b_{3,0} \\ h^2 f(x_2,y_1) - b_{3,1} \\ h^2 f(x_2,y_2) - b_{2,3} - b_{3,2} \end{bmatrix} \tag{12-28}$$

其中，$b_{i,j}$ 为第一类边界条件(Dirichlet boundary condition)。

含时二维波传播方程的有限差分为

$$\frac{\partial^2 u}{\partial t^2} = \theta^2 \left(\frac{\partial^2 u}{\partial x^2} + \frac{\partial^2 u}{\partial y^2} \right) - \xi \frac{\partial u}{\partial t} \tag{12-29}$$

采用有限差分的结果为

$$\frac{u_{i,j}^{(t+1)} - 2u_{i,j}^{(t)} + u_{i,j}^{(t-1)}}{\Delta t^2} = \theta^2 \frac{u_{i+1,j}^{(t)} + u_{i,j+1}^{(t)} - 4u_{i,j}^{(t)} + u_{i-1,j}^{(t)} + u_{i,j-1}^{(t)}}{h^2} - \xi \frac{u_{i,j}^{(t)} - u_{i,j}^{(t-1)}}{\Delta t} \tag{12-30}$$

整理成矢量矩阵相乘的形式为

$$\begin{bmatrix} u_{0,0} \\ u_{0,1} \\ u_{0,2} \\ u_{1,0} \\ u_{1,1} \\ u_{1,2} \\ u_{2,0} \\ u_{2,1} \\ u_{2,2} \end{bmatrix}^{(t+1)} = (2-\xi\Delta t)\begin{bmatrix} u_{0,0} \\ u_{0,1} \\ u_{0,2} \\ u_{1,0} \\ u_{1,1} \\ u_{1,2} \\ u_{2,0} \\ u_{2,1} \\ u_{2,2} \end{bmatrix}^{(t)} + (\xi\Delta t - 1)\begin{bmatrix} u_{0,0} \\ u_{0,1} \\ u_{0,2} \\ u_{1,0} \\ u_{1,1} \\ u_{1,2} \\ u_{2,0} \\ u_{2,1} \\ u_{2,2} \end{bmatrix}^{(t-1)}$$

$$+\left(\frac{\theta\Delta t}{h}\right)^2 \begin{bmatrix} -4 & 1 & & & & & & & \\ 1 & -4 & 1 & & & & & & \\ & 1 & -4 & 1 & & & & & \\ & & 1 & -4 & 1 & & & & \\ & & & 1 & -4 & 1 & & & \\ & & & & 1 & -4 & 1 & & \\ & & & & & 1 & -4 & 1 & \\ & & & & & & 1 & -4 & 1 \\ & & & & & & & 1 & -4 \end{bmatrix} \begin{bmatrix} u_{0,0} \\ u_{0,1} \\ u_{0,2} \\ u_{1,0} \\ u_{1,1} \\ u_{1,2} \\ u_{2,0} \\ u_{2,1} \\ u_{2,2} \end{bmatrix}^{(t)} \tag{12-31}$$

静态和含时偏微分方程做有限差分后的结果形式上都是以矢量矩阵相乘为核心的线性运算。另一种常用的偏微分求解有限元方法整理后在形式上也是类似的。

3. 雅可比迭代法

雅可比迭代法(Jacobi iterative method)是用于数值求解椭圆型偏微分方程的一种方法。对如下形式的线性系统，即

$$AX = B \tag{12-32}$$

其中

$$A=\begin{bmatrix} a_{11} & \cdots & a_{1n} \\ \vdots & & \vdots \\ a_{n1} & \cdots & a_{nn} \end{bmatrix},\quad B=\begin{bmatrix} b_1 \\ \vdots \\ b_n \end{bmatrix},\quad X=\begin{bmatrix} x_1 \\ \vdots \\ x_n \end{bmatrix} \tag{12-33}$$

可以以迭代方式求解，即

$$X^{(k+1)}=\frac{1}{D}(B-MX^{(k)}) \tag{12-34}$$

其中，D 为矩阵 A 只保留对角量；M 为 A 去掉对角量 D 剩余的部分。

仔细观察有限差分后的泊松方程式(12-28)和式(12-31)不难发现，其对角量是一个常数，因此 D 可以进一步简化为一个标量 d 。

4. 神经网络方案

从矩阵运算的角度，上述求解方法最耗时的一步显然是矢量矩阵乘法 $MX^{(k)}$ ，而这一步恰好适合用忆阻阵列来实现。迭代过程不需要更新矩阵 M ，对应的神经网络在初始化以后，只需要反复做前向运算，不需要复杂的更新过程。

12.3.2　忆阻交叉阵列实现

1. 两大挑战：维度与精度

进一步分析显示，如果直接用忆阻阵列求解偏微分方程组，将面临两个核心挑战。

① 阵列规模问题。偏微分方程组离散化时，为了达到足够的计算精度，步长必须足够小，因此对应的矩阵维度通常非常高，而目前忆阻阵列的规模还远没有达到。

② 计算精度问题。当前忆阻器虽然声称能达到 8bit 以上的精度(即超过 256 个电导态)，但是在实际使用中，受各种非理想效应的制约，这 256 个电导态做不到统计可区分，更不用说能够用写电压脉冲精确地置态。

关于非易失存储器的精度问题，我们可以参考半导体工业大规模量产的多比特闪存。4bit 电荷俘获晶体管的阈值电压分布如图 12.10 所示，展示了电荷俘获晶体管闪存[10]。它采用 64 层三维堆叠，容量达 1TB，其中每个单元是 4bit 存储。可以看到，4bit 对应的 16 个态各自的阈值电压分布几乎没有交叠，即区分度良好。这意味着，在实际使用中不会出现置态错误。

综合上述两大挑战，问题变为如何用低维度、低精度的忆阻阵列实现高维度、高精度的矩阵相关运算。

2. 忆阻交叉阵列操作

针对上述问题，Zidan 等[9]在最近的工作中提出如下解决方案。

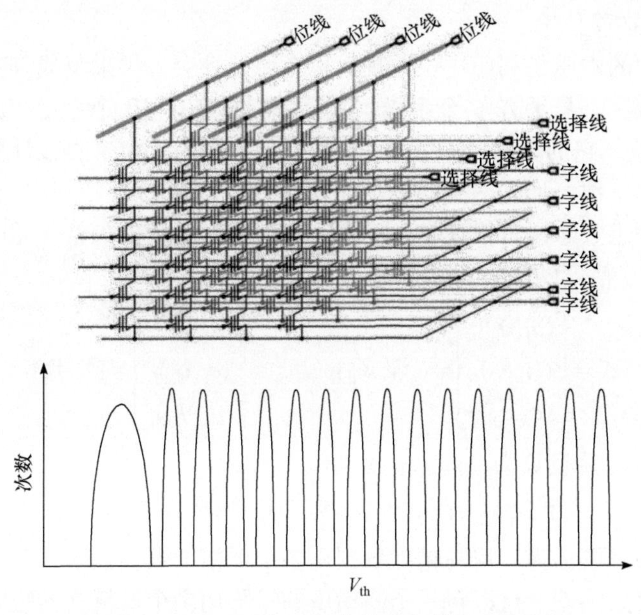

图 12.10 4bit 电荷俘获晶体管的阈值电压分布[10]

(1) 稀疏矩阵的拆分

观察式(12-28)和式(12-31)可以看到，矩阵是高度稀疏的，仅在对角线、对角线±1 等位置存在非零元素。稀疏矩阵的模块化拆分如图 12.11 所示。我们可以将该高维度的稀疏矩阵拆分为若干个低维度的小矩阵，同时将待相乘的高维矢量拆分，与小矩阵对应相乘再相加。

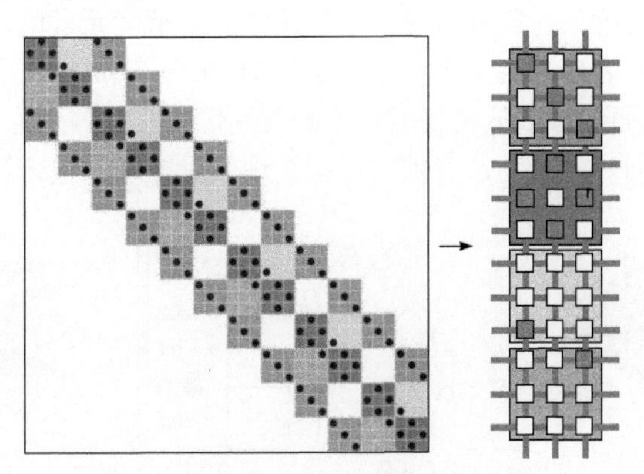

图 12.11 稀疏矩阵的模块化拆分[9]

简单地估算可知，假设原矩阵维度是 $N \times N$ ，此举将硬件代价从 $O(N^2)$ 直接降到 $O(N)$ 。

(2) 精度扩展技术

这个方法的本质是利用进位原理。思考原始社会人类采集或狩猎得到劳动产品后怎么计数，一只手有 5 个手指，两只手加起来有 10 个手指，那么直接用这 10 个手指计数，它的表示范围就是 1～10。如果用右手负责直接计数，每满 5 个数，左手记 1 个数，那么两手的表示范围就扩展为 1～30。

上述原理用数学语言描述是，假设存在两个 $2l$ 精度的矢量 X 和 Y，它们各自可以拆为两个 l 精度的矢量，即

$$X = \begin{bmatrix} (a_1, a_0)_l \\ (b_1, b_0)_l \\ (c_1, c_0)_l \end{bmatrix} = (X_1, X_0)_l, \quad Y = \begin{bmatrix} (d_1, d_0)_l \\ (e_1, e_0)_l \\ (f_1, f_0)_l \end{bmatrix} = (Y_1, Y_0)_l \tag{12-35}$$

X 和 Y 的点乘运算为

$$X \cdot Y = (X_0 \cdot Y_0) + l(X_0 \cdot Y_1) + l(X_1 \cdot Y_0) + l^2(X_1 \cdot Y_1) \tag{12-36}$$

上述原理可概括为，将高精度数据用多个低精度数据表示，然后用进位原理处理乘法运算。同理，可以将一个高精度的矩阵用多个低精度的矩阵表示，然后执行低精度运算，对结果做类似式(12-36)的处理，最后得到等效的高精度运算结果。

综上所述，基于忆阻交叉阵列的偏微分方程组求解原理如图 12.12 所示。图 12.12(a)和图 12.12(b)展示了偏微分方程离散化所得的系数矩阵。图 12.12(b)和图 12.12(c)展示了如何将该稀疏矩阵拆分为若干个子矩阵，即首先将高维度的系数矩阵拆为若干个大小相等的小模块，且只保留非 0 模块。图 12.12(c)和图 12.12(d)展示了计算精度的拆分，即针对每个小模块中的高精度元素值，用若干个低精度的数据组合编码，表现为用多个 n bit 的阵列构成一个 m bit 的矩阵。图 12.12(d)和图 12.12(e)是将低维度、低精度的矩阵映射到忆阻交叉阵列上，利用熟悉的“电压→忆阻交叉阵列→电流”这一前向过程实现矢量矩阵乘法运算。

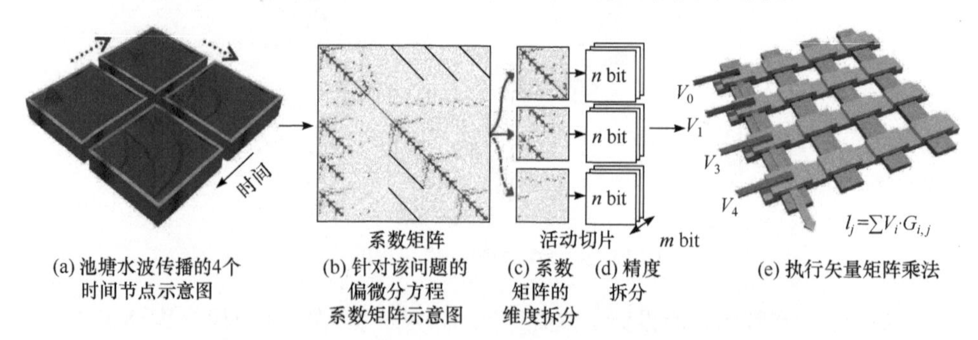

图 12.12　基于忆阻交叉阵列的偏微分方程组求解原理[9]

可以看到，无论是稀疏矩阵拆分、精度拆分，还是低精度运算结果向高精度

结果的合成，都不是忆阻矩阵本身能完成的操作，因此需要软硬件协同设计。偏微分方程组求解的忆阻交叉阵列软硬件协同设计如图 12.13 所示。

Zidan 等研发了一个基于 Python 的软件包(crossbar PDE hardware solver，CPHS)，执行图 12.13 所示的一系列操作。它首先负责系统级的若干处理，包括将偏微分方程离散化后的系数矩阵分割成若干个小的矩阵，进一步将每个小矩阵做精度切割得到多个低精度的复制品。经过上述处理，获得的低精度小矩阵就可以通过区域规划写入实验制备的忆阻交叉阵列中。CPHS 同时负责控制图中印刷电路板上的数模转换单元、模数转换单元、多路转换器等，其中数模转换单元将输入数据转换为忆阻交叉阵列的模拟电压(脉冲宽度编码)，多路转换器负责信号传递的选址，模数转换单元将忆阻交叉阵列的输出电流转换为数据。此外，CPHS 还负责其他相关操作，包括经过忆阻交叉阵列处理获得的低精度数据如何重构为高精度数据，以及雅可比迭代的输入更新等。

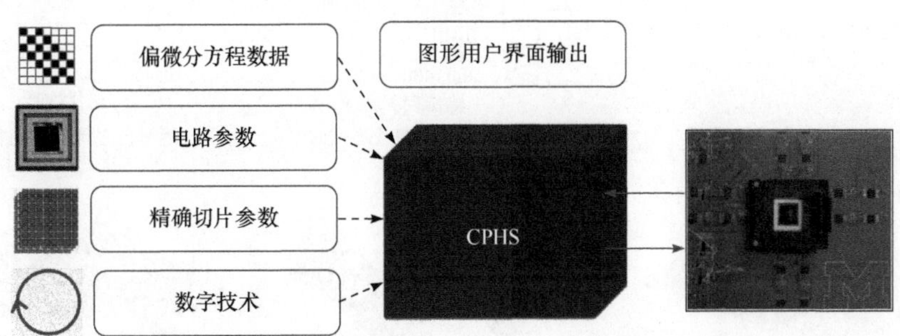

图 12.13　偏微分方程组求解的忆阻交叉阵列软硬件协同设计[9]

3. 案例：静态二维泊松方程

基于忆阻交叉阵列的泊松方程求解如图 12.14 所示。它展示了使用上述方案，以 16bit 精度求解二维泊松方程 $\nabla^2 u(x,y) = -2\sin x\cos y$ 的相关实验设置和结果[9]。如图 12.14(a)所示，通过将雅可比迭代表达式 $X^{(k+1)} = C - R\cdot X^{(k)}$ 改写为 $X^{(k+1)} = 1\cdot C + (-R)\cdot X^{(k)}$，并将矢量 C 和系数矩阵 $-R$ 写入忆阻阵列对应的电导值。每轮雅可比迭代可以用矢量矩阵乘法的形式一步完成。

雅可比迭代映射到忆阻突触阵列实现主要做了如下处理。

① 稀疏矩阵拆分与小矩阵复用。该方程离散化得到的稀疏矩阵如图 12.11 所示。它包含 4 种不同的 3×3 非零小矩阵。因此，假设稀疏矩阵是 N 维，那么理论上需要约 4×(N/3)个 3×3 的忆阻小矩阵，可以一次处理完原稀疏矩阵对应的矢量矩阵乘法。在这个工作中，由于实验制备的忆阻阵列规模较小，上述 4 种不同的 3×3 非零小矩阵被写入 16×3 的阵列中。对应地，在实际操作中，把原矢量拆成若干个 3×1 的小矢量后，必须反复利用这 4 个小矩阵，累加乘法结果，才能完成一次

原稀疏矩阵与向量的相乘。

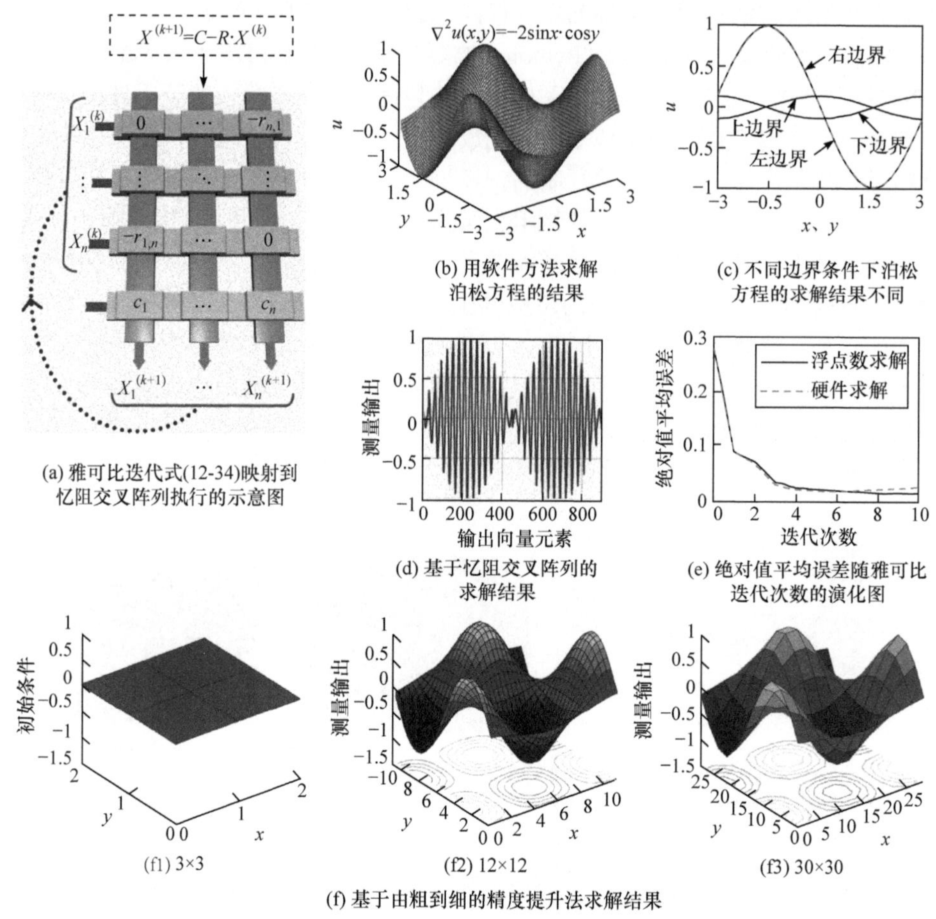

(a) 雅可比迭代式(12-34)映射到忆阻交叉阵列执行的示意图

(b) 用软件方法求解泊松方程的结果

(c) 不同边界条件下泊松方程的求解结果不同

(d) 基于忆阻交叉阵列的求解结果

(e) 绝对值平均误差随雅可比迭代次数的演化图

(f1) 3×3　(f2) 12×12　(f3) 30×30

(f) 基于由粗到细的精度提升法求解结果

图 12.14　基于忆阻交叉阵列的泊松方程求解[9]

② 由粗到细(coarse-to-fine)的精度提升。对于同一区域，首先被离散为 3×3 较粗的网格，完成数值求解后，把网格密度提升到 6×6，同时以 3×3 网格的计算结果作为本次计算的初猜值。依此类推，经过 10 轮迭代，对该区域就达到 30×30 的网格划分密度。相应的，最初的系数矩阵含 81 个元素，最终的系数矩阵含 81 万个元素，其中非 0 的小矩阵个数分别为 7 个和 1420 个。这就是由粗到细的精度提升式求解。

如图 12.14(b)所示，结果相当于神经网络训练的期望值。图 12.14(c)指出，不同边界条件下泊松方程的求解结果不同，反映在 x 或 y 轴的解不同。图 12.14(d)是采用忆阻交叉阵列求解所得的输出 $u(x_i, y_j)$，注意是基于 30×30 网格，所以总计 900 个点。图 12.14(e)是绝对值平均误差随雅可比迭代次数的演化图，其中实线是基于浮点(floating-point，FP)数求解器的，虚线是基于忆阻交叉阵列的硬件(hardware,HW)方案。该图显示两者在求解中的收敛速度是大体一致的。图 12.14(f)是采用由粗到细的精度提升法，对同一区域求解结果的演化图，分别对应 3×3、12×12、30×30 的网格密度。当网格密度上升到 30×30 时，忆阻交叉阵列方案的求解精度已经与浮点数软件求解没有显著区别了。

4. 案例：含时二维泊松方程

基于软硬件结合方案，进一步求解含时的二维阻尼波动传播方程。基于忆阻交叉阵列的二维阻尼波动含时演化求解如图 12.15 所示[9]。如图 12.15(a)所示，在第 k 个时间点的输入 $U^{(k)}$，经过忆阻交叉阵列，得到电流输出，做一个伏安转换后，就是下一个时间点的输入 $U^{(k+1)}$。图 12.15(b)是二维阻尼波动方程 $\frac{\partial^2 u}{\partial t^2}=\theta^2\left(\frac{\partial^2 u}{\partial x^2}+\frac{\partial^2 u}{\partial y^2}\right)-\xi\frac{\partial u}{\partial t}$ 的求解结果。注意是划分为 60×60 网格，因此数值解 $u(x_i,y_j)$ 有 3600 个点。图 12.15(c)是选取 $k=1$、35、70 这 3 个时刻数值解 $u(x_i,y_j)$，分别代表水波刚开始激发、传播一段时间、继续向外扩散的 3 个时间点水面情况。可以看到，基于忆阻交叉阵列的方案相当清晰地描述了水波从产生到扩散，再到因阻尼而消逝的全过程。

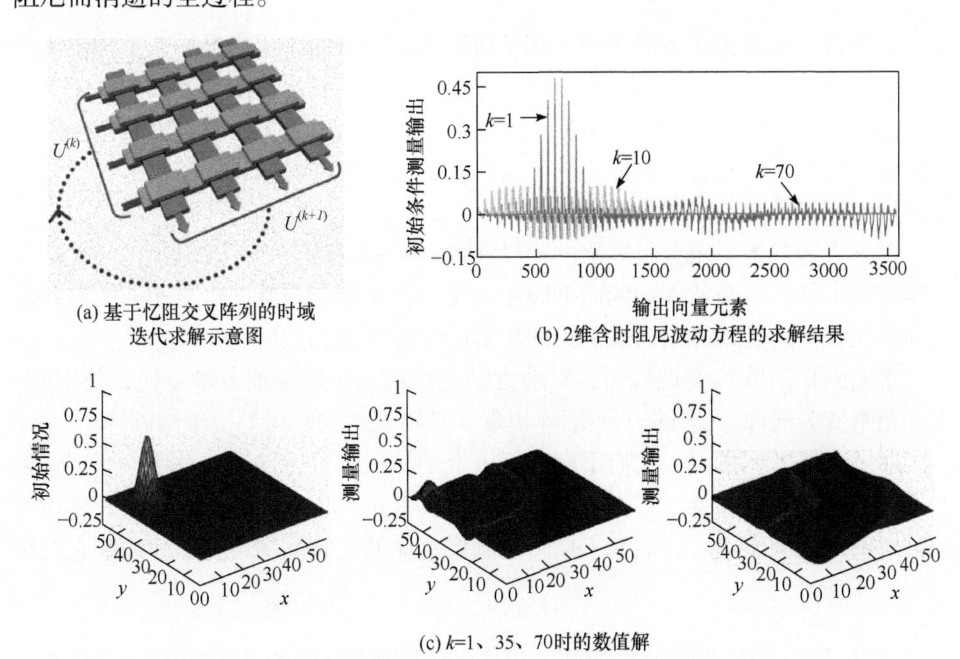

图 12.15　基于忆阻交叉阵列的二维阻尼波动含时演化求解[9]

12.3.3 问题与改进方案

仔细观察雅可比迭代式(12-34)和图 12.14(a)的忆阻交叉阵列实现，能否以某种方式直接将第 k 轮迭代运算的结果 $x^{(k+1)}$ 代入下一轮的忆阻交叉阵列运算呢？

目前的这种迭代方式在执行中需要大量的外围辅助电路和控制单元。第 k 轮迭代运算的输入 $x^{(k)}$ 是模拟值形式的电压，而计算结果 $x^{(k+1)}$ 是模拟值形式的电流。要进行下一轮迭代，需要先对 $x^{(k+1)}$ 做模数转换，变成数字形式的值，然后经过数模转换，变成模拟形式的电压。这种来回转换不仅大大增加了芯片面积，也极大地增加了功耗代价。

如果以某种方式直接做电流和电压的转换，并在电路层面构成“闭环”运算，就可能一步完成全部迭代。换句话说，在闭环电路中，给定一个输入，它是否会自动收敛到相空间的不动点(fixed point)呢？Sun 等[11]提出闭环运算设计，从数学上证明了它的收敛性，并在实际忆阻交叉阵列中演示了该方案的可行性。

12.4 本 章 小 结

1. 基于忆阻阵列的稀疏编码

本章首先指出稀疏编码两个互相矛盾要求，一方面希望借助词典重构出来的形象与原始输入的误差尽可能小，另一方面又希望用到尽可能少的词①。

然后是稀疏编码与神经网络的相似之处。稀疏编码里的词典可以看作神经网络的观测野集合，也就是突触矩阵。编码操作等效为神经网络的前向运算；输入重构操作等效为神经网络的反向运算。

接下来是基于局域竞争算法的神经元抑制机制设计。如何在输出神经元的动力学方程中加入一个特殊的侧向抑制项，使它重点抑制与观测野更相似的那些输出神经元呢？这是通过引入观测野的相似度矩阵实现的。

落实到忆阻阵列实现层面，对动力学方程做一个较小的数学变换，将矩阵-矩阵相乘变为前向-反向的矢量-矩阵相乘。其物理含义也得到清晰的阐释。

通过具体案例学习，我们不仅验证了上述算法的可行性和先进性，还观察到上述方案的可改进之处。首先，假如神经元具有正、负双向的激发阈值，将更符合稀疏编码式的要求。我们基于忆阻器制备这样的无极性神经元，并验证它对稀

① 如何从数学上定义“用到尽可能少的词”？式(12-1)中的 $|a|$ 定义了稀疏度，实际上它的范数可以是 0、1、2，对应不同的稀疏度含义。

疏编码方案执行效率的有效提升。然后，稀疏编码的正向-反向过程可以通过构建忆阻神经元的循环电路一步完成，从而大大提升效率。对实际应用而言，可调节的稀疏度能够满足不同应用场景的需求，它对应硬件层面神经元的阈值可调制。基于非易失-易失复合层忆阻器，我们成功制备了这样的神经元，并验证了它对稀疏度的调制功能。

2. 基于忆阻阵列的主成分分析

本章首先揭示主成分分析的物理图景，即在一个高维的数据空间，全部数据构成一朵“数据云”，然后寻找它的主轴、次主轴等方向。所谓主轴方向，意思是“数据云”在该方向投影的方差最大。在实际应用中意味着，全部数据在这个方向的区分度最高。

寻找主轴、次主轴在数学上就是对高维数据空间做正交化变换，然后取本征值向量中最大本征值对应的新坐标方向。“数据云”在新坐标方向的投影就是主成分等。

神经网络学习的 Oja 法则就是对突触矩阵做正交化变换。因此，用忆阻交叉阵列执行 Oja 法则，效果就是对输入数据做主成分分析。

该方案的优势在于，可以根据实际应用需要的主成分、次主成分数量，灵活构建相应维度的忆阻阵列。以 N 维空间的“数据云”为例，假如只需要它的主成分和次主成分，那么一个 $N\times 2$ 的忆阻阵列即可满足要求，而不需要一个完整的 $N\times M$ 矩阵。因此，采用 Oja 法则的忆阻阵列方案可以极大地降低求解的时间和硬件代价。

3. 基于忆阻阵列的偏微分方程求解

数值求解偏微分方程的核心步骤是大量的矢量矩阵相乘，涉及的矩阵是一个三对角矩阵(即宽度为 3 的稀疏带状对角矩阵)，并且在多次运算中该矩阵始终不变。

忆阻阵列执行矢量矩阵的相乘运算有天然优势。因此，研究人员提出基于忆阻阵列的偏微分方程数值求解想法。

具体执行时有两个关键问题。

① 为保证求解精度，偏微分方程的离散化步长通常很小，导致对应的稀疏矩阵维度很高。假如直接映射到忆阻阵列，首先是当前的忆阻阵列规模远远达不到，其次是即使放宽步长勉强做到，考虑该稀疏矩阵的绝大部分元素是零，也会导致宝贵的硬件资源被浪费。

② 矢量矩阵相乘是典型的模拟值运算。以双精度编码为例，矩阵的一个元素

有 16bit。这远远超出了当前忆阻器电导的有效阶数①。

综上，用忆阻阵列执行偏微分方程数值求解的核心问题是，如何用低维度、低精度的实际忆阻阵列实现高精度、高维度的矢量矩阵相乘?

针对真实忆阻阵列的低维度问题，研究人员提出矩阵拆分方案，充分利用原始矩阵的稀疏性，以及矩阵元数值的规律性，将其拆分为多个小矩阵，然后利用小尺寸的忆阻阵列执行乘加运算。

针对低精度问题，研究人员提出精度拆分方案，即把一个高精度的多位数据拆分为多个低精度的数值，然后映射为多个忆阻器的电导值。

上述方案的代价是，控制电路会变得较为复杂，部分抵消忆阻阵列的计算优势。

12.5 思考题

1. 在稀疏编码的案例问题中，从线性代数角度，家长脑海里的选课词典是一组非正交的过完备基(non-orthogonal and overcomplete basis)。为什么他的词典不是一组正交完备基呢？注意：这个问题是理解相关实验结果的关键。

2. 假如在稀疏编码的神经元动力学方程中忘了避免抑制自身，换句话说，“我疯起来连自己都杀”会导致什么后果?

3. 如果在稀疏编码的神经元动力学方程中引入通常的不应期，会导致什么后果?

4. 式(12-8)定义的神经元激发阈值，恰恰是式(12-1)中的调和因子 λ，试分析为什么这样设计？或者说，这样设计能实现 λ 作为调和因子的初衷吗?

5. 从式(12-1)出发，试推导针对词典优化的动力学表达式，进一步提出相关的忆阻阵列实现方案。

6. 考虑通过优化词典来改进稀疏编码，即

$$\min_{D}(\|x-Da\|_2+\lambda\|a\|_0)$$

由此得到的词典更新方程为

$$\Delta D=\eta a^{\mathrm{T}}(x-Da)$$

对比上述词典更新表达式和广义赫布算法表达式(12-17)，如何理解这种相似性?

---

① 有研究称制备的忆阻突触能达到 8bit 以上，但仔细分析其数据可以看到，这类多电导态不具备现实可操作性。

7. 假如现有一种理想的忆阻突触器件，它在置态/重置脉冲序列下的电导增加、减少都是高度线性的，并且多次写操作的方差和器件之间方差都很小，那么如何优化主成分分析用到的突触更新方案呢?

关于精度拆分问题，我们展示了如何利用进位原理扩展两手的计数范围。一个很容易想到的问题是，假如不采用 5 进制，而采用 4 进制(2 根手指)，甚至二进制(1 根手指)，那么表示范围可以进一步拓展。这是否意味着，在实际应用中，我们应该把忆阻器的进制降得越低越好?

参 考 文 献

[1] Sheridan P M, Cai F, Du C, et al. Sparse coding with memristor networks. Nature Nanotechnology, 2017, 12(8): 784-789.

[2] Rozell C J, Johnson D H, Baraniuk R G, et al. Sparse coding via thresholding and local competition in neural circuits. Neural computation, 2008, 20(10): 2526.

[3] Wolberg W H, Mangasarian O L. Multisurface method of pattern separation for medical diagnosis applied to breast cytology. Proceedings of the National Academy of Sciences of the United States of America, 1990, 87: 9193-9196.

[4] Dua D, Graff C. UCI machine learning repository. Irvine: University of California, 2017.

[5] Oja E. Simplified neuron model as a principal component analyzer. Journal of Mathematical Biology, 1982, 15(3): 267-273.

[6] Sanger T D. Optimal unsupervised learning in a single-layer linear feedforward neural network. Neural Networks, 1989, 2(6): 459-473.

[7] Choi S, Shin J H, Lee J, et al. Experimental demonstration of feature extraction and dimensionality reduction using memristor networks. Nano Letter, 2017, 17(5): 3113-3118.

[8] Chang T, Jo S H, Kim K H, et al. Synaptic behaviors and modeling of a metal oxide memristive device. Applied Physics A, 2011, 102(4): 857-863.

[9] Zidan M A, Jeong Y, Lee J, et al. A general memristor-based partial differential equation solver. Nature Electronics, 2018, 1(7): 411-420.

[10] Lee S, Kim C, Kim M, et al. A 1Tb 4b/cell 64-stacked-WL 3D NAND flash memory with 12MB/s program throughput// IEEE International Solid-State Circuits Conference, 2018: 340-342.

[11] Sun Z, Pedretti G, Bricalli A, et al. One-step regression and classification with cross-point resistive memory arrays. Science Advances, 2020, 6(5): 2378.